LIMITE D'ÉLASTICITÉ

ET

RÉSISTANCE À LA RUPTURE

Par Ch. DUGUET

Deuxième Partie

STATIQUE GÉNÉRALE

PARIS

BERGER-LEVRAULT ET Cie, LIBRAIRES-ÉDITEURS

DÉFORMATION DES CORPS SOLIDES

LIMITE D'ÉLASTICITÉ

ET

RÉSISTANCE A LA RUPTURE

DÉFORMATION DES CORPS SOLIDES

LIMITE D'ÉLASTICITÉ

ET

RÉSISTANCE A LA RUPTURE

Par CH. DUGUET

Deuxième Partie

STATIQUE GÉNÉRALE

PARIS

BERGER-LEVRAULT & Cie, LIBRAIRES-ÉDITEURS

5, rue des Beaux-Arts; 5

MÊME MAISON A NANCY

1885.

PRÉFACE

Sans être aussi absolu que Condillac, pour lequel une science parfaite n'est qu'une langue bien faite, nous sommes profondément convaincu, avec Locke et Condorcet, que si les mots ne répondent pas à une idée bien déterminée, ils peuvent en éveiller différentes et que telle est la source la plus féconde de nos erreurs.

Il y a peu de sciences qui soient aussi encombrées d'expressions mal définies et d'autant plus employées qu'elles se prêtent mieux aux explications vagues dont on se contente trop souvent, que cette partie de la physique qui s'occupe de l'élasticité et de la résistance des corps solides.

La qualification d'*élastique,* elle-même, a des significations très diverses ; elle est appliquée tantôt aux corps qui peuvent supporter de grandes déformations élastiques, tantôt à ceux qui opposent une grande résistance à une déformation élastique donnée, ou encore aux corps qui jouissent d'une limite d'élasticité très élevée. Le *coefficient d'élasticité* s'exprime pour les uns en kilogrammes par unité de section, pour les autres par un allongement pour 100. L'expression même de *limite d'élasticité* rappelle, et non sans inconvénients, la vieille idée qu'au delà d'une certaine limite les corps cessent d'être élastiques ; aujourd'hui, on sait que, non seulement l'élasticité ne disparaît pas au delà de la limite élastique, mais qu'au contraire les corps ont une limite d'élasticité d'autant plus élevée qu'ils ont supporté une déformation plus grande. Il faut bien spécifier, d'ailleurs, que l'expression limite d'élasticité ne s'applique qu'à un système d'efforts déterminés comme position et sens, relativement au corps considéré.

Quelle précision attacher aux termes de *raideur, douceur, malléabilité, fragilité, dureté, écrouissage, énervement, adhérence, arrachements, veines, crasses, soufflures, plissages, tapures, pailles,* et au grand mot *défaut,* précieuse réserve qu'en désespoir de cause font donner ceux qui veulent tout expliquer. Ce terme entraîne presque toujours avec lui l'idée de solution de continuité préexistante ; on le remplace quelquefois par celui de *cassure irrégulière ;* mais il faudrait dire d'abord ce qu'on entend par cassure régulière. Avant d'opiner sur les causes de ruptures accidentelles, il serait bon d'observer les cassures produites dans des circonstances parfaitement déterminées, d'abord sur des corps homogènes, de formes et de dimensions variées, soumis à l'action d'efforts divers, en commençant par les efforts statiques, pour arriver finalement à la rupture de corps hétérogènes par des chocs plus ou moins vifs. On reconnaîtrait ainsi qu'une foule de soi-disant défauts ne sont autre chose que des *formes particulières de cassures* qui ne préexistent nullement dans la matière et qui dépendent uniquement de la disposition des forces qui ont produit la rupture.

« En toute science, dit Comte, l'*opportunité* constitue toujours la condition principale de toute grande et durable influence, quelle que puisse être la valeur personnelle du savant. » Chaque science a son heure; et c'est ce qui fait dire vulgairement, mais très exactement, qu'il y a une *mode* dans la science aussi bien que dans les mœurs. Telle question est à la mode lorsque l'étude en a été convenablement préparée, plus ou moins directement, par les travaux antérieurs, ou encore lorsque l'industrie fournit les moyens de l'exécuter. Une invention, une théorie n'est souvent que le résultat de l'accumulation de ces travaux antérieurs ou au moins n'aurait pu exister sans eux. Nul ne peut utilement devancer son temps. Le savant, l'inventeur n'est, en général, que l'heureux organe de son époque ; ce qui d'ailleurs ne diminue en rien son mérite. Et cela est tellement vrai qu'on voit souvent des questions, dont la solution était quelquefois ardemment cherchée depuis longtemps, être résolues simultanément lorsque l'heure opportune a sonné, par plusieurs personnes qui n'avaient entre elles d'autres communications que la presse scientifique. L'Exposition universelle de 1878 nous a fourni des exemples mémorables de ce fait. Il nous suffit de rappeler ici les noms de Cailletet et de Pictet qui sont parvenus, chacun de son côté, à liquéfier les gaz dits permanents, et ceux de Graham Bell et

d'Édison qui partagent la gloire de l'invention du télé-
.phone.

Ceci dit pour expliquer l'opportunité incontestable
de nos études sur la déformation et la résistance des
corps solides.

Les anciens *matériaux*, matières assez abondantes
pour être employées aux constructions, les seuls capables de fournir à peu de frais des éprouvettes nombreuses, les seuls aussi dont l'étude pouvait inspirer
quelque intérêt, en dehors de la spéculation pure, ces
matériaux, *pierres, fontes, bois, fers corroyés, aciers
puddlés*, présentaient une hétérogénéité qui excluait
toute doctrine générale. L'acier moderne, au contraire,
peut fournir des éprouvettes à la fois très homogènes et
identiques entre elles, lorsqu'on les découpe convenablement dans les grosses pièces qui présentent au plus
haut degré les propriétés qu'on se propose d'étudier,
en même temps qu'une très grande variété de qualités.
Appelé à remplacer, dans un avenir prochain, une
grande partie des matériaux de construction, l'acier
offre à l'étude un intérêt pratique suffisant pour faciliter les recherches théoriques par la construction de
machines d'épreuves qui se seraient difficilement introduites dans les cabinets de physique (où elles seraient
pourtant bien à leur place) à cause de leur prix élevé
et surtout de leur volume et de l'installation fixe
qu'elles exigent. La proximité d'ateliers où l'on peut
découper à l'outil des éprouvettes de formes variées,
est aussi à peu près indispensable ; et c'est cet ensemble
de circonstances qui explique pourquoi les physiciens
de profession ont autant négligé les questions qui
touchent aux déformations des solides. Presque toutes
les expériences faites dans les cabinets de physique

ont porté uniquement sur les petites déformations élastiques ; les premières ont permis de découvrir les *lois de proportionnalité*, les autres de mesurer des *coefficients.*

Les physiciens apportent un soin minutieux aux mesures et souvent fort peu dans le choix des matières soumises aux expériences. Peu importe le traitement industriel préalablement supporté par la barre ou le fil qu'on va étirer ou tordre. Pour rechercher les propriétés d'un métal, on le réduit en fil, ce qui permettra de l'étirer à l'aide de poids dans le cabinet de physique, ou bien on le lamine pour en faire un ressort dont on observera les oscillations. La matière fût-elle homogène, d'une composition chimique déterminée et parfaitement pure, ses propriétés physiques varieront beaucoup avec les déformations préalables. Il est vrai qu'une barre allongée au delà de sa limite d'élasticité, a sensiblement le même coefficient d'élasticité avant et après l'allongement permanent. Il est fort possible, d'après cela, que le travail mécanique et calorifique ait peu d'influence sur les coefficients d'élasticité ; en tous cas, il serait bon de ne pas les considérer *à priori* comme absolument invariables, et sage de s'assurer de leur invariabilité en faisant varier le mode de préparation des éprouvettes. Mais il en est tout autrement, en ce qui concerne la limite d'élasticité, la résistance totale, les formes des cassures et toutes les déformations en partie permanentes. Il suffira de rappeler qu'une barre d'acier doux, c'est-à-dire ayant une limite d'élasticité très inférieure à sa ténacité, et susceptible de déformations considérables, peut, après un étirage à froid suffisant, devenir aussi raide, aussi élastique, aussi résistante qu'une barre

d'acier à outil trempé ; que, d'autre part, un fil d'a-
cier qui supporte très bien une flexion considérable,
se rompt après avoir subi plusieurs flexions et
reflexions successives et en sens contraires.

La grande loi de l'accroissement de la limite d'élasticité correspondant aux déformations à froid, loi qui
doit tenir, dans la partie de la physique qui nous
intéresse, une place aussi importante que celle de
l'évolution en biologie, cette loi a été découverte par
les constructeurs. C'est au colonel Rosset, directeur de
la fonderie de canons de Turin, que revient l'honneur
de l'avoir énoncée et vérifiée par de nombreuses
expériences, dans le cas particulier de la traction
longitudinale. Des applications pratiques en ont été
faites, d'abord empiriquement dans le *tir de matage* par
le colonel de Reffye, ensuite par le colonel autrichien
Uchatius dans le *mandrinage* des canons de bronze ([1]).

C'est grâce aux machines d'épreuve de l'ingénieur
anglais Kirkaldy, de M. Joëssel, ingénieur de la marine, du constructeur Thomasset et du colonel Mail-
lard, directeur de la fonderie de canons de Nevers,
que cette importante loi a pu être vérifiée et que
l'étude des propriétés mécaniques des solides en général,
et particulièrement des métaux, au delà de la limite
élastique, a été entreprise, d'abord dans un but industriel, et ensuite au point de vue scientifique proprement dit. Quoique la plupart de ces machines permettent de faire des expériences de compression et de
flexion, elles sont plus spécialement disposées pour

([1]) Les bons résultats de ces procédés sont encore très peu connus ;
voici, en effet, ce qu'on peut lire au sujet de l'accroissement de la limite
d'élasticité : « Il faudrait bien se garder de recourir à ce procédé pour
élargir la période élastique des matériaux employés dans les constructions. » (*Compte rendu de l'Académie des sciences*, 25 août 1884, Tresca.)

les expériences de traction longitudinale. Dans les essais industriels, on se contente le plus souvent de mesurer les efforts et les allongements correspondants, qui sont enregistrés suivant la *méthode graphique*, les efforts par millimètre carré en abcisses, par exemple, les allongements pour 100 en ordonnées.

Dans certaines usines, on mesure les allongements au cathétomètre, instrument beaucoup trop précis à côté de l'appareil destiné à mesurer les efforts et de l'homogénéité des matériaux qu'on essaye. C'est ici le lieu de faire remarquer que la précision scientifique ne doit pas être absolument confondue avec la précision numérique. Dès que les phénomènes présentent un certain degré de complication, le point de vue numérique devient rapidement accessoire et l'on s'imaginerait à tort que la précision puisse gagner quelque chose à l'introduction des nombres dans la description. Un arbre serait-il mieux connu par celui qui compterait le nombre de ses feuilles, qui mesurerait avec soin la grosseur de ses branches aux différentes époques de son existence? Mais, dira-t-on, une branche ne ressemble pas à une autre; il est bien inutile d'apprécier numériquement des grandeurs qui se rapportent uniquement à la branche mesurée. Sans doute. Mais croyez-vous donc qu'un morceau de fer ressemble à un autre morceau de fer; ces morceaux fussent-ils tous deux de la même provenance, de la même nuance, du même numéro, du même lingot? En général, une courbe qui représente, en fonction des efforts de traction ou de flexion, les allongements ou les flèches d'une éprouvette, ne représente exactement que les propriétés de l'éprouvette essayée. Une éprouvette de formes ou de dimensions différentes donnera des résultats différents. Une éprouvette de même forme, de mêmes dimensions, prise dans la même pièce, dans le voisinage de la première et à peu près dans la même direction, donnera une courbe plus ou moins rapprochée de la précédente, suivant le degré d'homogénéité de la matière, mais ne se confondant pas plus avec elle qu'une feuille avec une autre feuille cueillie sur la même plante.

On nous a reproché de n'avoir pas indiqué, dans les courbes représentant les résultats de nos expériences, un assez grand nombre d'abcisses et d'ordonnées pour qu'on puisse mettre ces courbes en équation. Mettre une courbe en équation ! voilà le comble de la précision et de la science pour certains esprits. Mais c'est le contraire de la précision ; vous faussez les faits, vous pliez la courbe qui les relie pour la faire entrer dans votre moule algébrique, comme le dessinateur fléchit une ligne pour la soumettre à la courbure de son pistolet. Voilà où conduit l'étude exclusive du calcul. Habitué à voir tant de physiciens humblement soumis au rôle subalterne de déterminateurs de coefficients, un géomètre eût cru nous faire grand honneur en mettant en équation nos courbes soi-disant empiriques. A ses yeux, nous ne sommes qu'un manœuvre, propre, tout au plus, à fournir quelques matériaux à son élaboration.

Nous nous souvenons d'un grand personnage qui nous couvrit de son mépris du jour où il crut comprendre quelque chose à nos expériences, et qui manifestait devant les résultats d'analyses chimiques des aciers, auxquelles il déclarait d'ailleurs être parfaitement étranger, une admiration d'autant plus vive qu'il les comprenait moins. Combien de gens jugent de la même manière et se laissent éblouir par des signes pour eux inintelligibles. Bien peu nombreux sont ceux qui lisent les formules et les calculs ; et c'est ce qui fait la fortune de certains algébristes dont les travaux n'ont souvent pas plus de valeur au point de vue mathématique qu'au point de vue physique.

Les phénomènes qui accompagnent les déformations permanentes sont très compliqués ; la densité, en général, varie très peu et les variations de sections se relient simplement aux variations de longueur ; mais, lorsque la matière est douce, l'éprouvette ne conserve pas sa forme cylindrique, les sections droites ne restent pas planes, les allongements, non seulement ne sont pas proportionnels aux efforts, mais encore cessent d'être proportionnels à la longueur primitive, l'effort maximum que peut supporter la barre varie lui-même avec la longueur, lorsque celle-ci est assez courte. Quelles dimensions doit-on donner aux éprouvettes, dans les essais industriels ? Ceci est affaire de convention ; mais il conviendra d'indiquer toujours, à côté des résultats de l'épreuve, les dimensions primitives de l'éprouvette.

La température de l'atmosphère a, en général, une influence tout à fait négligeable sur les propriétés mécaniques des matériaux. Il n'en est pas de même de la durée des efforts ; son action est très sensible, surtout dans la période des grandes déformations ; elle suffirait, à elle seule, à rendre illusoire toute investigation trop détaillée des phénomènes. Mais il ne faut pas exagérer son importance ; ainsi, les déformations extrêmes des éprouvettes d'acier doux, soumises à la flexion, sont très sensiblement les mêmes, qu'elles soient produites lentement à la presse hydraulique ou

sous le choc d'un mouton. Il convient, dans la recherche des lois qui nous occupe, de négliger d'abord les
perturbations produites par les variations de durée.

La véritable précision consiste, pour les essais,
dans la détermination exacte des circonstances de
l'épreuve, position de l'éprouvette dans la pièce à
essayer, forme et dimension, mode de confection,
application et succession des efforts ; et pour les expériences scientifiques dans le choix d'éprouvettes comparables. Lorsqu'il s'agira de comparer des éprouvettes,
de traction ou compression longitudinale de différentes
grandeurs, soit entre elles, soit à des éprouvettes de
flexion transversale, on pourra se contenter de les
prendre toutes dans une barre : à la condition, cependant, que la barre soit convenablement recuite et ait
une section très supérieure à celle des éprouvettes les
plus grosses, les propriétés des couches extérieures
étant souvent notablement différentes de celles du
centre. Mais lorsqu'on voudra comparer les résultats
de la torsion à ceux de la traction, dans le but d'en
tirer des conséquences générales, soit au point de vue
de la limite d'élasticité, soit à celui de la résistance à
la rupture, il ne faudra pas oublier que les propriétés
des métaux varient généralement beaucoup avec
l'orientation des éprouvettes, que les qualités des
éprouvettes en long sont souvent très différentes de
celles des éprouvettes en travers dans les pièces de
forge. C'est dans les grosses pièces d'acier forgé qu'on
trouvera matière à une saine comparaison, et il faudra
toujours, avant d'entreprendre une série d'expériences,
étudier l'homogénéité de la pièce en prenant en différents endroits et sous divers angles, un certain nombre
d'éprouvettes de forme identique. Bien entendu, les

éprouvettes seront toujours découpées à froid et à l'outil. Nous voilà bien loin du procédé qui consiste à étirer en fil l'échantillon du métal en expérience.

Si les courbes représentatives des propriétés mécaniques ne se prêtent pas à la forme algébrique, cela n'empêche nullement leur rapprochement; toutes se ressemblent et peuvent être rapportées à quelques types. En exceptant certaines substances, comme le caoutchouc qui, contrairement à ce qui arrive généralement, ont des allongements élastiques non proportionnels aux efforts et très grands relativement aux allongements permanents, on pourra considérer la courbe de traction d'un acier doux comme le type auquel peuvent être rapportées les courbes de tous les solides et en particulier des métaux. Nous entendons par là qu'une courbe de traction quelconque peut être dérivée de celle de l'acier doux par accroissement de telle ou telle partie, et par atrophie ou même avortement complet de telle ou telle autre.

Quelques courbes et un certain nombre d'éprouvettes, de traction, compression, flexion et torsion portant des traits de repère qui rappellent leur forme primitive, suffiraient à donner une idée très exacte des propriétés mécaniques des solides. Ces questions seraient ainsi facilement traitées dans l'enseignement classique, et l'on ne verrait plus l'étonnement, pour ne pas dire la stupéfaction, qu'éprouvent, en visitant les usines métallurgiques, les personnes ayant reçu cependant une instruction scientifique très étendue, à la vue des déformations que peut subir à froid une barre d'acier. Tel professeur qui enseigne dans le cours de chimie la fabrication de la bière et des bougies stéariques, considère, comme tout à fait déplacées dans le cours de physique, quelques notions sur la transformation d'un lingot en barre, rails, tôle ou fil. Ça n'est pas l'habitude. Et puis, il faut bien le dire, les ouvrages qui traitent de ces questions manquent. Quoi qu'il en soit, il est singulier de voir l'ouvrage de physique le plus récent, qui a la prétention d'être à la hauteur des découvertes modernes, dont le premier volume, paru en 1883, contient plus de cent pages consacrées à « l'élasticité, la déformabilité et la solidité », ne pas donner une seule courbe des déformations en fonction des efforts, ne pas décrire une seule machine de traction à poids, ou à manomètres, ne pas même citer la grande loi de l'accroissement des limites d'élasticité. En revanche, on y trouve décrites en détail des expériences faites sur les fils métalliques en 1720. On y trouve aussi les bonnes vieilles idées comme celles-ci : « *Lorsque les molécules ont atteint une distance telle que la résultante des forces moléculaires devient inférieure à la charge employée, un fil homogène ne devrait pas se rompre en un endroit, mais tomber tout entier en poussière. Les coefficients de rupture reposent donc, pour ainsi dire, sur la non-homogénéité des corps soumis à l'expérience et ne sont guère propres à nous indiquer la nature des forces moléculaires.* » Cette manière de voir est professée et, par conséquent, très répandue; et, sur ce chapitre, la plupart des physiciens, encore aujourd'hui, pensent moins à chercher ce qui est que ce qui *devrait* être. « *Dans les essais à la traction sur les métaux, et bien avant la rupture,* dit M. Tresca à la séance de l'Académie des sciences du 25 août 1884, *on remarque, sur une certaine zone, un allongement excessif, anormal, une sorte de striction qui ne cesse de se prolonger et au milieu de laquelle se produira défini-*

tivement la rupture. » J'ai observé la rupture par traction de plusieurs milliers d'éprouvettes d'acier à canon, l'immense majorité prenait la forme en fuseau ; et, d'accord en cela avec tous les métallurgistes, j'ai toujours regardé comme anormales les ruptures se produisant sans striction, les cassures étant toujours dans ce cas irrégulières. Le célèbre essayeur anglais Kirkaldy considère la striction comme étant, avec la résistance, la principale caractéristique d'un métal. Voici maintenant ce que dit à ce sujet un ingénieur métallurgiste français dans une brochure publiée en 1880 : « *Le barreau d'épreuve prend, par suite des têtes, un profil courbe tangent au rectangle, qu'il prendrait après déformation, si les têtes n'existaient pas.* » Nous répondrons à cela qu'à partir d'une certaine dimension, la longueur de l'éprouvette et, par conséquent, la distance des têtes à la striction, n'ont aucune influence sur la formation du fuseau ; devant ce fait, qu'il est très facile de vérifier, il est difficile d'attribuer à la présence des têtes la courbure du profil que prennent les éprouvettes douces. La barre *devrait* rester cylindrique, comme la pyramide *devrait* rester sur la pointe ; en fait, la pyramide tombe sur le côté, la barre allongée ne reste pas cylindrique ; le prisme comprimé se courbe. De tout cela nous avons donné la raison : les déformations qui se produisent sont les déformations les plus *stables,* les plus grandes dans la direction de l'effort ; elles correspondent au maximum de travail et au minimum d'effort.

Dans la théorie mathématique de l'élasticité, on démontre qu'en un point quelconque d'un corps déformé il y a développement de trois forces rectangulaires principales, ou agissant normalement sur les éléments qu'elles sollicitent ; une ou deux de ces forces, ou même les trois, peuvent être nulles en des cas particuliers. Un élément plan quelconque est d'ailleurs, en général, soumis à l'action d'une force oblique, ou simultanément aux actions d'une force tangentielle et d'une force normale, tension ou pression. Cette théorie des forces élastiques est absolument indépendante de la grandeur et de la permanence des déformations qui ont précédé l'état d'équilibre considéré. On l'a depuis longtemps appliqué à la détermination des relations entre les différentes forces, tension et pression, développées aux divers points d'une enveloppe cylindrique ou sphérique, soumise à des pressions intérieures ou extérieures. Mais dès qu'il s'agit de limite d'élasticité, on ne considère plus comme active qu'une seule force, la *tension maxima*, et jusqu'ici personne n'a pensé que la limite élastique dépendait non seulement de la tension, mais encore de la pression agissant au même point dans la couche cylindrique, et en général de toutes les forces développées. Au delà de cette limite, nous tombons dans le règne absolu des *mots* pris pour explication de tous les phénomènes. Voici quelques exemples :

Dans le poinçonnage d'un paquet de plaques de plomb, certaines d'entre elles prennent, sans se rompre, une épaisseur extrêmement faible. « *Préservées qu'elles sont par les pressions transmises par les couches voisines*, dit M. Tresca, *chacune des plaques paraît ainsi douée d'une malléabilité plus parfaite, qui lui permet de se laminer jusqu'à la plus petite épaisseur sans se déchirer. Nous remarquerons cette précieuse propriété de la matière dans presque tous les exemples que nous aurons à citer.* » Ceci nous rappelle une autre explication du même genre qui a eu cours dans l'artillerie : « *Tandis que les couches intérieures des canons de fonte se brisent les premières, comme étant les plus tendues, les canons de bronze se brisent par l'extérieur, parce que les couches intérieures sont soutenues par les couches voisines.* » Les couches intérieures des canons de fonte ne seraient-elles pas soutenues ? Les pressions ne préservent pas seulement de la rupture, ce sont elles qui, par leur action simultanée, produisent dans certaines conditions les grandes déformations. Dans la compression en matrice, elles préservent si bien qu'il n'y a même pas de déformations permanentes sensibles.

Comment, quand et dans quelles limites les pressions préservent-elles de la rupture : voilà ce qu'une étude véritablement scientifique doit chercher à déterminer. Qu'est-ce, au fond, qu'une explication scientifique positive ? Un rapprochement de faits observés et décrits. Qu'est-ce qu'une cause, sinon le rattachement d'un phénomène à un autre plus simple, plus général, plus abstrait, directement observé ou simplement supposé, le rattachement au fait ou à l'hypothèse fondamental. Les faits n'ont aucune valeur scientifique tant qu'ils restent isolés. C'est leur groupement méthodique qui constitue la théorie, qui est la science, qui permet de prévoir les phénomènes que présentera un corps placé dans un ensemble de circonstances déterminées. En ce qui concerne la valeur des explications précédentes, nous dirons seulement qu'il faut être bien aveuglé pour ne pas voir que la démonstration qui consiste à dire, sans autres commentaires, que les couches ne se brisent pas parce qu'elles sont préservées, est identique à celle des médecins de Molière qui prouvent que l'opium fait dormir parce qu'il possède une vertu dormitive.

Cet art d'abuser des mots n'est pas plus l'exception, dans la science qui nous occupe que dans l'économie politique ou la médecine; les exemples ne manquent pas. « *Pour que la striction se produise* librement, *il faut que la rupture n'ait pas lieu dans le voisinage des têtes, sans quoi l'écoulement de la matière se trouverait gêné...* » Celui-ci sort d'un traité de résistance des matériaux récent; en voici un autre pris dans le cours de physique dont nous avons parlé : « *Au sortir de la filière, les fils fins sont proportionnellement plus tenaces que les gros*, parce qu'ils sont plus écrouis »; et si l'on cherche à l'article *Écrouissage :* « *Toute opération mécanique par laquelle un corps est fortement comprimé constitue un mode d'écrouissage. Le corps écroui est en général devenu plus dense, plus dur, plus élastique et aussi plus cassant.* » Il serait si simple de constater le fait et de dire : « Au sortir de la filière, les fils fins sont proportionnellement plus tenaces que les gros. » Mais cela ne suffit pas à ceux qui ont la rage de tout expliquer quand même; il faut un *parce que* et le mot *écroui* se prête si complaisamment à la circonstance; on ajoute donc « parce qu'ils sont plus écrouis » et l'on fait croire à ses élèves, à ses lecteurs, qu'on a donné l'explication du phénomène, qu'on a ajouté quelque chose à la constatation du fait; bien plus, on le croit soi-même.

Une des expressions les plus employées est celle de *fibres ;* elle implique une constitution particulière analogue à celle du bois ; les fibres apportent un grand secours aux démonstrations fantaisistes, étant, suivant les besoins de la cause, considérées comme reliées entre elles, ou comme absolument indépendantes. Voici, par exemple, une petite phrase cueillie au milieu d'une démonstration, dans les Mémoires de la Société des ingénieurs civils : « *Mais les fibres étant réunies par l'ensemble du solide...* »

Le mode d'expérimentation employé par M. Tresca, qui consiste à déformer un corps primitivement sectionné et à observer ensuite les déformations des surfaces de joint, est fort utile, et, pour notre compte, nous en avons fait grand usage. Mais à côté de grands avantages, il a l'inconvénient d'entretenir dans l'esprit, si bien disposé déjà par l'observation commune des tissus, bois, fers corroyés, etc., l'idée que tous les corps, même les corps fondus et homogènes, sont formés de couches distinctes, et que le travail mécanique développe chez eux un genre de texture qu'on désigne sous le nom de *fibres* ou de *nerfs*, et auquel on attribue toutes sortes de qualités. — Chez son auteur, il l'a portée au paroxysme. «... *Le laminage peut être alors assimilé aux opérations du peignage et de l'étirage usitées dans la filature, et une barre de fer doit être considérée comme un faisceau de fils qui conservent leur individualité première, ce qui caractérise d'une manière nette les propriétés fibreuses ou le nerf de certaines qualités de fer* ([1])... » On pourrait croire que cela s'applique uniquement aux fers corroyés, on sera fixé en lisant ce qui suit : « *On dit que le fer est de qualité fibreuse; lorsque la cassure présente des fibres très marquées, ces fibres ne sont autre chose que les filaments provenant de l'étirage, qui se sont séparés, au moment de la rupture,*

([1]) Mémoires présentés par divers savants à l'Académie des sciences et imprimés par son ordre. T. XX. Tresca, *Application de l'écoulement des corps solides*.

des filaments voisins avec lesquels ils étaient moins étroitement unis. Si l'on étire le fer fibreux dans un sens perpendiculaire à la direction des fibres, il devient fibreux dans ce nouveau sens, parce que chacun des éléments qui le constituaient s'est étiré dans la nouvelle direction, comme il s'était d'abord étiré dans la première. Les autres métaux tels que le cuivre, le zinc, jouissent plus ou moins de cette propriété et les ouvriers qui les emploient savent bien distinguer comment leur laminage ou leur tréfilage a été fait... « *...et* (nous croyons) *que les facettes ne sont autre chose que des surfaces déterminées par le frottement les unes sur les autres, chaque fois que la pièce est pliée ou vient à vibrer.* »

Nous avons essayé plusieurs fois du fer du Berry, fer très pur destiné à la fabrication d'outils fins ; ce fer à cassure fibreuse quand on l'étirait en éprouvette cylindrique, présentait toujours une cassure à facettes extrêmement brillantes quand la barrette de traction avait une section carrée. Les aciers doux ont une cassure à nerf ou à grains suivant que l'éprouvette est longue ou très courte. Voilà des faits qui en disent plus que de longues phrases. Il ne sera pourtant pas inutile de faire remarquer que dans tout solide homogène, d'une seule pièce, déformé, comme un lingot d'acier, de fer ou de cuivre plus ou moins travaillé, le tissu fibreux ou vasculaire n'existe pas plus que les couches primitives. Il ne faut voir dans les tubes produits par le poinçonnage, que la transformation d'un prisme, d'un disque, d'un anneau en un autre, plus ou moins allongé, sous l'action de pressions longitudinales et transversales. Lorsqu'on poinçonne un bloc primitivement formé de plaques distinctes, on retrouve de véritables tubes distincts les uns des autres ; mais dans le poinçonnage d'un bloc d'une seule pièce, il y a continuité de déformations comme il y a continuité de matière. Il n'y a ni nerf, ni fibres, ni vaisseaux ; il y a des propriétés variant d'un point à l'autre, mais variant d'une façon continue. Ce n'est pas l'homogénéité absolue, mais c'est une homogénéité relative qui distingue complètement les métaux fondus et travaillés, des matériaux véritablement fibreux comme les bois, les fers corroyés. Ceux-ci présentent des directions *singulières* correspondant aux surfaces des *fibres* ou des *mises,* direction de faible résistance, suivant lesquelles la résistance est complètement différente des résistances dans d'autres directions ; tandis que les autres matériaux ne présentent que des maximums ou des minimums de résistance dans certaines directions *particulières.* Ce qu'on appelle *nerf* dans les métaux homogènes, n'est qu'une forme particulière de cassure présentant des surfaces de glissement d'une grande étendue. Nous le répétons : dans les fers et aciers doux, on fait apparaître à volonté le grain ou le nerf, en faisant varier la forme de l'éprouvette ou le système des forces déformatrices.

Toutes ces expressions ne suffisaient pas à M. Tresca, qui en a imaginé deux autres : l'*écoulement des corps solides* et l'*état de fluidité:* « *Toutes ces indications,* dit-il à la fin de son premier mémoire* (¹), *se résument pour nous par ce mot: écoulement des corps solides, qui n'avait pas encore été prononcé, et qui, si nous ne nous trompons, doit avoir sur l'étude des mouvements moléculaires des corps solides une influence marquée.* » Oui,

---

(¹) Tresca, *Mémoire sur l'écoulement des corps solides* (Annales du Conservatoire des arts et métiers, 1865-1866).

il a eu son influence : mauvaise, il est vrai ; mais il faut bien reconnaître qu'il rend aux explicateurs, et surtout à son auteur, au moins autant de services que les *fibres*. C'est dans la description de « *l'expérience du 3 juin 1864 sur l'écrasement d'un bloc cylindrique formé de vingt plaques de plomb* » que M. Tresca prononce pour la première fois le mot « écoulement ». « *La galette ainsi formée* (par l'écrasement du cylindre) *ayant été coupée suivant l'axe, on a reconnu que les déformations étaient loin d'être identiques pour toutes les plaques. On voit, au contraire, qu'il s'est produit, surtout au centre du bloc, un écoulement de l'axe à la circonférence...* » On voit qu'ici *écoulement* est absolument synonyme de *dilatation transversale*. « *Nous avons surtout cité cette expérience parce que l'échantillon justifie d'une manière frappante l'expression un peu hardie, en apparence, que nous employons lorsque nous parlons de l'écoulement des solides. Ce bloc de vingt plaques avait été comprimé entre deux pièces de métal. L'une de ces pièces était en fonte, dressée à la lime, et l'épanouissement s'est fait, sur la surface de contact avec cette pièce, suivant la disposition concentrique que nous avons indiquée. L'autre pièce de support était une plaque de tôle finement rabotée à la machine et conservant encore les stries du burin. Ces stries, toutes parallèles, formaient autant de petits canaux presque microscopiques, puisqu'on en compte jusqu'à trois par millimètre ; ils ont suffi cependant pour que le métal refoulé s'y écoule avec une facilité plus grande que dans le sens perpendiculaire ; aussi les lignes de joint qui se sont moulées successivement sur cette surface sont-elles toutes ovalisées dans le même sens, et les cercles de la paroi cylindrique du bloc se sont-ils transformés en sortes d'ellipses, dont le grand axe est parallèle aux lignes de rabotage.* » On ne peut mieux dire. Que faire en un canal à moins qu'on ne s'écoule ! « *Ce même fait s'est reproduit dans un grand nombre d'expériences, et il serait, à lui seul, suffisant pour mettre en lumière cette fluidité relative des corps solides sous les grandes pressions.* » C'est peut-être aller un peu loin. Mais passons à « *l'expérience du 24 août 1864 sur l'écoulement simultané d'un bloc formé de deux plaques de plomb, par le bord et par le centre.* » Deux feuilles de plomb de 3 millimètres d'épaisseur et de 100 millimètres de diamètre ont été comprimées à coups de balancier entre deux plaques, l'une ayant 50 millimètres de diamètre, l'autre percée au centre d'un trou de 20 millimètres. « *A l'extérieur, les feuilles se sont recourbées en forme de tulipe ; leur épaisseur a été graduellement en s'amincissant, comme si le jet de matière que la pression expulsait avait à chaque instant une épaisseur déterminée par l'épaisseur même de la partie comprimée des deux plaques à ce moment.* » On pourrait être surpris qu'il en fût autrement. « *... Il nous suffit, pour le moment, d'indiquer que cette transformation résulte géométriquement de l'écoulement graduel du métal par l'anneau cylindrique compris entre les deux parois qui exercent la compression et de la résistance que l'anneau ainsi expulsé à chaque instant éprouve par suite de sa liaison avec les molécules voisines, déjà introduites dans la partie épanouie de la nappe. Nous nous servons à*

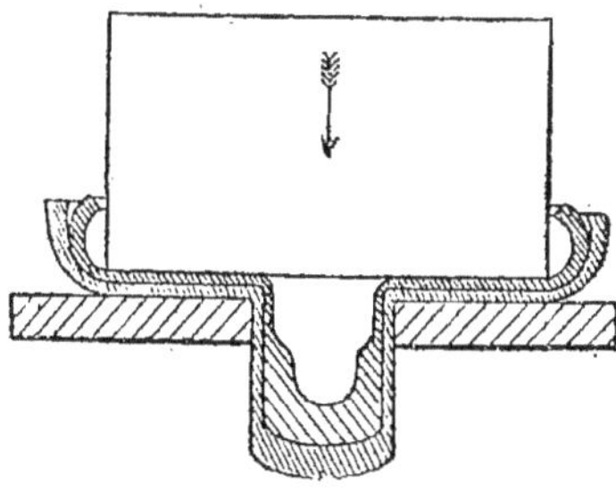

dessein de cette expression qui a l'avantage de désigner d'un seul mot le véritable caractère de ce phénomène... Cet exemple prouve très clairement que la pression verticale déterminée, entre les deux supports, par le choc s'est transmise au travers de la masse de plomb, jusqu'aux parois libres, à l'intérieur et au centre, et que son action a produit deux jets de formes différentes, mais offrant l'un et l'autre cette double particularité, que l'épaisseur de la paroi va successivement en diminuant, et que les surfaces primitivement planes se transforment en surfaces de révolution, se rapprochant plus ou moins de la forme d'un cylindre et paraissant le résultat de deux actions contraires ; l'une d'elles est du fait de la pression transmise et l'autre dépend de la solidarité des molécules et de la cohésion. » Comme tout cela est clair et donne une idée nette du développement des forces dans l'*écoulement concentrique* ; qu'on veuille bien comparer ces explications à celles que nous donnons et qui se résument en ceci : telle *déformation* en un point donné, se compose de dilatations et de contractions et est accompagnée d'un développement de pressions et tensions, dans telles ou telles directions. Ces directions des forces principales sont dans certaines circonstances connues exactement ; à la surface, sur l'axe, dans le plan de symétrie transversal des corps de révolution, elles sont dirigées suivant l'axe, suivant les rayons, les méridiennes, les parallèles. Le plus souvent ces directions ne sont pas connues exactement ; elles sont quelquefois complètement inconnues. La précision consiste, en tout cas, à dire nettement et franchement ce qu'on sait et ce qu'on ne sait pas.

M. Tresca continue : « *On ne peut expliquer autrement cette circonstance qui semble tout d'abord para-*

doxale, d'un vide qui se forme dans le jet, précisément sur le seul point où la pression qui devrait être transmise à la masse de plomb n'est pas contrebalancée par la résistance du support intérieur... » Et plus loin : « Lorsque le fait de l'écoulement concentrique et celui de la formation des jets creux nous parurent bien établis, nous pensâmes qu'il serait utile de rechercher si l'écoulement des liquides eux-mêmes ne s'effectuait pas dans les mêmes conditions. » Une couche d'eau et une couche d'huile dans un vase, l'observation de l'écoulement par un orifice percé dans le fond montre que, le niveau du liquide étant suffisamment abaissé, « le jet est devenu creux, en laissant voir toujours la superposition des deux liquides jusqu'à complet épuisement ». « Nous croyons avoir démontré par cette première série d'expériences, que les solides peuvent s'écouler, à la manière des liquides, lorsqu'ils sont soumis à des pressions suffisamment grandes. »

A cette série d'expériences, beaucoup plus intéressantes en elles-mêmes que l'interprétation qu'en a donnée leur auteur, nous nous permettons d'en ajouter deux autres :

1° Lorsqu'on écrase ou comprime longitudinalement un prisme métallique ayant une longueur primitive au moins égale au double de la plus petite dimension transversale, ce prisme se courbe toujours ; les plans et les cylindres ne se transforment pas en surface de révolution ; quelque grandes que soient les pressions et les déformations, il n'y a dans ce phénomène aucune concentricité, aucun *écoulement concentrique*. Lorsque le prisme ou le cylindre primitif est très court et que les pressions aussi bien que le corps comprimé sont symétriques par rapport à l'axe, l'écoulement est concentrique, en d'autres termes les déformations sont symétriques ; cela résulte de symétrie primitive. Mais le fait de la courbure des cylindres que nous avons cité prouve qu'il ne faut pas se fier d'une façon absolue, même à la *raison de symétrie ;*

2° Par des expériences sur la compression de rondelles de caoutchouc, sectionnées pendant la compression même (¹), j'ai montré que toutes les *grandes déformations,* qu'elles soient élastiques ou permanentes, sont de même espèce. Un bloc de caoutchouc comprimé se déforme comme un bloc de plomb, sans perdre pour cela son élasticité. Faudra-t-il dire que le caoutchouc s'écoule à la manière des liquides ? Ce serait alors un *écoulement élastique,* expression formée de mots qui ne semblent guère faits pour le rapprochement, et plus paradoxale encore que celle d'*écoulement des corps solides.*

Les solides transmettent les pressions en divers sens ; ils transmettent aussi les tensions ; bien plus, l'application de pressions suffit en bien des cas à produire en certains points un développement de tensions ; en quoi les solides diffèrent grandement des liquides.

« *Il est impossible,* dit encore M. Tresca, *de ne pas reconnaître, à première vue, l'étroite analogie d'aspect qui existe entre une planche récemment sciée et la face rabotée de nos jets.* » *Analogie,* soit. Analogie entre les jets de plomb, les veines liquides, les planches, comme il y a analogie entre le genou de l'homme et le genou du cheval, analogie entre l'aile d'un papillon et l'aile d'un oiseau. Comparaison stérile, bien différente de la féconde *homologie.*

(¹) Duguet, *Déformation des corps solides.* Première partie.

L'expression d'*écoulement* appliquée aux solides n'est pas définie ; c'est un mot vague et, à ce titre, dangereux. S'il est simplement synonyme de *grandes déformations*, il est inutile. Qu'on ait été tenté de donner le nom d'écoulement à ces déformations particulières dans lesquelles le plomb sort par un orifice, cela se comprend ; mais, ce qu'il est impossible de ne pas reprocher à M. Tresca, c'est d'avoir généralisé outre mesure, d'avoir cru que cet *écoulement* était une propriété singulière et d'avoir pris cette expression « *écoulement concentrique des corps solides* » pour l'explication universelle des phénomènes naturels et artificiels. Il faut lire le mémoire original pour voir à quel aberration l'auteur a été conduit par le rapprochement cabalistique de ces deux mots : *écoulement* et *solides*. Voici, du reste, comment il termine son *Aperçu sur les applications du principe de l'écoulement des corps solides,* après avoir signalé la grande analogie des couches géologiques, des fibres ligneuses et des jets de plomb produits par le poinçonnage : « *La circulation, dans les végétaux, semblerait donc être un exemple d'écoulement par couches parallèles, comme si, par impossible et du fait de la résistance des enveloppes, les phénomènes organiques obéissaient à cette loi générale de la mécanique que nous avons cherché à caractériser dans ce mémoire sous le nom de loi de l'écoulement concentrique des solides et des liquides. Avec un peu plus de hardiesse que nous n'oserions en avoir, on pourrait peut-être se laisser aller jusqu'à entrevoir d'une manière plus générale, que tous les tissus de l'organisme végétal et animal se développent ainsi sous l'action des forces incessantes auxquelles les principes nourriciers sont soumis.* »

« Quand on est engagé dans une fausse voie,
plus on avance, plus on s'égare. » (Diderot.)

L'écoulement des corps solides a conduit son inventeur *à l'état de fluidité.* « *Nous avons été conduit à admettre, pour chaque matière, une limite de pression au delà de laquelle cette matière se déforme à la manière d'un liquide ; et nous proposerons de désigner cette pression limite, qui pourra varier suivant les circonstances, sous le nom de pression de fluidité, de même que, dans d'autres circonstances, on a été conduit à considérer la température de fluidité* (¹). » « *Dans cette sorte de pénétration, de déplacement relatif, nous dirons presque de cette navigation du poinçon dans l'intérieur d'une masse solide, il se formera des remous, il se produira même une proue...* »

Mais arrivons au mémoire le plus important, à la « *Théorie mécanique de la déformation des corps solides* » dont voici la conclusion : « *Nous avons été conduit à admettre que, dans son état de fluidité, la matière développe, lors de l'écartement de deux molécules voisines, une résistance indépendante de la grandeur de cet écartement* » ; et cherchons de quelle manière M. Tresca a été conduit à cette conclusion. « *L'attention journalière que l'exécution de nos expériences nous obligeait à porter sur tous les détails de chacune des déformations produites dans des conditions très diverses, nous a conduit à vouloir définir l'état particulier dans lequel se trouve la matière, lorsqu'elle est amenée à cette fluidité relative qui permet à ses molécules de se déplacer, les unes par rapport aux*

(¹) *Recueil des mémoires.* T. XX. Tresca. *Écoulement des corps solides. Mémoire sur le poinçonnage des métaux.*

autres, sans que jamais aucune trace de réaction apparaisse par une nouvelle déformation, au moment où l'action motrice cesse d'agir. Cet état de fluidité fait évidemment suite, dans les phénomènes de compression, à la période d'élasticité parfaite et même à la période d'élasticité imparfaite, qui est caractérisée par une modification, en partie permanente, dans la longueur des fibres comprimées. Les résistances qui correspondent à cette période de fluidité sont nécessairement plus grandes que celles qui correspondent à la période d'élasticité imparfaite, et l'on peut dire que le corps qui y a été amené ne tend plus sensiblement à revenir à ses dimensions primitives. Il semblerait donc que la période de fluidité serait intermédiaire entre l'élasticité et la désagrégation et qu'elle constituerait un état particulier sous l'influence d'efforts plus grands que ceux de la période élastique, mais plus petits que ceux qui déterminent la rupture, dans le cas où elle peut se produire brusquement, soit par compression, soit même par extension. N'est-il pas vraisemblable, d'après ces rapprochements, que le plomb et l'étain, par exemple, qui parmi les métaux ductiles se déforment presque indéfiniment sous une pression limite, jouissent de la propriété, à partir d'une certaine charge, de donner lieu à une résistance constante par mètre carré, pour toute extension ou toute compression ultérieure... » Observez la progression : il n'est d'abord question de l'état de fluidité que « *dans les phénomènes de compression* », un peu plus loin cet état s'étend « soit à la compression, soit *même à la tension* » ; à la fin de la phrase, la généralisation est complète « *pour toute extension ou toute compression* ». Nous voyons encore dans cette phrase que le corps amené à l'état de fluidité « ne tend plus

sensiblement à revenir à ses dimensions primitives »,
tandis que dans la précédente il est question de « cette
fluidité relative qui permet aux molécules de se déplacer, *sans que jamais aucune trace de réaction apparaisse...* » (c'est de la *détente* que M. Tresca veut
parler, la réaction étant toujours égale à l'action
aussi bien dans les liquides que dans les solides).
Ces deux affirmations diffèrent considérablement
l'une de l'autre. La première signifie simplement
que les déformations élastiques sont extrêmement
petites relativement aux grandes déformations permanentes des métaux doux. Nous avons constaté
ce fait dans les déformations les plus variées ; mais
nous ferons remarquer que les détentes, très petits
allongements, raccourcissements, glissements élastiques qui accompagnent toujours les déformations
permanentes, si grandes qu'elles soient, que ces petites
déformations élastiques sont du même ordre de grandeur que celles de la période d'élasticité parfaite et
même plus grandes qu'elles. Un métal très déformé
ne tend pas *sensiblement* à reprendre sa forme primitive ; un prisme allongé raccourci de 30 p. 100,
aura une petite détente qui n'atteindra peut-être
pas 1 p. 1,000. Mais dire qu'il n'y a pas de détente du tout, c'est une autre affaire. Comment
M. Tresca l'a-t-il constaté ? Il n'en dit mot. Point
n'est besoin d'être un grand expérimentateur pour
savoir qu'il est difficile de mesurer à la fois des déformations très grandes et des déformations très petites. Il faut pour cela des précautions, des dispositions spéciales, que M. Tresca n'aurait pas manqué
de décrire s'il les avait prises. Et, en bonne logique,
si l'on veut constater l'élasticité, ce n'est pas au mé-

tal qui a les déformations élastiques les plus petites qu'il faut s'adresser.

Il y a, d'ailleurs, une confusion qu'il importe de signaler immédiatement ; c'est la relation intime de la disparition de l'élasticité avec la constance des efforts de déformations. Si l'on entend par *état de fluidité,* l'état dans lequel la matière n'a plus d'élasticité, nous nions la réalité de cet état. Aux personnes qui ne trouveraient pas suffisantes les raisons que nous avons données, nous conseillerons une visite à la fonderie de canons de Bourges ; elles verront là d'énormes cylindres en bronze très doux, très homogène, dilatés au moyen d'un liquide ou de mandrins. Les déformations très grandes sont ici produites uniquement par des pressions, et, s'il existe une période de fluidité, on doit l'atteindre, car en certains cas on pousse jusqu'à la rupture. Les officiers qui ont entrepris ces remarquables constructions pourront fournir des renseignements précieux. Si vous leur parlez d'état de fluidité, ils ne vous comprendront pas ; mais ils vous affirmeront que la disparition de l'élasticité correspondant aux grandes déformations ou aux pressions élevées, est tout le contraire de la vérité, et que leur seul but en déformant le bronze, est d'arriver à le rendre aussi élastique que l'acier.

Passons maintenant à la question de la fixité des efforts. En pratique, on déforme un corps au moyen d'un poids ou d'une pression hydraulique ; c'est cet *effort total* dont on constate souvent l'invariabilité dans certaines périodes. M. Tresca l'a observé dans divers phénomènes, toujours très compliqués ; pas dans tous, cependant. La pression nécessaire à l'écrasement d'un cylindre entre deux plaques, croît constamment avec le raccourcissement; il est vrai que la section grandit en même temps que les efforts; mais les efforts rapportés aux sections correspondantes augmentent aussi avec le raccourcissement (au moins pour le fer doux et le cuivre). Dans les essais de traction des aciers doux, on voit le mercure du manomètre rester stationnaire pendant une longue période; mais en même temps que la barrette s'allonge ainsi sous un *effort total* constant, la section diminue de plus en plus. En sorte que la traction rapportée, à chaque instant, à la section actuelle, augmente avec les déformations. La courbe des allongements en fonction des efforts a des formes toutes différentes suivant qu'on rapporte les efforts à la section initiale ou à la section moyenne correspondante.

Les métaux doux en éprouvettes rondes de petit diamètre, sont susceptibles de torsions très considérables; durant une longue période, et jusqu'à la rupture, l'aiguille des efforts reste fixe. Nous avons montré ([1]) que, non seulement le moment total de torsion ne variait pas, mais encore que les grands glissements élémentaires correspondaient à des forces tangentielles constantes.

Dans les grandes déformations, les efforts ne sont nullement répartis uniformément sur les sections; et ce que nous avons dit, suffit à montrer que la fixité de l'effort total qu'on constate en certaines circonstances peut être interprétée de bien des manières différentes suivant le genre de déformations. Telle n'est pas l'opinion de M. Tresca qui, à la suite de cette observation, pose le principe suivant comme base de sa

---

([1]) Duguet, *Déformation des corps solides.* 1ʳᵉ partie.

théorie : « *Hypothèse fondamentale sur la résistance de fluidité.* » «... *Au delà de cette limite* (d'élasticité imparfaite) *nous nous proposons de considérer, pour l'état de fluidité, les forces développées comme absolument constantes et entièrement indépendantes des déplacements relatifs, ce qui revient à admettre qu'elles pourront toujours être évaluées au moyen d'un coefficient constant K de résistance par mètre carré ou par centimètre carré, ce coefficient K restant le même pour l'appréciation de toute déformation moléculaire développée dans la période de fluidité. En partant de cette hypothèse nous établirons les formules qui expriment, en fonction du coefficient K, les quantités de travail qu'exigent les déformations... et nous nous servirons ensuite de ces formules pour déduire des données numériques de nos expériences, la valeur même de ce coefficient de fluidité...* » Et voici l'« *expression du travail nécessaire pour allonger ou raccourcir un parallélipipède* » qui est le type de l'évaluation du travail dans toutes les déformations. « *D'une manière générale x, y, z étant les côtés d'un parallélipipède rectangle ; dx, dy, dz, les variations respectives, dans une déformation par compression ou par extension, le travail total de déformation sera, lorsque l'on pourra admettre que chacune des files de molécules est engagée dans le système de telle façon qu'elle se comporte comme si elle était isolée*

$$t = \mathrm{K}\,(x.\,y.\,dz + y.\,z.\,dx + z.\,x.\,dy)$$

ou, le volume restant constant : $t = 2\,\mathrm{K}\,xy.\,dz.$ »

Inutile de dire que, dans les applications, on admettra toujours qu'il en est ainsi.

Chaque élément plan rectangulaire, de superficie $x.\,y.$ est donc sollicité par une force $\mathrm{K}.\,x.\,y.$ ou par une force normale constante, K par unité de surface. C'est *l'égalité de pression ou de tension en tous sens,* qui dérive bien plus de l'idée de fluidité que de la fixité de l'effort total de déformations dont elle diffère complètement. Je crois avoir suffisamment montré, dans l'ouvrage que je publie aujourd'hui, que le développement en un point, de trois pressions ou de trois tensions principales égales ou ayant des valeurs peu différentes les unes des autres, est accompagné de déformations toujours extrêmement petites et de l'ordre des changements de volume ou de densité. Les déformations correspondantes à deux pressions et une tension égales peuvent être au contraire très considérables ; mais ces conditions ne se réaliseront que dans des circonstances tout à fait particulières, et généralement en certains points seulement. A côté d'elles, nous connaissons une foule de déformations très grandes, se produisant même sous des efforts constants, et dans lesquelles les forces élastiques développées en divers sens sont très différentes les unes des autres. Dans la torsion d'un cylindre de révolution, par exemple, les éléments (zx et yz) inclinés à 45° sur les sections droites et les méridiens sont sollicités par une pression et une traction normales et égales entre elles ; mais les éléments (xy) parallèles à la surface extérieure ne sont soumis à aucune force. A la surface libre de tous les corps déformés, il y a généralement deux forces principales, mais tout élément situé dans cette surface libre n'éprouve ni traction ni pression. Et qu'on ne vienne pas dire que l'état de fluidité ne s'applique pas aux cas que nous venons de citer ; l'état de fluidité sert à expliquer non seulement toutes les déformations, mais encore un grand nombre de phénomènes qui s'y rattachent plus ou moins directement. Parlant de la fixité des bases des cylindres comprimés, qui se dilatent moins que les autres sections droites, M. Tresca dit : « *Quant à la cause qui détermine l'adhérence entre les faces primitives et les cales... il n'y a pas lieu de la chercher ailleurs que dans la résistance supplémentaire à laquelle donnerait lieu le frottement de la matière amenée par la pression à l'état de fluidité, avec les parois métalliques de ces cales* (¹). » Et ainsi toutes les fois qu'on n'a pas d'autres raisons à donner : à la rescousse, les fibres et l'état de fluidité !

Revenons à la « *théorie mécanique de la déformation* ». Récapitulant les résultats des diverses expériences sur l'écrasement, le poinçonnage, etc., M. Tresca donne comme valeur de K, résistance de fluidité du plomb, 130 à 204 kilos par c. m. q. Ces nombres représentent des moyennes ; les résultats bruts diffèrent un peu plus. Ainsi nous lisons : « *Expérience du 6 juin 1864* »... « *l'interprétation des expériences sur l'écrasement des cylindres de plomb, en ne considérant toutefois que la pression finale...* » (ce qui montre que la pression n'est pas constante) donne entre autres valeurs $K = 116^{kg}$; et « *l'expérience du 17 juin 1864 sur le poinçonnage* » $K = 254^{kg}$. De 254 à 116^{kg}, ça n'est pas précisément l'invariabilité. M. Tresca a fait depuis d'autres expériences et il a fixé définitivement la valeur de K à 200^{kg}.

Arrivons enfin à la « *résistance au cisaillement déduite de la pression observée au moment de la sortie de la débouchure* ». « *Si nous admettons que la matière*

(¹) Comptes rendus de l'Académie des sciences, 21 juillet 1884. — Tresca, *Étude sur les déformations géométriques déterminées par l'écrasement d'un cylindre entre deux plans.*

est homogène, sous le poinçon, au moment où le cisaille-
ment commence à s'opérer, il est naturel de supposer
que l'effort P' *à exercer pour le produire doit être pro-*
portionnel à la surface de séparation. On peut écrire
P' $= $ K' $2 \pi R_1$ L *en désignant par* K' *le coefficient de*
la résistance par unité de surface, au moment de ce
cisaillement. Or, cet effort est précisément l'effort
maximum observé pendant le poinçonnage... » A la fin
du chapitre du glissement, dans mon premier ouvrage,
j'avais écrit : « M. Tresca, à la suite d'expériences
nombreuses (que nous regrettons de ne pas connaître
dans tous leurs détails), a trouvé que la résistance
était proportionnelle à la surface de cisaillement ou
de poinçonnage. » Aujourd'hui, je connais ces expériences, et je sais que la proportionnalité a été non
démontrée mais admise. Comment M. Tresca qui connaît mieux que personne toute la complication du phénomène de cisaillement pour l'avoir étudié géométriquement dans tous ses détails, peut-il trouver naturel
de supposer l'effort proportionnel à la surface ? Je ne
puis le comprendre, et jusqu'à preuve expérimentale,
je me refuse à l'admettre.

L'égalité des deux coefficients K et K', de fluidité
et de cisaillement est démontrée par cinq expériences
« *en laissant toutefois l'expérience II, pour laquelle*
nos notes indiquent une hauteur H $= 2,4$ *trop peu*
différente de la longueur L $= 2,3$, *pour que nous soyons*
assuré que toutes les phases du poinçonnage s'y soient
accomplies ». Les coefficients de fluidité ou de poinçonnage ne seraient-ils donc applicables qu'en des circonstances particulières et rigoureusement déterminées ?
Quand il s'agira de les employer, on sera beaucoup
moins sévère.

Si nous avons autant insisté sur ces questions, c'est uniquement à cause de la haute position de leur auteur. Dans l'espèce, M. Tresca est le *leader*, et beaucoup de personnes, sans remonter aux sources, accordent à ses conclusions une confiance qui n'est justifiée que par la place qu'elles occupent dans les *Recueils des savants*. Après avoir expérimenté moi-même, j'ai beaucoup étudié les travaux de M. Tresca; ses premières expériences sont fort intéressantes; quant aux expressions *écoulement des corps solides, état de fluidité*, je ne les considère pas seulement comme inutiles, je les regarde comme délétères.

M. de Saint-Venant (¹) a cherché à démontrer *théoriquement* l'égalité des coefficients de fluidité et de cisaillement; il remplace ces expressions par celles de résistances à l'extension et au glissement et n'emploie généralement, dans la démonstration, que les termes précis de la géométrie et de la mécanique; la discussion devient ainsi beaucoup plus facile. « *Il m'a semblé utile de montrer que le plus remarquable peut-être des résultats des recherches de M. Tresca, savoir: l'égalité* $(K' = K)$ *du coefficient de la résistance au cisaillement ou glissement transversal au coefficient de la résistance à l'extension ou à la compression permanente, était susceptible d'une vérification complètement théorique. Soit en effet un parallélipipède rectangle de matière ductile de longueur* a, *d'épaisseur* b *et de hauteur* c. *Supposons que sur ses bases inférieure et supérieure* ab

---

(¹) Comptes rendus de l'Académie des sciences. 1870. T. LXX. — De Saint-Venant, *Mécanique appliquée. Preuve théorique de l'égalité des deux coefficients de résistance au cisaillement et à l'extension ou à la compression dans le mouvement continu de déformation des solides ductiles au delà de la limite d'élasticité.*

l'on exerce, en sens opposé, des frottements énergiques pour les faire glisser l'un devant l'autre dans la direction de la longueur a d'une quantité linéaire g.c ; en sorte que g représente leur glissement relatif... Supposons aussi que la matière soit arrivée (comme le plomb, le cuivre, des expériences tant d'écoulement que de poinçonnage de M. Tresca) à cet état où l'élasticité est, comme on dit, dépassée, en sorte que l'effort est devenu constant ou ne croît plus avec les déplacements. Si K' est l'effort ou frottement longitudinal exercé par unité de surface sur les bases a b, son travail pour le glissement relatif produit g aura été en tout $2\mathrm{K}'abg \frac{c}{2}$

$= \mathrm{K}'abcg$ ou par unité de volume $\mathrm{K}'g$. Or, il est facile de voir que, dans le solide, chaque carré matériel dont les côtés sont respectivement parallèles à a et à c, aura l'une de ses diagonales allongée et l'autre raccourcie, dans la proportion $\frac{1}{2}$ g ; c'est-à-dire (comme il a été dit ailleurs depuis longtemps) qu'un glissement dans une direction déterminée quelconque équivaut à une dilatation et une contraction simultanées et moitié moindre dans deux directions rectangulaires inclinées à 45° sur celle-ci. Supposons donc que dans le parallélipipède donné abc, l'on en taille un plus petit de même épaisseur b, mais de longueur a' et de hauteur c', faisant 45° avec a et c et ayant ses faces latérales a'c' dans le plan de celles de ac. Pour augmenter sa longueur a' et diminuer sa hauteur c' il faudra, si K représente le coefficient constant de résistance à l'extension ou à la compression pour la matière supposée arrivée à cet état d'annulation de l'élasticité que M. Tresca compare à la fluidité, il faudra, dis-je, appliquer sur ses bases bc', *en sens opposé, des tractions K bc', et sur ses bases ba' des pressions K ba' qui, si la proportion de l'extension et celle de la compression sont, comme on vient de le dire $\frac{1}{2}$ g, produiront des quantités de travail Kbc' $\frac{1}{2}$ ga', K ba' $\frac{1}{2}$ gc', ou du total par unité de volume a'bc' du petit prisme, un travail Kg. Cette quantité doit être égale à K'g, car en décomposant le prisme entier abc en prismes a'bc' le travail total pour une même déformation opérée, doit être d'égale grandeur pour ceux-ci ensemble et pour celui-là. Donc on doit avoir K' = K, ou l'égalité expérimentalement découverte par M. Tresca, du coefficient de résistance au glissement ou cisaillement et du coefficient de résistance à la déformation permanente par extension ou par compression. »*

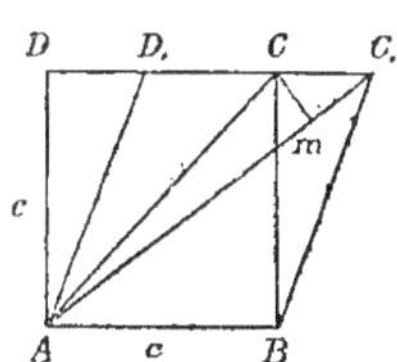
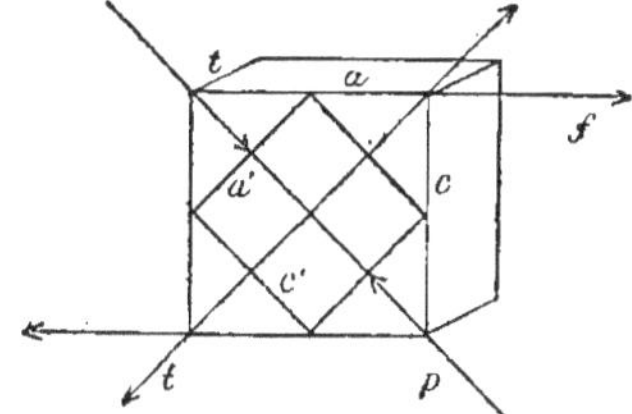

Nous ferons remarquer tout d'abord que c'est seulement *pour un glissement infiniment petit* que l'équivalence dont il est question a lieu. On s'en convaincra facilement en jetant les yeux sur la figure ci-jointe. Elle représente un cube $ABCD$ amené à la forme ABC_1D_1 par un glissement $CC_1 = g \times CB$ ou $g\,c$, g étant la tangente de l'angle CBC_1. La diagonale AC est devenue AC_1 et sa dilatation relative est $\frac{AC_1 - AC}{AC} = \frac{mC_1}{AC}$. Dans le cas où le glissement CC_1 est infiniment petit, et dans ce cas seulement, Cm est perpendiculaire à AC_1 et l'on a $mC_1 = CC_1 \dfrac{\sqrt{2}}{2}$, $AC = CB \sqrt{2}$ et $\dfrac{mC_1}{AC} = \dfrac{1}{2} \dfrac{CC_1}{CB} = \dfrac{1}{2} g$.

Je ne comprends, du reste, en aucune façon, l'introduction de l'état de fluidité dans ce raisonnement; il n'est nullement besoin de supposer l'invariabilité des coefficients de résistance K et K' pour arriver aux mêmes conclusions. $g = d\alpha$ étant le glissement relatif infiniment petit qui précède immédiatement la rupture, K et K' les coefficients de résistance, les glissement, dilatation et contraction, seront $c'\, d\alpha$, $\dfrac{1}{2}\, a'\, d\alpha$, $\dfrac{1}{2}\, c'd\alpha$ et les travaux : $K'\, abc\, d\alpha = K'\, abc\, d\alpha$ et $K\, bc'\, \dfrac{1}{2}\, a'd\alpha + K\, ba'\, \dfrac{1}{2}\, c'd\alpha = K\, a'bc'\, d\alpha$ ou par unité de volume $K'\, d\alpha$ et $K\, d\alpha$. L'égalité de ces travaux entraîne celle des coefficients de rupture $K' = K$. Mais, on pourrait répéter entièrement le même raisonnement en mettant à la place des coefficients de rupture, les *limites d'élasticité* correspondantes ; et l'on prouverait ainsi *théoriquement* que les limites d'élasticité de glissement, de tension et de compression sont égales entre elles. Nous avons démontré *expérimentalement* que ces limites d'élasticité, aussi bien que les coefficients de rupture, différaient considérablement les uns des autres. Un acier à 36^{kg} de limite d'élasticité de traction, n'a que 22^{kg} de limite d'élasticité de glissement ; et le rapport est le même pour les résistances à la rupture.

L'erreur commise par M. de Saint-Venant consiste

dans la supposition que les tractions t agissant sur les faces c' et les pressions p agissant sur les faces a', produisent les mêmes effets, qu'elles agissent *séparément* ou *simultanément*, ou que l'effet total des pressions p et des tensions t agissant simultanément est égal à la somme des effets que produirait chacune d'elle agissant isolément. C'est l'*hypothèse de l'indépendance des effets des forces élastiques*, universellement admise, d'autant plus dangereuse qu'elle n'est même pas déclarée. Nous avons été le premier à signaler l'existence de cette hypothèse qui n'était même pas soupçonnée. Elle diffère complètement du principe de Galilée, l'un des trois sur lesquels repose la mécanique rationnelle, qui consiste en l'indépendance des effets des *forces appliquées à un point matériel* et qui conduit immédiatement à leur *composition*. Parle-t-on jamais de composer la pression p et la tension t appliquées aux faces d'un élément! *Les forces élastiques sont appliquées non à un même point, même aux faces différentes d'un élément géométrique ;* le principe de l'indépendance aussi bien que la composition ne s'appliquent qu'aux forces appliquées à un même point. On peut faire l'hypothèse de l'indépendance des effets des forces élastiques, mais c'est une hypothèse nouvelle, il faut la déclarer ; à l'expérience à répondre. Dans les petites déformations élastiques, elle est peut-être admissible, toute la théorie mathématique de l'élasticité repose sur elle ; mais elle est certainement fausse dans le cas des grandes déformations, et, en ce qui concerne les limites d'élasticité et résistance à la rupture, elle ne conduit qu'à des résultats inexacts.

Ce qu'il faut remarquer enfin et surtout, à ce sujet,

c'est la prétention qu'ont les algébristes de *démontrer un fait physique.* M. de Saint-Venant termine sa « *preuve théorique* » de l'égalité des coefficients de résistance que nous avons cité *in extenso,* par cette phrase : « *Ce raisonnement me paraît justifier l'hypothèse, hardie au premier aperçu, mais en y réfléchissant très rationnelle, de l'égalité de résistance à l'extension et à la compression permanentes, par unité superficielle des bases des prismes qu'on y soumet.* » « *Élevés à l'école de Laplace,* dit le classique Lamé, *ni Poisson, né Cauchy, ne devaient penser qu'il fût possible d'établir une théorie de physique mathématique sans présupposer aucune loi. Mais, doués d'une puissance et d'une fécondité qui n'appartiennent qu'aux génies, ils ne pouvaient manquer de rencontrer les formules pures de toute hypothèse, puisqu'elles existaient.* » M. de Saint-Venant a été élevé à l'école de Lamé. C'est deux siècles après Bacon que des savants distingués écrivent de pareilles choses. Ça n'est pas par l'expérience qu'on cherche à vérifier l'hypothèse de l'égalité des résistances à l'extension et à la compression. *Hardie au premier abord,* on la trouve, en y *réfléchissant, très rationnelle.* Et, qu'en dit Aristote ?

« Il faut avouer que les géomètres abusent quelquefois de l'application de l'algèbre à la physique, dit d'Alembert dans la préface de l'*Encyclopédie.* Au défaut d'expériences propres à servir de bases à leur calcul, ils se permettent des hypothèses, les plus commodes à la vérité qu'il leur est possible, mais souvent très éloignées de ce qui est réellement dans la nature. Pour nous, plus sages ou plus timides, contentons-nous d'envisager la plupart de ces calculs et de ces suppositions vagues comme des jeux d'esprit auxquels

la nature n'est pas obligée de se soumettre, et concluons que la seule vraie manière de philosopher en
physique consiste ou dans l'application de l'analyse
mathématique aux expériences ou dans l'observation
seule éclairée par l'esprit de méthode, aidée quelquefois par des conjectures lorsqu'elles peuvent fournir
des vues, mais sévèrement dégagée de toute hypothèse
arbitraire. » Simples jeux d'esprit, souvent; œuvres
d'art quelquefois, dans lesquels on recherche plus
l'élégance des formules que la réalité des faits; ces
travaux mathématiques sont alors les belles sciences
et leurs auteurs de véritables poètes de la science.
Malheureusement les mathématiques (et c'est un caractère de plus qu'elles ont en commun avec les beaux-
arts) inspirent à ceux qui les cultivent un profond
mépris pour tout ce qui n'est pas elles-mêmes, pour
tout ce qui est observation ou expérience. J'ai passé
par cette phase; j'en suis heureusement sorti; mais
combien y restent toute la vie. L'École polytechnique
a été instituée définitivement « dans le but de répan-
dre dans la nation l'instruction des sciences mathématiques, physiques, chimiques et des arts graphiques,
et, particulièrement, de former des élèves pour les
écoles d'application des services publics... » Elle
fournit beaucoup plus de mathématiciens que de
physiciens et de chimistes. L'enseignement de la
physique et même celui de la chimie, ne suffisent pas
à montrer, qu'en dehors de l'algèbre, il existe des
sciences et des procédés de raisonnement. Je suis
entièrement de l'avis que « pour valoir ce qu'elle
vaut, il faut que l'École polytechnique reste ce qu'elle
est, avec son haut enseignement commun à tous les
services... »; mais je crois qu'il est nécessaire d'ajouter

à cet enseignement commun un cours de biologie. Les élèves apprendront ainsi les procédés généraux de la vie et pourront apprécier la haute valeur logique de la méthode comparative, de la description scientifique et de l'art des classifications. Il restera toujours quelques *physiciens idéalistes,* mais le gros sera *réaliste* et moins admirateur de la *science conventionnelle.*

DUGUET.

La Châtre (Indre). Mai 1885.

DE LA RÉSISTANCE

DES CORPS SOLIDES

CHAPITRE PREMIER.

THÉORIE MATHÉMATIQUE DE L'ÉLASTICITÉ.

§ 1. — Forces élastiques. — Ellipsoïde d'élasticité.

Soit CD (fig. 1) une surface divisant en deux parties
A et B, un corps quel-
conque AB, déformé et
en équilibre sous l'ac-
tion de forces quelcon-
ques; chacune des par-
ties, A, par exemple,
peut être considérée
comme étant en équi-
libre sous l'action si-
multanée des efforts qui
lui sont directement ap-
pliqués, et de la partie
B. Que l'on supprime
B, et l'équilibre de A
est rompu. Cet équili-
bre de la partie A peut
être rétabli ou maintenu

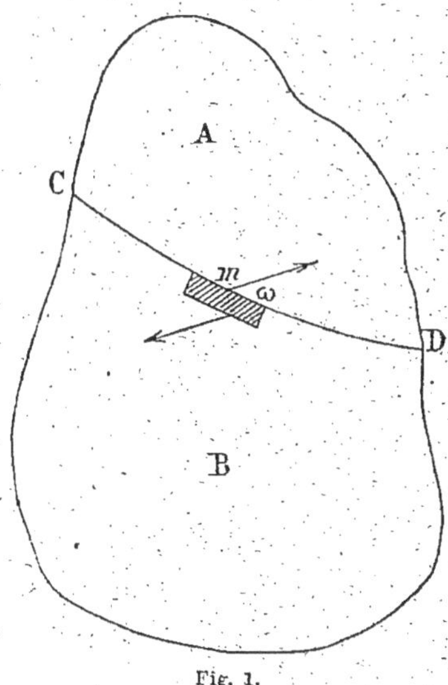

Fig. 1.

dans son état primitif, malgré la suppression de B, par
l'application de forces convenables aux différents points
de la surface CD. Soit P une de ces forces agissant sur
un élément plan ω de la surface CD, et qui peut être considérée comme uniformément répartie sur la superficie

infiniment petite de cet élément. On appelle *force élastique développée au point* m, *centre de gravité de l'élément* ω *et agissant sur cet élément plan*, la force p qui a la direction et le sens de la force P et une intensité égale au rapport $\frac{P}{\omega} = p$; elle est exprimée en kilogrammes par unité de superficie.

La force élastique est généralement oblique à l'élément qu'elle sollicite et peut être décomposée en deux forces :

1° L'une *normale* au plan de l'élément, *traction* ou *compression, positive* ou *négative*, suivant son sens ;

2° L'autre, située dans le plan même de l'élément sollicité, *force tangentielle* ou *force de glissement*.

L'une des composantes peut être nulle : la force élastique est alors une force de glissement ou une force normale ; dans ce dernier cas, elle prend le nom de *force principale*.

L'élément superficiel ω, suivan qu'on le considère comme appartenant à la partie A ou à la partie B, est sollicité par une force P ou par une autre de même grandeur, mais de direction opposée; en d'autres termes, le cylindre solide élémentaire, ayant pour bases l'élément ω et un autre élément parallèle et infiniment rapproché, est sollicité sur ses deux bases par deux forces égales et de directions contraires. Ces paires de forces élastiques égales deux à deux et de sens contraires, qui sont développées dans l'intérieur des corps déformés, ont reçu le nom de *forces intérieures*. A la surface, les forces élastiques sont nulles ou directement opposées aux *forces extérieures*.

Les forces élastiques, développées dans une déformation quelconque, varient en général d'un point à l'autre et aussi au même point suivant l'orientation de l'élément. Celles qui agissent sur des éléments parallèles et infiniment rapprochés ou sur des éléments passant au même point et faisant entre eux un angle infiniment petit, ne diffèrent entre elles que de quantités infiniment petites et peuvent être considérées comme égales et ayant même direction.

Tout élément solide, faisant partie du corps considéré, doit être en équilibre sous l'action des forces qui le sollicitent, c'est-à-dire sous la seule action des forces élastiques qui agissent à sa surface, dans le cas où l'on ne tient pas compte de l'effet des forces telles que la pesanteur, qui agissent sur la masse de l'élément. On peut donc, pour étudier les *lois de la distribution des forces élastiques en un point*, chercher les conditions d'équilibre d'un élément solide de forme quelconque. Ces lois se déduisent immédiatement des six conditions générales d'équilibre du *tétraèdre trirectangle élémentaire*. Soit, en effet, OABC

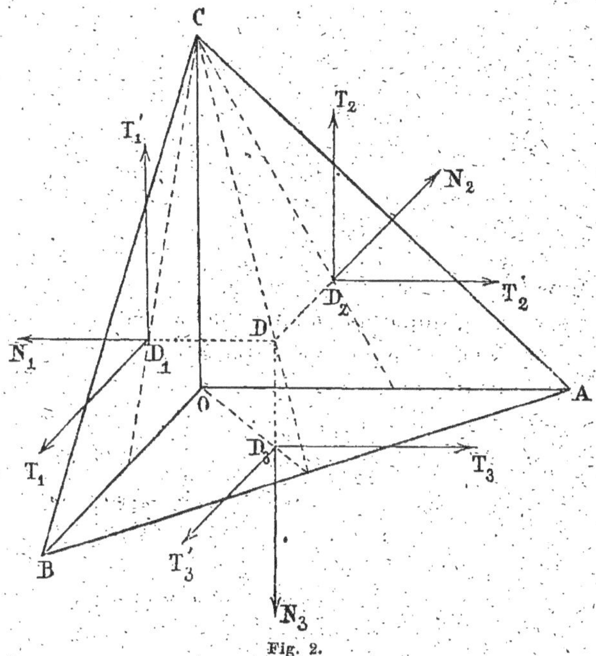

Fig. 2.

(fig. 2) un élément solide d'un corps déformé, ayant la forme d'une pyramide triangulaire trirectangle en O;

D, D_1, D_2, D_3, les centres de gravité de la base ABC et des trois faces ;

F, F_1, F_2, F_3, les forces élastiques appliquées en ces quatre points et sollicitant la base et les trois faces du tétraèdre ;

N_1, T_1, T_1' — N_2, T_2, T_2', — N_3, T_3, T_3', les composantes normales et tangentielles de F_1, F_2, F_3 et x, y, z les composantes de F, parallèles aux arêtes OA, OB, OC.

La somme des moments de toutes ces forces autour de l'axe DD_1, parallèle à OA, doit être nulle. On a donc, en remarquant que les composantes x, y, z, N_1, T_1, T_1', — N_2, N_3 rencontrent l'axe DD_1, et que T_3 et T_2' sont parallèles à cet axe :

$$T_2 \times \tfrac{1}{2}\, OA \times OC \times DD_2 = T_3' \times \tfrac{1}{2}\, OA \times OB \times DD_3$$

ou

$$T_2 \times \tfrac{1}{2}\, OA \times OC \times \tfrac{1}{3}\, OB = T_3' \times \tfrac{1}{2}\, OA \times OB \times \tfrac{1}{3}\, OC$$

ou

$$T_2 = T_3'.$$

En écrivant que la somme des moments par rapport aux axes DD_2 et DD_3 est nulle, on trouverait de même :

$$T_1' = T_3 \qquad T_1 = T_2'$$

Ainsi, les trois conditions relatives aux moments conduisent à ce résultat (qu'on aurait pu trouver en considérant l'équilibre d'un élément *parallélipipède rectangle*) que :

Les six composantes tangentielles des forces F_1, F_2, F_3, qui sollicitent trois éléments plans rectangulaires passant au même point, sont égales deux à deux.

$$F_1 \begin{cases} N_1 \\ T_1 \\ T_3 \end{cases} \quad F_2 \begin{cases} T_1 \\ N_2 \\ T_2 \end{cases} \quad F_3 \begin{cases} T_3 & \text{parallèles à OA} \\ T_2 & \text{parallèles à OB} \\ N_3 & \text{parallèles à OC} \end{cases}$$

La somme des projections de toutes les forces qui sollicitent le tétraèdre, sur chacun des trois axes OA, OB, OC, doit être nulle ; ces trois conditions donnent immédiatement les valeurs des composantes x, y, z en fonction des composantes de F_1, F_2, F_3 et de l'orientation de la base

ABC. On a en effet, en projetant toutes ces forces sur la direction OA :

$$x \times \text{ABC} = \text{N}_1 \times \text{OBC} + \text{T}_2' \times \text{AOC} + \text{T}_3 \times \text{AOB}$$

ou

$$x \times \text{ABC} = \text{N}_1 \times \text{OBC} + \text{T}_1 \times \text{AOC} + \text{T}_3 \times \text{AOB}$$

En désignant par m, n, p les cosinus des angles que fait avec les trois axes la normale à la base ABC, on a :

$$m = \frac{\text{OBC}}{\text{ABC}} \qquad n = \frac{\text{AOC}}{\text{ABC}} \qquad p = \frac{\text{AOB}}{\text{ABC}}$$

L'équation précédente et les deux autres qu'on obtiendrait de la même manière en projetant les forces sur OB et OC, deviennent :

$$\text{F} \begin{cases} x = m\text{N}_1 + n\text{T}_1 + p\text{T}_3 \\ y = n\text{N}_2 + p\text{T}_2 + m\text{T}_1 \\ z = p\text{N}_3 + m\text{T}_3 + n\text{T}_2 \end{cases}$$

Les trois éléments plans rectangulaires, faces du tétraèdre, étant considérés comme fixes dans le corps déformé, les composantes N_1, N_2, N_3, T_1, T_2, T_3 ont des valeurs déterminées, les composantes x, y, z de la force F ne dépendent que de l'orientation de l'élément ABC ; elles sont des fonctions linéaires de m, n, p. Inversement, m, n, p sont des fonctions linéaires de x, y, z, et l'équation de condition

$$m^2 + n^2 + p^2 = 1$$

dans laquelle m, n, p seront remplacés par leurs valeurs tirées des équations précédentes, sera une équation du second degré en x, y, z.

Si l'on mène par le point O (fig. 3) des droites OM représentant en grandeur et direction les forces F qui sollicitent les éléments tels que ABC (ou, ce qui est la même chose, les éléments parallèles passant au point O), les coordonnées des points M, par rapport aux trois axes OA, OB, OC, seront égales aux trois composantes x, y, z de la force F ; l'équation du second degré en x, y, z montre que le lieu géométrique des points M est une surface du second ordre, et que cette surface est toujours un ellipsoïde. Ainsi : *Toutes les forces élastiques développées en un point d'un corps déformé et qui sollicitent les divers éléments plans passant en ce point, sont représentées, en grandeur et direction, par les demi-*

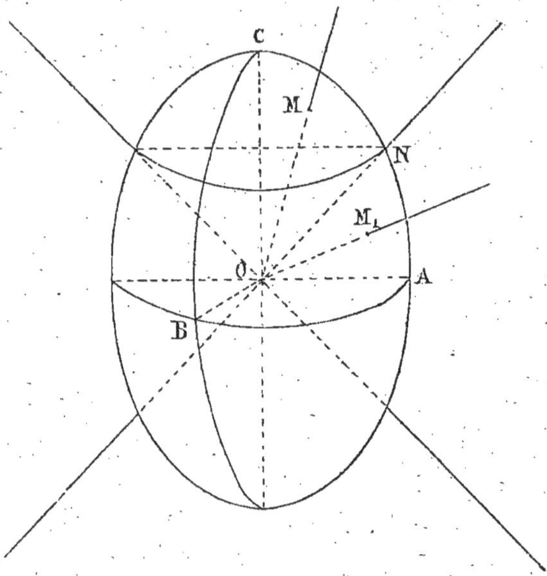

Fig. 2.

diamètres d'un ellipsoïde qu'on appelle Ellipsoïde d'élasticité.

Rapporté à ses trois axes, cet ellipsoïde a pour équation :

$$(1) \qquad \frac{x^2}{a^2} + \frac{y^2}{b^2} + \frac{z^2}{c^2} = 1$$

Par simple raison de symétrie, les trois forces a, b, c, dirigées suivant les axes de l'ellipsoïde d'élasticité, agissent sur les plans normaux à leurs directions ; ce sont des forces normales ou principales. Donc :

En chaque point d'un corps déformé, il y a, en général, développement de trois forces principales rectangulaires.

En considérant l'équilibre du tétraèdre rectangle élémentaire OABC (fig. 2) qui a ses trois faces sollicitées par les forces principales développées au point O, il est facile de trouver l'orientation de l'élément ABC, sur lequel agit une force donnée OM. En effet, on a dans ce cas :

$$T_1 = o \quad T_2 = o \quad T_3 = o \quad N_1 = a \quad N_2 = b \quad N_3 = c$$

les coordonnées du point M sont :

$$x = ma \quad y = nb \quad z = pc$$

L'équation du plan ABC, dont la normale fait, avec les trois axes, des angles dont les cosinus sont m, n, p, est :

$$mx' + ny' + pz' = \mathrm{K}$$

ou

$$\frac{xx'}{a} + \frac{yy'}{b} + \frac{zz'}{c} = \mathrm{K}$$

Cette équation montre que :

Toute force élastique OM représentée en grandeur et direction par un rayon de l'ellipsoïde d'élasticité (1), *agit sur un élément situé dans le plan diamétral conjugué de OM relativement à la surface du second degré* (2) :

$$(2) \qquad \frac{x^2}{a} + \frac{y^2}{b} + \frac{z^2}{c} = \pm\, 1$$

dont les axes dirigés suivant ceux de l'ellipsoïde d'élasticité, ont pour grandeurs les racines carrées des axes de cette surface (1), $\sqrt{a}, \sqrt{b}, \sqrt{c}.$

Cette surface (2) est un ellipsoïde ou l'ensemble de deux hyperboloïdes, suivant les signes de a, b, c. Si les trois forces principales développées au point O sont trois tractions ou trois compressions, l'équation (2) représente un ellipsoïde ; elle représente, au contraire, deux hyperboloïdes si les forces principales se composent de deux tractions et d'une compression, ou d'une traction et de deux compressions, en un mot, s'il y a à la fois traction et compression au point considéré. Soient a, b, c les valeurs absolues des forces principales, c étant de sens contraire aux deux autres ; l'équation (2) prend la forme :

$$(2) \qquad \frac{x^2}{a} + \frac{y^2}{b} - \frac{z^2}{c} = \pm\, 1$$

Ces hyperboloïdes ont un cône asymptotique dont l'é-
quation est :

$$(3) \qquad \frac{x^2}{a} + \frac{y^2}{b} - \frac{z^2}{c} = 0.$$

Le plan conjugué d'une génératrice ON de ce cône,
relativement à la surface (2), est le plan tangent au cône
lui-même suivant cette génératrice ; il résulte de là que :
*Toute force élastique dirigée suivant une génératrice du cône
asymptotique (3) à la surface (2) est située dans le plan même
de l'élément qu'elle sollicite, c'est une force de glissement.* Le
cône asymptotique a reçu pour cette raison le nom de
cône de glissement.

Toute force OM (fig. 3) située dans l'intérieur du cône
de glissement a une composante normale de même espèce
que la force principale c, c'est une *traction oblique*, si c
est une traction normale. Toute force OM, située en dehors
du cône, a une composante normale de même espèce que
a et b; c'est une *pression oblique*, si a et b sont des pressions normales.

Lorsque les trois forces principales ont le même signe,
c'est-à-dire sont trois tractions ou trois compressions, il
n'y a pas de cône de glissement, toutes les forces élastiques
ont une composante normale du même genre que a, b, c.

Dans le cas où toutes les forces élastiques sont normales aux éléments qu'elles sollicitent, comme cela a lieu
dans l'*équilibre des fluides*, l'ellipsoïde d'élasticité est une
sphère; toutes les forces développées au même point sont
égales, il y a *égalité de pression ou de traction en tous sens.*

Lorsqu'un solide est plongé dans un fluide, celui-ci
exerce en chaque point de la surface une pression normale; cette pression c est donc une force principale, les
deux autres a et b sont perpendiculaires à c ou situées dans
le *plan tangent à la surface.*

Si la pression du fluide est extrêmement faible relativement aux efforts capables de produire une déformation sensible — tel est le cas de la *pression atmosphérique* agissant sur les corps solides, — elle peut être négligée. L'ellipsoïde (1) se réduit alors à une *ellipse d'élasticité* (4) située dans le plan tangent à la surface du corps, et les surfaces (2) et (3) à une ellipse ou à deux hyperboles conjuguées (5) et à deux asymptotes (6) :

$$(4) \qquad \frac{x^2}{a^2} + \frac{y^2}{b^2} = 1$$

$$(5) \qquad \frac{x^2}{a^2} \pm \frac{y^2}{b} = \pm 1$$

$$(6) \qquad \frac{x^2}{a} - \frac{y^2}{b} = 0$$

Il en est de même toutes les fois qu'au point considéré, il existe un élément plan qui n'est soumis à l'action d'aucune force, et, dans ce cas, toutes les forces élastiques sont situées dans le plan de cet élément.

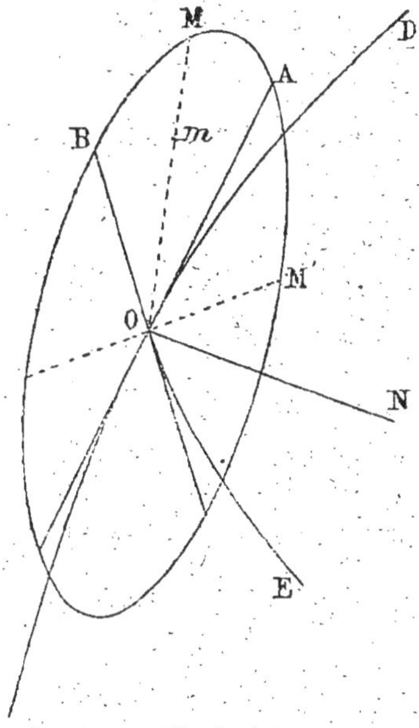

La force élastique OM (fig. 4), représentée par le rayon de l'ellipse d'élasticité (4), agit sur l'élément plan passant par la normale ON au plan de l'ellipse et par le diamètre conjugué OM' de OM relativement à la courbe (5). Les deux plans passant par la normale ON et par les asymptotes (6) sont deux *plans de glissement*.

Les éléments plans inclinés d'un angle γ sur le plan de l'ellipse AOB sont sollicités par des forces si-

Fig. 4.

tuées dans ce plan et représentées par les rayons de l'ellipse (7) :

$$(7) \qquad \frac{x^2}{a^2} + \frac{y^2}{b^2} = \sin^2 \gamma$$

ayant ses axes $a \sin \gamma$, $b \sin \gamma$, dirigés suivant les axes de l'ellipse (4). La courbe (5) détermine l'orientation relative de toutes les forces élastiques et des éléments qu'elles sollicitent. Ainsi : l'élément incliné de γ sur le plan AOB et passant par OM′ est sollicité par la force $Om = OM \sin \gamma$ dirigée suivant OM. Tous les plans passant par les asymptotes (6) sont des *plans de glissement ;* inclinés de γ, ils sont sollicités par une *force de glissement :* $g = G \sin \gamma$, G étant la force qui agit sur les éléments normaux.

Lorsque les deux seules forces principales existantes, a et b, sont de même signe, deux tractions, par exemple, il n'y a pas de plans de glissement et toutes les forces élastiques sont des tractions obliques.

Si les deux forces principales, a et b, ont même valeur absolue, l'ellipse d'élasticité (4) est une *circonférence ;* si elles sont de sens contraires, les équations (5) et (6) représentent deux *hyperboles équilatères* et deux *asymptotes rectangulaires.* Ainsi :

Lorsqu'en un point les forces principales sont une traction et une pression égales, la troisième étant nulle, il existe deux plans rectangulaires inclinés à 45° sur les plans sollicités normalement, qui sont soumis à deux forces de glissement égales en intensité aux forces principales. Cette distribution des forces élastiques dans le cas particulier que nous examinons, se démontre directement avec la plus grande simplicité par la considération de l'équilibre du prisme triangulaire rectangle isocèle dont les deux faces sont soumises à une traction et à une pression normales et égales.

Tout *plan de symétrie,* relativement au solide considéré et aux efforts qui lui sont appliqués, sera évidemment sollicité par des forces normales.

Dans un *solide de révolution soumis à l'action d'efforts extérieurs symétriquement distribués par rapport à l'axe*, tous les
plans méridiens sont des plans de symétrie et sollicités normalement. Il résulte de là qu'à la *surface des corps de révolution*, les deux forces principales situées dans le *plan tangent* seront : l'une perpendiculaire au méridien ou *tangente
au parallèle*, l'autre normale à la première ou *tangente à la
méridienne*.

Lorsqu'en un point O il existe deux éléments plans qui
ne sont sollicités par aucune force, l'ellipsoïde d'élasticité
se réduit à une droite OA, intersection de ces deux plans.

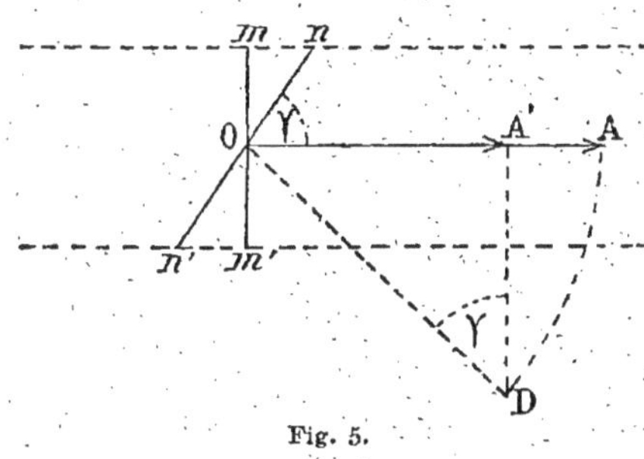

Fig. 5.

Aucune force n'a-
git sur tout plan
passant par OA.
Il n'y a plus qu'u-
ne force princi-
pale A = OA
(fig. 5); elle agit
sur l'élément *mm'*
normal à OA. Tout
élément *nn'* in-
cliné de γ sur la direction OA est sollicité par une force
oblique dirigée suivant OA et égale à $a.\sin\gamma$. Il est facile
de le démontrer directement en considérant la figure 5.

En effet, dans ce cas le cylindre, qui a pour section
droite l'élément *mm'*, est soumis à une *simple traction ou
compression* longitudinale ; la section oblique *nn'* inclinée
de γ sur *mm'* est évidemment soumise à la même force totale $a \times mm'$ que l'élément *mm'* ou à une force $OA' =$
$a \dfrac{mm'}{nn'} = a \sin \gamma$ par unité de superficie.

Lorsque la surface libre d'un solide présente une *arête
vive saillante*, en chacun des points de cette ligne, il y a
deux plans tangents à la surface qui ne sont soumis à l'action d'aucune force ; il en résulte que tout élément plan

passant par l'arête saillante n'est sollicité par aucune force et qu'en chaque point de cette arête il n'y a qu'une force principale dirigée suivant la tangente à l'arête. Ce que nous venons de dire ne s'applique nullement au cas d'une *arête vive rentrante*.

Il est impossible de considérer l'équilibre d'un tétraèdre ou d'un parallélipipède situé dans un angle rentrant ; aussi la théorie mathématique est-elle incapable de fournir un renseignement quelconque sur le développement des forces élastiques dans le voisinage des arêtes rentrantes.

§ 2. — Composantes normales et tangentielles des forces élastiques.

Soit OM (fig. 6), une droite représentant en grandeur et direction la force élastique développée au point O et

agissant sur l'élément situé dans le plan (P) ; la perpendiculaire MM' abaissée de M sur le plan (P) est égale à la composante normale de la force OM ; la projection OM' représente la composante tangentielle.

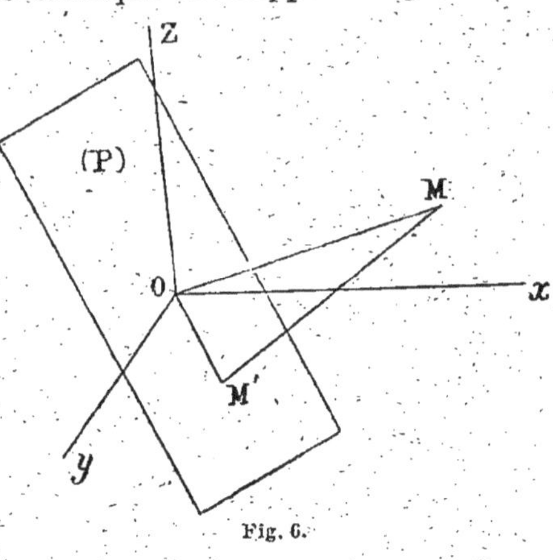

En désignant par :

x, y, z, les coordonnées du point M,

a, b, c, les forces principales développées au point O et dirigées suivant les axes de coordonnées,

m, n, p, les cosinus des angles que fait la normale MM' avec les trois axes.

L'équation du plan (P) est :

$$mx' + dy' + pz' = 0$$

et la distance MM' du point M (x, y, z) à ce plan :

$$MM' = N = mx + ny + pz$$

où

$$N = am^2 + bn^2 + cp^2$$

car on a :

$$x = ma, \quad y = nb, \quad z = pc$$

La composante tangentielle OM' a pour valeur :

$$T^2 = \overline{OM'}^2 = \overline{OM}^2 - \overline{MM'}^2 = x^2 + y^2 + z^2 - (am^2 + bn^2 + cp^2)^2$$

$$T^2 = m^2 a^2 + n^2 b^2 + c^2 p^2 - (am^2 + bn^2 + cp^2)^2$$

$$T^2 = m^2 n^2 (a - b)^2 + n^2 p^2 (b - c)^2 + p^2 m^2 (c - a)^2$$

Ainsi, la valeur de la composante tangentielle qui sollicite un élément quelconque, au point O, ne dépend que de l'orientation de l'élément et des *différences des trois forces principales* développées en ce point.

Le maximum de N est évidemment la plus grande force principale ; le maximum de T, en supposant a, b, c de même signe et rangées par ordre de grandeur :

$$a > b > c,$$

a lieu pour :

$$n = o, \quad m = p = \frac{\sqrt{2}}{2}$$

et a pour valeur :

$$T = \frac{a - c}{2}$$

La valeur correspondante de la composante normale est :

$$N = \frac{a + c}{2}$$

Si a, b, c sont de signes contraires, a et b, par exemple, étant des tensions et c une compression,

$$a > o, \quad b > o, \quad c = -c_1 < o, \quad a > b,$$

le maximum de T et la composante normale N ont pour valeurs :

$$T = \frac{a + c_1}{2}, \quad N = \pm \frac{a - c_1}{2}$$

a et *c* étant les valeurs-absolues de la plus grande tension et de la plus grande compression.

Ainsi : *L'élément sollicité par la plus grande force tangentielle est parallèle à la force principale moyenne si toutes les forces élastiques sont de même signe, ou à la plus petite des deux forces principales de même signe dans le cas contraire, et inclinée à 45° sur les deux autres. La composante tangentielle maxima et la composante normale correspondante ont pour valeurs la demi-différence et la demi-somme de la plus grande et de la plus petite des forces principales dans le premier cas, et dans le second la demi-somme et la demi-différence de la plus grande tension et de la plus grande compression. En chaque point, il y a toujours deux éléments rectangulaires sollicités par une force tangentielle maxima.*

Lorsque l'une des forces principales est nulle, $b = 0$, le maximum de T a pour valeur :

$$T = \frac{a}{2}$$

si *a* et *c* sont de même signe ;

$$T = \frac{a + c_i}{2}$$

si *a* et *c* sont de signes contraires.

Les éléments sollicités par la plus grande force tangentielle sont inclinés à 45° sur la plus grande force normale, et passent par la plus petite force *c* dans le premier cas, et sont normaux au plan de deux forces *a* et *c* dans le second.

Lorsque deux forces principales sont nulles, $b = 0$, $c = 0$, tous les éléments inclinés à 45° sur la force principale unique *a* sont sollicités par une composante tangentielle maxima. Les deux composantes de la force qui agit sur ces éléments ont alors la même valeur :

$$T = N = \frac{a}{2}$$

§ 3. — Coefficients d'élasticité.

Dans les diverses théories mathématiques de l'élasticité, on considère les corps comme formés de points matériels réagissant les uns sur les autres pendant la déformation, et les forces élastiques comme résultant de ces actions mutuelles. Partant de certaines hypothèses, on démontre que les composantes des forces élastiques sont des fonctions linéaires des déplacements relatifs des points matériels qui composent le corps, ou des dérivées partielles des projections (u, v, w) des déplacements absolus des points (x, y, z), relativement à ces coordonnées. On a ainsi, par exemple :

$$N = A \frac{du}{dx} + B \frac{dv}{dy} + C \frac{dw}{dz} + D \frac{du}{dy} + E \frac{du}{dz} + F \frac{dv}{dz} + G \frac{dv}{dx} + H \frac{dw}{dx} + K \frac{dw}{dy}$$

ce qui donne pour les six composantes des forces élastiques agissant sur les faces du parallélipipède rectangle, au point considéré, 54 coefficients, ou 72, si l'on n'admet pas que les coefficients A, B, C ont les mêmes valeurs dans le cas du rapprochement que dans celui de l'écartement relatif.

Dans la théorie exposée dans les *Leçons sur l'élasticité de Lamé*, les coefficients des dérivées, telles que $\frac{du}{dy}$ et $\frac{dv}{dx}$ sont égaux deux à deux, et les expressions des composantes sont de la forme :

$$N = A \frac{du}{dx} + B \frac{dv}{dy} + C \frac{dw}{dz} + D \left(\frac{dv}{dz} + \frac{dw}{dy} \right) + E \left(\frac{dw}{dx} + \frac{du}{dy} \right) + F \left(\frac{du}{dz} + \frac{dv}{dx} \right)$$

Par l'application de ces formules générales aux cas simples de la traction et de la torsion, on démontre que les 36 coefficients des composantes des forces élastiques sollicitant les faces du parallélipipède élémentaire, se réduisent à deux, λ et μ, et on obtient les équations suivantes :

$$N_1 = \lambda \theta + 2\mu \frac{du}{dx} \qquad T_1 = \mu \left(\frac{dv}{dz} + \frac{dw}{dv} \right)$$

$$N_2 = \lambda \theta + 2\mu \frac{dv}{dy} \qquad T_2 = \mu \left(\frac{dw}{dy} + \frac{du}{dz} \right)$$

$$N_3 = \lambda \theta + 2\mu \frac{dw}{dz} \qquad T_3 = \mu \left(\frac{du}{dy} + \frac{dv}{dx} \right)$$

$$\theta = \frac{du}{dx} + \frac{dv}{dy} + \frac{dw}{dz}$$

Lorsqu'on connaît la loi de la déformation très petite d'un corps, c'est-à-dire u, v, w, en jonction de x, y, z, on détermine au moyen de ces équations les valeurs de six composantes N et T, et, par suite, les trois forces principales développées en un point quelconque.

Pour faciliter l'application à l'étude des déformations de corps limités par des surfaces cylindriques ou sphériques, on établit les mêmes équations en coordonnées polaires ou semi-polaires.

Nous n'insistons pas sur ces formules qui seront par la suite établies d'une façon extrêmement simple.

§ 4. — Considérations sur les hypothèses ou principes des théories mathématiques de l'élasticité.

Les résultats de la *physique rationnelle* ne s'appliquent immédiatement qu'aux corps ou *êtres de raison* tels qu'ils ont été conçus par les géomètres; les résultats de l'application proprement dite de ces théories mathématiques, de l'application aux *corps naturels*, n'acquièrent de valeur qu'après *vérification expérimentale*.

Complètement impuissantes à *démontrer un fait physique*, les théories ne servent qu'à *relier* entre eux les faits particuliers ou à découvrir les *lois*, expressions de leurs relations mutuelles ; un certain nombre de faits sont considérés comme les *conditions d'existence*, les *causes déterminantes ou effectives* des autres faits, ou comme constituant le *milieu* dans lequel se produit le phénomène.

« Il faut admettre, comme un axiome expérimental, que chez les êtres vivants aussi bien que dans les corps bruts, les conditions d'existence de tout phénomène sont *déterminées* d'une manière absolue (¹) » ; en d'autres termes, admettre l'*immutabilité des lois* et considérer par suite les théories comme ayant pour but final « la *prévision* la plus exacte possible de tous les phénomènes que présentera un corps placé dans un ensemble de circonstances données (²) ».

« La géométrie ne doit être pour le physicien qu'un puissant auxiliaire ; quand elle a poussé les principes à ses dernières conséquences, il lui est impossible de faire davantage et *l'incertitude du point de départ* ne peut que s'accroître par *l'aveugle logique de l'analyse*, si l'expérience ne vient à chaque pas servir de boussole et de règle(³). »

(¹) Claude Bernard, *Introduction à l'étude de la médecine expérimentale.*
(²) A. Comte, *Cours de philosophie positive.*
(³) J. Bertrand, *Éloge de Sénarmont.* (Cité par Cl. Bernard comme résumant son opinion sur ce sujet.)

Ces principes fondamentaux de la philosophie moderne ne sont pas encore universellement admis ; on peut s'en convaincre en lisant ce qui suit :

« Élevés à l'école de Laplace, ni Poisson, ni Cauchy ne devaient penser qu'il fût possible d'établir une théorie de physique mathématique *sans présupposer aucune loi*. Mais, doués d'une puissance et d'une fécondité qui n'appartiennent qu'aux génies, ils ne pouvaient manquer de rencontrer les *formules pures de toute hypothèse*, puisqu'elles existaient ([1]). »

Ainsi, l'auteur des *Leçons sur la théorie mathématique de l'élasticité et de la chaleur* prétend établir une théorie complètement dégagée de tout principe hypothétique ; à ses yeux, il suffit d'un « simple renversement dans l'ordre des matières traitées » par Poisson et par Cauchy pour rendre les lois incontestables et réduire le rôle de l'expérience à la détermination de deux *coefficients*. L'algèbre remplace dans l'école la logique d'Aristote et commande à la nature qui doit obéir à la raison et à l'imagination.

Or, voici le *principe* sur lequel repose la théorie classique de l'élasticité : « Un corps solide est le lieu d'une infinité de *points matériels*, infiniment rapprochés, mais ne se touchant pas, et jouissant les uns à l'égard des autres de la propriété suivante : si, en vertu d'une action extérieure, deux points matériels suffisamment voisins se rapprochent ou s'éloignent l'un de l'autre, il en résulte entre ces deux *molécules* une action ou force, répulsive dans le premier cas, attractive dans le second, qui est une fonction de la distance primitive a des deux molécules et de leur écartement Δa... La théorie actuelle ne s'applique qu'aux cas où les changements de forme sont extrêmement petits, soit que les actions soient faibles, soit que les corps considérés aient une grande rigidité. Δa est alors très petit relativement à a et la fonction considérée se réduit à

([1]) G. Lamé, *Leçons sur la théorie analytique de la chaleur*. Discours préliminaire.

Δa F(a), F(a) étant une fonction variable avec la distance, mais qui devient insensible dès que a est appréciable [1]... »

Les physiciens, s'appuyant sur le fait des changements de volume et sur celui des combinaisons à proportions définies, considèrent les corps comme formés de *molécules* très petites, mais ayant une forme invariable et des dimensions finies, séparées par des espaces vides. Les intervalles intermoléculaires sont regardés comme extrêmement grands relativement aux dimensions des molécules, et c'est à ce point de vue que les géomètres confondent molécules et points matériels.

Assurément, tous les corps sont susceptibles de diminution de densité, et il nous est impossible de les concevoir autrement que formés d'éléments de matière pondérable, impénétrable, séparés par des espaces vides, sortes de pores que nos sens ne peuvent apercevoir, même avec l'aide des instruments les plus parfaits ; mais quant aux dimensions relatives des molécules et de leurs intervalles, ou au rapport du volume des vides à celui de la matière pondérable, nous ne pouvons en avoir idée que par la grandeur des variations qu'éprouve la densité ou le volume total apparent. Dans les gaz, ces variations sont énormes et les intervalles sont assurément très grands relativement aux dimensions des molécules ; mais dans les solides, c'est tout autre chose, car on ne constate que des diminutions de densité très petites.

Le volume du corps varie avec l'intensité des efforts extérieurs qui agissent sur lui, il diminue en même temps que la température ; mais il ne peut diminuer infiniment et se réduire à rien. Le volume minimum est celui de la matière pondérable du corps ; les intervalles intermoléculaires devenus nuls, le volume ne peut plus diminuer et cet état de compacité absolue correspond à la température la plus basse que nous puissions imaginer, au zéro absolu.

---

[1] G. Lamé, *Leçons sur la théorie mathématique de l'élasticité des corps solides.* 2e édition, page 7.

Que ce zéro existe ou non, que les intervalles des molécules puissent ou non être annulés, il n'en est pas moins certain que les corps naturels sont plus ou moins rapprochés de cet état de compacité, et que nous ne pouvons nous faire une idée de ce degré d'éloignement que par la valeur des diminutions de volume constatées. Or, les coefficients de dilatation, déjà beaucoup plus petits pour les solides que pour les liquides, diminuent encore avec la température, et l'on sait qu'en admettant même leur constance, un abaissement de température à 1 000 degrés au-dessous du zéro ordinaire ne produirait pas sur le platine une diminution de volume de 3 p. 100 ; ajoutons que les froids les plus intenses qu'on produise ne dépassent guère 200°.

On n'est donc pas en droit de considérer les molécules des solides comme séparées par de très grands intervalles relatifs ; et lorsque, dans les théories mathématiques, on considère les solides comme formés de points matériels et que, de plus, on regarde les variations de distance Δa comme extrêmement petites relativement aux distances a de ces points, on fait une hypothèse gratuite, même dans le cas où la déformation générale est très faible ; car on suppose implicitement que tous les points matériels éprouvent des déplacements relatifs, ce qui est inexact.

En effet, si les corps sont formés de molécules, les points matériels de chaque molécule restent à des distances invariables ; seuls, les points matériels de deux molécules différentes peuvent s'éloigner ou se rapprocher. Mais ces déplacements peuvent être très comparables aux distances primitives et la déformation générale être très faible ; il suffit pour cela que les volumes des intervalles intermoléculaires soient une petite fraction du volume total apparent.

C'est donc bien gratuitement que les géomètres regardent $\dfrac{\Delta a}{a}$ comme très petit ; cette hypothèse peut être vraie pour certains corps et inexacte dans d'autres cas ; l'expérience seule peut nous renseigner sur ce sujet. Admise *à priori*, elle conduit immédiatement à considérer la fonction de a et de Δa, qui représente l'action réciproque de deux points voisins, comme se réduisant au premier terme de son développement $f = \Delta a \mathrm{F}(a)$; et voici ce qui en résulte : si deux forces extérieures agissent simultanément, elles donnent naissance à deux actions, $f = \Delta a \mathrm{F}(a)$, $f_1 = \Delta a_1 \mathrm{F}(a)$, entre deux points voisins quelconques, puisque les variations Δa sont extrêmement petites et ne font pas varier les distances primitives a d'une façon sensible.

L'effet de chacune des forces est le même, que ces forces agissent *séparément* ou *simultanément*, et l'effet total $(\Delta a + \Delta a_1) \mathrm{F}(a)$ est la somme algébrique des effets individuels. C'est ainsi que l'hypothèse ou principe sur lequel repose la théorie mathématique de l'élasticité conduit à l'établissement de formules exprimant les forces élastiques en *fonctions linéaires* des petites déformations et comprenant implicitement le *principe de l'indépendance des petits effets des forces élastiques*.

Le terme constant, indépendant de Δa, dans le développement de la fonction de a et Δa, est généralement supprimé par les géomètres ; la fonction f est considérée comme s'annulant avec Δa. En d'autres termes, on admet que les points matériels n'exercent d'actions réciproques que dans le cas où ils sont relativement déplacés, ou que toutes les forces élastiques sont nulles, lorsque le corps n'est soumis à aucune action extérieure. Mais la théorie de l'élasticité a été traitée sans le secours de cette dernière hypothèse [1].

En résumé, les principes sur lesquels reposent les théories physiques mathématiques sont des principes hypothétiques ; s'il faut absolument faire quelque hypothèse, il ne reste qu'à choisir entre celles qui se présentent à l'esprit. A notre avis, il est bien préférable d'admettre franchement le principe de l'*indépendance des petits effets des forces élas-*

---

[1] De Saint-Venant, *Journal de mathématiques*, 1863.

tiques que de chercher à le démontrer, en laissant toujours à
l'expérience le soin de prouver sa valeur et d'indiquer
à quels corps et dans quelles limites on peut l'appliquer.

Considérant toute théorie comme un simple moyen de
relier entre eux les faits particuliers ou de les rattacher au
lien commun, l'hypothèse qui sert de base, nous traiterons
l'étude des déformations au point de vue purement géométrique, c'est-à-dire en regardant la déformation générale
comme résultat des déformations d'*éléments solides géométriques* et les forces élastiques, telles qu'elles ont été définies (§ 1), comme agissant sur des *éléments plans*, nous
abstenant de parler de *molécules* ou de *points matériels* et
nous gardant bien de chercher à expliquer la *cause* et le
mode de transmission des pressions par deux surfaces en
contact, recherche plus métaphysique que scientifique.
L'idée que nous nous faisons de forces appliquées à la
surface d'un corps nous paraît assez nette, et cela nous suffit
pour comprendre la définition des forces élastiques, sans le
secours de « points matériels infiniment rapprochés, mais
ne se touchant pas », expressions qui ne nous semblent pas
faites pour apporter grand éclaircissement à ce sujet.

Ce qu'on peut reprocher au procédé géométrique, c'est
l'emploi, dans les explications, d'*éléments infiniment petits*,
car, objectivement, nous ne nous représentons que les effets
d'efforts agissant sur une surface finie qui peut être très petite, mais cependant assez grande pour être regardée comme
continue. Mais il est bien clair que les résultats ainsi obtenus peuvent être appliqués au moins avec une très grande
approximation, car il suffirait de remplacer dans les démonstrations les éléments infiniment petits par des *éléments
très petits* pour obtenir des résultats qui ne différeraient
qu'extrêmement peu des précédents.

La partie de la théorie qui s'occupe exclusivement des
conditions d'équilibre des forces élastiques, en supposant
que cet équilibre existe, que les déformations sont effec-

tuées sans rupture, a toute la certitude d'une simple déduction de la mécanique rationnelle ; elle est complètement indépendante des déformations qui précèdent l'état d'équilibre. La question des déformations elles-mêmes est d'un tout autre ordre, elle est entièrement physique comme celles de la limite d'élasticité et de la rupture, c'est donc à l'expérience qu'il faut demander soit des faits pour servir de base à cette seconde partie de la théorie, soit la vérification des résultats qui seront déduits de l'hypothèse adoptée.

CHAPITRE II.

§ 5. — Position de la question.

Considérons un corps solide, soumis à l'action de forces quelconques, à l'instant où se produit la rupture. Soit ω un élément de la cassure ; cet élément était, immédiatement avant la rupture, sollicité par une force élastique F, généralement oblique, ou par deux forces, l'une normale N, l'autre tangentielle T, agissant simultanément.

Dans les circonstances actuelles, la *résistance à la rupture* est donc représentée par la force F, rapportée à l'unité de superficie et par l'inclinaison correspondante α de cette force sur le plan de l'élément de cassure. Si le corps est homogène, il y aura rupture en tout point où sera développée une force F d'inclinaison α.

L'intensité de F dépend de l'inclinaison α ; si $\alpha = 90^\circ$ ou $T=0$, $F = N$ représente la *résistance normale* ; si $\alpha = 0$ ou $N = 0$, $F = T$ représente la *résistance au glissement simple*. — Mais en général, T et N sont différents de zéro, et l'on peut dire, en tout cas, que la rupture se produit lorsque la composante tangentielle T d'une force élastique devient égale, non pas à la résistance au glissement simple G, mais à la *résistance G_1 au glissement sous pression ou traction* $\mp$ N, N étant la composante normale correspondant à la composante tangentielle T. G_1 est une fonction de N ; $G_1 = \varphi(N)$.

La rupture se produit donc en tous points pour lesquels

$$T = \varphi(N)$$

En un point quelconque d'un corps déformé, les éléments différemment orientés sont sollicités par des forces de grandeur et d'inclinaison variables, forces qui sont représentées par les rayons de l'ellipsoïde d'élasticité. Quelle sera l'orientation de la cassure relativement aux forces principales ? La rupture se produira-t-elle par traction ou compression normale, par glissement ? L'expérience seule peut nous l'apprendre. La réponse à ces questions est inscrite dans la cassure ; mais, en général, elle n'est pas facile à lire.

Et d'abord il faut se rendre compte de la répartition des forces élastiques, de la grandeur et de la direction des forces principales en chaque point ; on n'y peut parvenir que par l'étude détaillée des déformations. Il faut ensuite mesurer l'inclinaison des cassures sur les forces principales. Assurément, ce problème présente de grandes difficultés, mais il n'est pas impossible à résoudre.

Les cassures sont généralement formées de surfaces courbes ou de petites facettes, et la mesure de l'inclinaison exige alors l'emploi de procédés optiques ; la mesure directe est au contraire extrêmement simple, lorsque les cassures se composent de surfaces planes d'une assez grande étendue, comme cela arrive dans la rupture par torsion ou par compression simple. C'est par l'étude de ces deux cas particuliers que nous commencerons nos recherches ; les résultats obtenus nous serviront de guides dans l'observation des cassures plus compliquées.

§ 6. — Torsion simple.

Les déformations d'un cylindre circulaire, tordu autour de son axe, sont extrêmement simples et pour ainsi dire géométriques ; aucun changement de volume, de longueur, de diamètre, la déformation se réduit à une rotation des sections droites autour de l'axe. De plus, un tube circulaire se tord exactement dans les mêmes conditions que s'il faisait partie d'un cylindre plein.

Il résulte de là que les surfaces cylindriques parallèles à la surface extérieure ne sont soumises à l'action d'aucune force. En chaque point O, toutes les forces élastiques sont

donc situées dans le plan normal au rayon de la section
droite passant en O ; l'ellipsoïde d'élasticité se réduit à
une ellipse.

Du fait qu'il ne se produit dans la torsion aucun changement de longueur ou de diamètre, on est en droit de
conclure qu'il n'y a pas de composantes normales agissant sur les faces du cube ABA′B′ (fig. 7) limitées par deux
sections droites, deux plans diamétraux et deux surfaces cylindriques parallèles à l'axe. Les seules forces
agissant sur ces éléments sont donc des forces tangentielles perpendiculai-res au rayon du point O,
mais les faces cylindriques ABA′B′ ne sont soumises
à aucune action ; il ne peut donc exister que les cou-

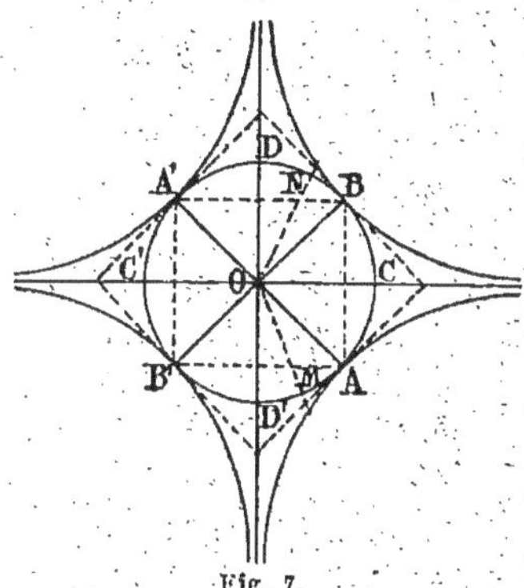

Fig. 7.

ples tangentiels sollicitant les faces AB′ — BA′ et AB —
A′B′. Pour que l'équilibre du cube ait lieu autour du
rayon O, il faut que ces deux couples soient égaux et de
sens contraire.

Ainsi les éléments plans rectangulaires, AB, AB′ ou
OC, OD (fig. 7) sont uniquement sollicités par deux forces
tangentielles égales ; les deux droites OC, OD représentant
par suite les asymptotes (6) de la courbe (5) du § 1. Ces
asymptotes étant rectangulaires, la courbe (5) est une *hyperbole équilatère* et l'ellipse d'élasticité (4) une *circonférence*.

$$(5) \qquad x^2 - y^2 = \pm a^2$$
$$(4) \qquad x^2 + y^2 = a^2$$

Toutes les forces élastiques agissant au même point sur
les divers éléments plans, passant par le rayon de ce point,
ont la même intensité $\pm a$; mais leur obliquité et leur
sens varient avec l'orientation de l'élément. Les forces

principales dirigées suivant les axes de l'hyperbole (5)
sont inclinées à $\pm 45°$ sur la parallèle à l'axe du cylindre;
l'une est une traction $OA = + a$, l'autre une compression
$OB = - a$; OC, OD sont des forces de glissement.

Toute droite OM représente une force élastique $\pm a$
agissant sur l'élément passant par ON conjugué de OM relativement aux hyperboles (5); inversement, ON représente une
force agissant sur OM. Toute force dirigée dans l'angle
GOD′ est de même espèce que OA, c'est-à-dire une traction oblique ou normale; toute
force dirigée dans l'angle GOD
est au contraire une compression.

Les éléments plans inclinés
de φ sur le plan AOB sont sollicités par des forces $\pm a \sin \varphi$.

Tout élément cubique $mn\,m'n'$
(fig. 8) limité par deux plans

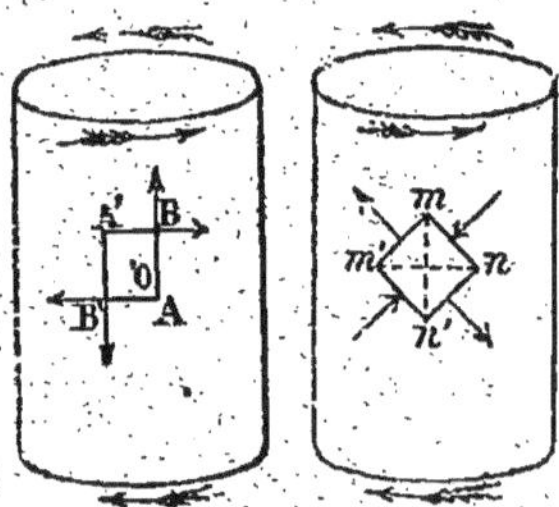

Fig. 8.

parallèles à la surface extérieure et par quatre plans inclinés à 45° sur l'axe, est donc, dans la torsion, tiré normalement sur deux faces mm', nn' et comprimé en même
temps sur deux autres faces mn, $m'n'$, par une traction
et une pression égales entre elles et aux forces tangentielles qui sollicitent les éléments diagonaux mn', $m'n$.

La cassure se produit *à peu près* suivant l'élément de
section droite, qui n'est sollicité que par une force tangentielle, sauf dans certains corps très raides ou non homogènes dont il sera question plus loin. On peut alors
déduire la résistance à la rupture, la *résistance au glissement simple* G de la courbe qui représente les *arcs de torsion*
en fonction des moments de torsion [1], avec une approximation que nous apprécierons par la suite.

§ 7. — Compression simple.

Lorsqu'on comprime un prisme ou un cylindre assez

[1] Duguet, *Déformation des corps solides*, Irᵉ partie, nᵒˢ 53 et 54.

court, de matière très raide comme les fontes, certains laitons, etc., la rupture se produit sans que le corps cesse de garder sa forme cylindrique ou prismatique, et la cassure, surface oblique, est lisse et brillante comme les cassures par torsion. La déformation est dans ce cas une *simple compression*, les efforts sont constamment normaux aux bases et aux sections droites et uniformément répartis sur elles.

Soit donc, dans ces conditions, une partie ABC (fig. 9) du corps comprimé, limitée par la section droite AB, la

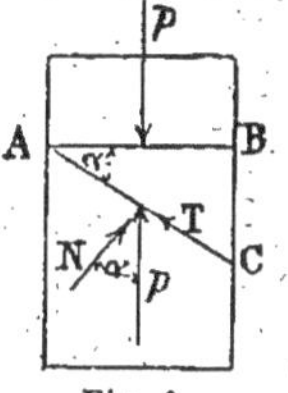
Fig. 9.

section oblique AC inclinée de α sur AB et la surface cylindrique normale aux sections droites ayant l'élément AB pour directrice. Cette partie étant en équilibre comme l'ensemble du corps, et la surface cylindrique ABC n'étant sollicitée par aucune force, il faut que l'effort agissant sur AC soit égal et directement opposé à la force $p \times$ AB qui sollicite l'élément de section droite AB, p étant l'effort de compression rapporté à l'unité de superficie.

Ainsi l'effort qui agit sur l'élément AC, incliné de α sur les sections droites, est, par unité de surface, égal à :

$$\frac{p\,\mathrm{AB}}{\mathrm{AC}} = p \cos \alpha ;$$

il est incliné de $(90 - \alpha)$ sur l'élément qu'il sollicite, et ses composantes normale et tangentielle ont pour valeurs :

$$N = p \cos^2 \alpha$$

$$T = p \cos \alpha \sin \alpha = \frac{p}{2} \sin 2\alpha$$

Tous les éléments également inclinés sont donc sollicités par des forces élastiques d'intensité et d'obliquité égales ; d'où il résulte immédiatement que la cassure est une *surface d'égale pente* ; en général, elle se compose de plans et de cônes également inclinés sur les bases. (Remarquons, à ce sujet, que toutes les surfaces d'égale pente ont même superficie, ayant même inclinaison et même projection, la base du cylindre ou du prisme.)

La plus grande composante tangentielle est :

$$T = \frac{p}{2};$$

elle agit sur les éléments inclinés à 45° pour lesquels $\sin 2\alpha = 1$.

Si la résistance au glissement était indépendante de la pression normale N, la rupture se produirait lorsque la plus grande valeur de la composante tangentielle deviendrait égale à la résistance au glissement simple G :

$$G = T = \frac{p}{2}, \quad p = 2G ;$$

lorsque la pression serait égale à deux fois la résistance G ; et la cassure serait une surface d'égale pente à 45°.

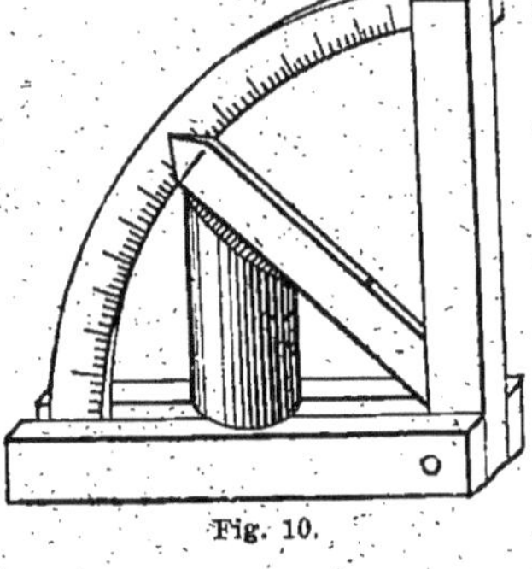

Fig. 10.

L'expérience prouve que l'inclinaison des cassures par compression simple est toujours supérieure à 45° et égale, à moins de 1° près, à 50° pour tous les métaux susceptibles de cassures de cette espèce.

(La figure 10 représente le goniomètre très simple employé à mesurer l'inclinaison des cassures.)

§ 8. — Hypothèse fondamentale et ses conséquences immédiates.

D'après ce que nous venons de dire sur la rupture par compression, il résulte que la résistance au glissement dépend de la pression normale ; pour une matière homogène donnée, G_1, *résistance au glissement sous pression* N, est une fonction de N, qui, pour $N = 0$, est égale à la *résistance au glissement simple* G.

L'hypothèse au moyen de laquelle nous expliquerons

tous les faits qui font l'objet de cette étude, consiste à supposer la différence $(G_1 - G)$ proportionnelle à la pression normale ou :

$$G_1 = G + f N$$

f étant un coefficient constant pour une matière donnée.

La justification sera suffisamment établie, *à posteriori*, par la concordance des événements avec les prévisions qui seront déduites de ce principe.

Il y aura rupture en un point lorsqu'une composante tangentielle sera égale à G_1 ou à $G + fN$:

$$T = G + f N$$

ou lorsqu'il y aura développement de deux composantes T, N, telles que :

$$T - f N = G$$

La cassure se produira suivant les éléments pour lesquels $(T - fN)$ est maximum.

Dans le cas de la compression simple, on a, en posant :

$$f = \operatorname{tg} \varphi$$

$$T - fN = p \sin \alpha \cos \alpha - fp \cos^2 \alpha = p \cos \alpha (\sin \alpha - \operatorname{tg} \varphi \cos \alpha)$$

$$= \frac{p \cos \alpha}{\cos \varphi} \sin(\alpha - \varphi)$$

et le maximum de $(T - fN)$ a lieu pour :

$$- \sin \alpha \sin (\alpha - \varphi) + \cos \alpha \cos (\alpha - \varphi) = 0$$

où

$$\cos (2\alpha - \varphi) = 0, \quad 2\alpha - \varphi = 90°$$

$$\alpha = 45° + \frac{\varphi}{2}$$

Pour les métaux :

$$\alpha = 50°$$

d'où :

$$\varphi = 10°, \quad f = \operatorname{tg} \varphi = 0,176$$

Le coefficient f est précisément égal au *coefficient de frottement;* on peut donc dire que, dans le cas des métaux, tout se passe comme s'il y avait frottement avant la rupture.

Nous verrons plus loin que les parties coniques des cassures par traction des métaux sont inclinées à 40° ou à

$45^\circ - \dfrac{\varphi}{2}$; pour cette raison, nous étendrons notre hypo-thèse fondamentale au cas où la composante normale N est une traction, en considérant la *résistance au glissement sous traction* comme égale à :

$$G_1 = G - fN.$$

Cela admis : la rupture dans un corps quelconque déformé par des forces quelconques, se produit aux points pour lesquels

$$T \mp fN = G$$

et les éléments de la cassure sont ceux pour lesquels $(T \mp fN)$ est maximum.

§ 9. — Résistance au glissement, à la traction et à la compression simples.

En désignant par P la résistance à la compression simple, on a, d'après les considérations précédentes :

$$T = \frac{P}{2} \sin 2\alpha = \frac{P}{2} \sin (90 + \varphi) = \frac{P}{2} \cos \varphi$$

$$N = P \cos^2 \alpha = \frac{P}{2} (1 + \cos 2\alpha) = \frac{P}{2} (1 - \sin \varphi)$$

$$G = T - fN = \frac{P}{2} (\cos \varphi - f + f \sin \varphi) = \frac{P}{2} \frac{1 - \sin \varphi}{\cos \varphi} =$$

$$= \frac{P}{2} \cotg \left(45 + \frac{\varphi}{2} \right)$$

ou

$$P = 2G \, \tg \left(45 + \frac{\varphi}{2} \right)$$

On aurait de même, en désignant par L la résistance à la simple traction :

$$L = 2G \, \tg \left(45 - \frac{\varphi}{2} \right)$$

ou

$$G = \frac{L}{2 \, \tg \left(45 - \dfrac{\varphi}{2} \right)} = \frac{P}{2 \, \tg \left(45 + \dfrac{\varphi}{2} \right)} \qquad \frac{P}{L} = \frac{\tg \left(45 + \dfrac{\varphi}{2} \right)}{\tg \left(45 - \dfrac{\varphi}{2} \right)}$$

Telle est la relation qui lie entre elles les résistances au glissement G, à la traction L et à la compression P.

Dans le cas des métaux, elle devient :

$$G = \frac{L}{2\ \mathrm{tg}\ 40°} = \frac{P}{2\ \mathrm{tg}\ 50°}$$

ou

$$G = 0{,}59\ L = 0{,}41\ P \qquad L = 0{,}7\ P$$

Par de nombreuses expériences, nous avons mesuré la résistance au glissement simple des métaux, en la déduisant des courbes de torsion, et la résistance à la simple traction, avec des éprouvettes quelconques, si la matière est assez raide, ou avec des *éprouvettes très courtes* si la matière est douce ; le rapport $\dfrac{G}{L}$ a dans tous les cas été très voisin de 0,59.

§ 10. — Relations générales entre les forces principales de rupture.

Nous appelons *forces principales de rupture*, les forces principales développées en un point au moment où la rupture se produit en ce point ; la relation qui existe entre ces trois forces A ,B, C se déduit de la condition générale :

$$\text{Maximum}\ (T \mp fN) = G$$

Nous avons déterminé, au § 2, les valeurs des composantes T, N, de la force élastique qui sollicite un élément plan, dont la normale fait, avec les trois forces principales a, b, c, des angles α, β, γ :

$$N = a \cos^2 \alpha + b \cos^2 \beta + c \cos^2 \gamma$$

$$T^2 = (a-b)^2 \cos^2 \alpha \cos^2 \beta + (b-c)^2 \cos^2 \beta \cos^2 \gamma + (a-c)^2 \cos^2 \gamma \cos^2 \alpha$$

En remplaçant $\cos^2 \gamma$ par sa valeur déduite de la condition :

$$\cos^2 \alpha + \cos^2 \beta + \cos^2 \gamma = 1,$$

les expressions de T et N deviennent :

$$N = a \cos^2 \alpha + b \cos^2 \beta + c\,(1 - \cos^2 \alpha - \cos^2 \beta) =$$

$$= a \cos^2 \alpha + c \sin^2 \alpha + (b - c) \cos^2 \beta$$

$$T^2 = (a - c)^2 \cos^2 \alpha \, (1 - \cos^2 \alpha - \cos^2 \beta) + \cos^2 \beta \left\{ \ldots \right\}$$
$$= \left(\frac{a - c}{2} \sin 2\,\alpha \right)^2 + \cos^2 \beta \left\{ \ldots \right\}$$

α et β étant deux variables indépendantes, le maximum de $(T \mp fN)$ aura lieu pour :

$$\frac{d\,(T \mp fN)}{d\,\alpha} = 0 \qquad \frac{d\,(T \mp fN)}{d\,\beta} = 0$$

Les équations précédentes montrent que $\dfrac{dT}{d\beta}$, $\dfrac{dN}{d\beta}$ et par conséquent $\dfrac{d\,(T \mp fN)}{d\beta}$ sont nulles pour $\cos \beta = 0$ et que la valeur de $\dfrac{d\,(T \mp fN)}{d\alpha}$ lorsqu'on y fait $\cos \beta = 0$, devient :

$$\frac{d\,(T \mp fN)}{d\alpha} = (a - c)\,(\cos 2\,\alpha \mp f \sin 2\,\alpha) = \frac{a - c}{\cos \varphi} \cos\,(2\,\alpha \mp \varphi)$$

Le maximum de $(T \mp fN)$ a donc lieu pour :

$$\cos \beta = 0$$
$$\cos\,(2\,\alpha \mp \varphi) = 0$$
$$\cos^2 \gamma = 1 - \cos^2 \alpha - \cos^2 \beta = \sin^2 \alpha$$

ou pour :

$$\beta = 90^\circ$$
$$\alpha = 45 \pm \frac{\varphi}{2}$$
$$\gamma = 45 \mp \frac{\varphi}{2}$$

Les valeurs de T, N et $T \mp fN$ deviennent :

$$N = a \cos^2 \alpha + c \sin^2 \alpha$$
$$T = \frac{a - c}{2} \sin 2\,\alpha$$
$$T \mp fN = (a - c) \sin \alpha \cos \alpha \mp \operatorname{tg} \varphi \,(a \cos^2 \alpha + c \sin^2 \alpha) =$$
$$= a \frac{\cos \alpha}{\cos \varphi} \sin\,(\alpha \mp \varphi) - c \frac{\sin \alpha}{\cos \varphi} \cos\,(\alpha \pm \varphi)$$

Enfin la condition $(T \mp fN) = G$ pour la valeur $\alpha = \left(45 \pm \dfrac{\varphi}{2} \right)$ devient :

$$G = \frac{A}{2} \operatorname{tg}\left(45 \mp \frac{\varphi}{2} \right) - \frac{G}{2} \operatorname{tg}\left(45 \pm \frac{\varphi}{2} \right)$$

La rupture se produira donc lorsque cette condition sera remplie, et la cassure passant par la direction de la force principale B fera avec les deux autres des angles $\left(45 \pm \dfrac{\varphi}{2}\right)$.

Dans notre raisonnement, la force B a été choisie arbitrairement; ce choix provient de la condition $\cos \beta = 0$ annulant les dérivées $\dfrac{d\mathrm{T}}{d\beta}$, $\dfrac{d\mathrm{N}}{d\beta}$. Mais il est bien évident que les dérivées partielles relativement à α et à γ sont annulées par les conditions $\cos \alpha = 0$ ou $\cos \gamma = 0$; chacune de ces conditions correspond à un maximum ou à un minimum de $(\mathrm{T} \mp f\mathrm{N})$; la cassure se produira suivant les éléments correspondant au plus grand des maximums de $(\mathrm{T} \mp f\mathrm{N})$.

§ 11. — Traces des cassures sur la surface libre.

Nous appelons surface libre, la partie de la surface extérieure ou toute surface intérieure qui n'est soumise à l'action d'aucune force; en chaque point de cette surface, les deux seules forces principales existantes sont situées dans le plan tangent.

Dans le cas où ces deux forces sont de sens contraires, leurs valeurs absolues A et B, à l'instant où se produit la rupture, sont liées par la relation suivante :

$$\frac{\mathrm{A}}{2}\,\mathrm{tg}\left(45 \mp \frac{\varphi}{2}\right) + \frac{\mathrm{B}}{2}\,\mathrm{tg}\left(45 \pm \frac{\varphi}{2}\right) = \mathrm{G}$$

et les éléments de la cassure, normaux à la surface, sont inclinés à $\left(45 \pm \dfrac{\varphi}{2}\right)$ sur les forces principales. — Vu la distribution symétrique des forces élastiques, il y a en chaque point deux éléments de cassure, symétriquement orientés relativement aux forces principales et faisant entre eux un angle de $(90 \pm \varphi)$.

Dans le cas contraire, lorsque les forces principales sont de même signe, soit deux tractions, soit deux compressions, la rupture a lieu lorsque la plus grande des deux est égale à la résistance soit à la simple traction L, soit à la simple compression P.

$$A > B \quad A = L \text{ ou } A = P \quad \frac{A}{2} \operatorname{tg}\left(45 \mp \frac{\varphi}{2}\right) = G$$

Les éléments de cassure ne sont pas alors normaux à la surface libre, ils sont inclinés sur elle, ainsi que sur la plus grande force élastique A, d'un angle $\left(45 \mp \frac{\varphi}{2}\right)$ et passent par la direction de la plus petite force B.

Si les deux forces principales, de même sens, sont égales entre elles, la cassure se produit indifféremment suivant tout élément incliné à $\left(45 \mp \frac{\varphi}{2}\right)$ sur la surface.

Les traces des cassures sur la surface sont donc soit les enveloppes de la plus petite des deux forces principales de même sens développées en chaque point, soit des couples de lignes coupant à $\left(45 \pm \frac{\varphi}{2}\right)$ les forces principales de sens contraire. — Dans le premier cas, la cassure, dans le voisinage de la surface, se compose de deux parties passant par la trace et inclinées à $\left(45 \pm \frac{\varphi}{2}\right)$ sur la surface ; dans le second cas, elle est formée de deux parties, normales à la surface, passant par les deux traces et faisant entre elles un angle de $(90 \pm \varphi)$.

Nous avons vu (§ 1), qu'à la surface libre des solides de révolution, les forces principales étaient tangentes aux méridiennes et aux parallèles ; les traces des cassures à la surface de ces corps seront de deux espèces :

Première espèce. — Cas où il n'y a que des pressions ou que des tractions. La trace de la cassure est un parallèle ou une méridienne. La cassure, dans le voisinage de la trace, est un cône ou un plan incliné à $\left(45 \pm \frac{\varphi}{2}\right)$ sur la surface.

Deuxième espèce. — Cas où il y a pression et traction simultanées. La trace de la cassure se compose de couples de lignes, sortes d'hélices, faisant entre elles un angle de $(90 \pm \varphi)$ et coupant les méridiennes et les parallèles sous un angle constant $\left(45 \pm \dfrac{\varphi}{2}\right)$.

La cassure se compose de couples de surfaces hélicoïdales normales à la surface libre.

L'expérience vérifie complètement ces résultats : par la compression ou la traction, suivant l'axe, de solides de révolution, tels que cylindres pleins ou creux, sphères, etc., on fait apparaître ces différentes espèces de cassures.

La figure (11) représente un cylindre de bronze écrasé par compression longitudinale; on y voit des cassures coniques de la première espèce, ayant pour bases les bases dilatées du cylindre et des cassures hélicoïdales normales à la surface extérieure. — La fonte se brise de la

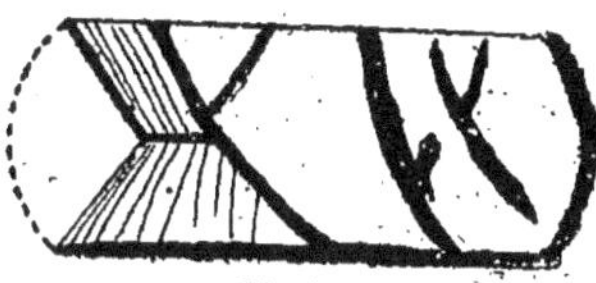

Fig. 11.

même manière, et lorsqu'elle est assez homogène, sa surface se couvre totalement d'un quadrillage formé par les traces des cassures hélicoïdales. — Les sphères de fonte, comprimées, se brisent suivant deux cônes ayant pour bases les parties aplaties et suivant des méridiens. — Par la compression des cylindres d'acier doux, on ne fait apparaître que les cassures hélicoïdales de la seconde espèce.

La figure (12) représente le fuseau formé dans l'étirage d'une éprouvette cylindrique de cuivre ou d'acier très doux; on y voit les traces des deux espèces de cassures : des arcs de parallèles réunis par des lignes hélicoïdales.—

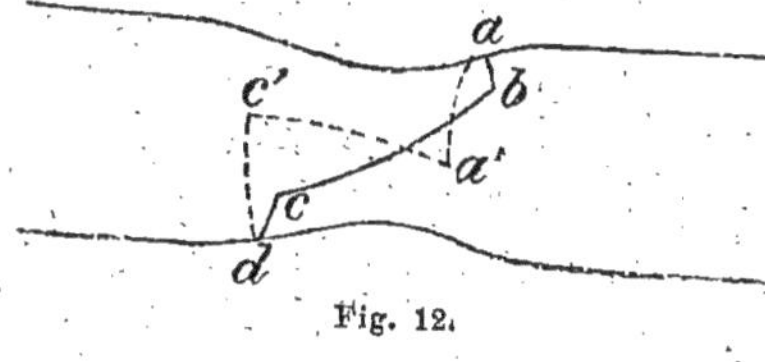

Fig. 12.

Les cassures passant par les parallèles sont coniques, celles qui passent par les hélices sont normales à la surface. Les inclinaisons des parties coniques se mesurent facilement, elles sont toujours de 40° ou 50° pour les métaux ; quant à celles des hélices, il est difficile de les mesurer exactement, mais on peut s'assurer qu'elles diffèrent peu des valeurs précédentes.

§ 12. — Cassures en général. — Cohésion.

En général, en un point quelconque d'un corps déformé, il existe trois forces principales ; les valeurs de ces trois forces, lorsque la rupture se produit au point considéré, sont liées par la relation suivante, savoir :

Si A,B,C sont de sens contraire, A et C étant les valeurs absolues de la plus grande tension et de la plus grande compression.

$$\frac{A}{2} \operatorname{tg}\left(45 \mp \frac{\varphi}{2}\right) + \frac{C}{2} \operatorname{tg}\left(45 \pm \frac{\varphi}{2}\right) = G$$

et les éléments de la cassure passent par la direction de la plus petite des deux forces de même sens et sont inclinés à $\left(45 \pm \frac{\varphi}{2}\right)$ sur les deux autres.

Si A, B, C sont de même sens, B étant la force moyenne :

$$\frac{A}{2} \operatorname{tg}\left(45 \mp \frac{\varphi}{2}\right) - \frac{C}{2} \operatorname{tg}\left(45 \pm \frac{\varphi}{2}\right) = G$$

et les éléments de la cassure, passant par la force principale moyenne, sont inclinés à $\left(45 \pm \frac{\varphi}{2}\right)$ sur la plus grande et la plus petite.

D'après ce que nous avons dit (§ 5), la rupture se produit au point O, suivant l'élément ss (fig. 13), lorsque la composante tangentielle T de la force élastique qui le sollicite, est égale à la résistance G_1 au glissement sous pression ou traction $\mp$ N, N étant la composante normale de la même force élastique ; G_1 est une fonction de N.

La ligne RSGD, lieu des points m ayant pour abscisses les valeurs de N et pour ordonnées les valeurs correspondantes de G_1, représente, soit en coordonnées rectangulaires, soit en coordonnées polaires, la *résistance à la rupture* F, l'axe des abscisses ON étant perpendiculaire au plan de cassure *ss*.

Un point quelconque *m* a pour coordonnées :

$$mm' = \pm N, \quad om' = G_1 = T$$

la droite *om* représente en grandeur et en direction la force

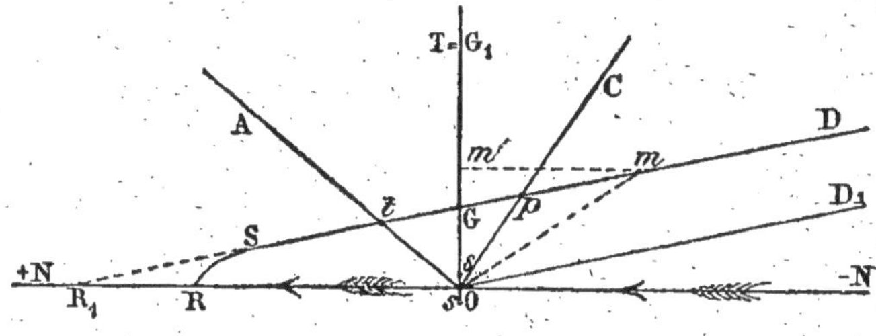

Fig. 13.

élastique qui sollicite l'élément *ss* au moment de la rupture, et l'inclinaison de cette force sur l'élément est *mom'*.

$$om = F, \quad mom' = \alpha$$

En un mot, toute droite *om*, allant du point *o* à la courbe RSGD, représente la force capable de produire la rupture suivant l'élément *ss*. -

Les nombreuses vérifications de notre hypothèse fondamentale (§ 8)

$$G_1 = G \pm fN$$

prouvent que la courbe RSGD se confond sensiblement avec une droite, dans une grande partie de son étendue ; cette droite est inclinée d'un angle φ sur l'axe des N ; le point G où elle rencontre l'axe des T représente la résistance au glissement simple.

$$N = 0, \quad T = G_1 = G$$

Les cassures étant parallèles à l'une des forces principales B et inclinées à $\left(45 \pm \dfrac{\varphi}{2}\right)$ sur les deux autres A et C :

les deux droites rectangulaires OA, OC inclinées, l'une

à $\left(45 - \dfrac{\varphi}{2}\right)$, l'autre à $\left(45 + \dfrac{\varphi}{2}\right)$ sur OT, et une troisième OB normale aux deux autres, située dans le plan de l'élément *ss*, représenteront en direction les trois forces principales.

Les lignes *ot* et *op*, dirigées suivant OA et OC, représenteront les résistances à la traction et à la compression simples.

Il est facile de montrer que la ligne RSGD se termine par une branche inclinée de φ sur l'axe ON. — En effet, d'après les lois du frottement, deux pièces en contact par une surface plane ne peuvent éprouver de déplacement relatif sous l'action d'une force dont l'inclinaison est supérieure à $(90^\circ - \varphi)$; il en sera de même, *à fortiori*, si les deux pièces sont d'un seul morceau. — Ainsi toute compression, si grande qu'elle soit, ne peut produire de cassure inclinée à plus de $(90 - \varphi)$. — Toute force élastique, située dans l'angle $\mathrm{NOD_1} = \varphi$ (fig. 13), est donc incapable de produire la rupture suivant l'élément *ss* ; d'où il suit que la ligne RSGD se termine par une branche *md*, inclinée de φ sur l'axe ON. Pour qu'il n'y ait pas de rupture possible, il faut que, pour tous les éléments, la condition suivante soit remplie :

$$T - fN < G$$

ou qu'en chaque point, les forces principales soient des pressions et satisfassent à cette autre condition :

$$\frac{A}{2} \operatorname{tg}\left(45 - \frac{\varphi}{2}\right) - \frac{C}{2} \operatorname{tg}\left(45 + \frac{\varphi}{2}\right) < G$$

ou

$$\frac{C}{A} > \frac{\operatorname{tg}\left(45 - \frac{\varphi}{2}\right)}{\operatorname{tg}\left(45 + \frac{\varphi}{2}\right)} - \frac{G}{A}\frac{2}{\operatorname{tg}\left(45 + \frac{\varphi}{2}\right)}$$

ou, enfin, G étant une quantité finie, déterminée, et la rupture ne devant pas se produire quelque grande que soit A, si petit que soit le rapport $\dfrac{G}{A}$

$$\frac{C}{A} > \operatorname{tg}^2\left(45 - \frac{\varphi}{2}\right)$$

c'est-à-dire lorsque les pressions, seules forces principales développées en toutes directions, différeront assez peu entre elles, lorsque l'ellipsoïde d'élasticité différera assez peu d'une sphère, pour que la plus petite pression soit au moins égale aux $\frac{1}{10}$ de la plus grande dans le cas des métaux et dans le cas général à $A \operatorname{tg}^2\left(45 - \frac{\varphi}{2}\right)$.

Lorsque l'élément *ss* sera sollicité par une traction, la rupture sera toujours possible quelle que soit l'obliquité de cette force; il existe certainement une traction normale, finie, capable de produire la rupture suivant un élément perpendiculaire à sa direction. — La ligne RSGD qui représente la résistance F en fonction de l'obliquité α, coupe donc l'axe des N en un certain point R et la valeur

$$R = OR$$

représente la *résistance de l'écartement normal* ou la *cohésion* par unité de superficie.

Si l'on admet la rectitude, dans toute son étendue, de la ligne RSGD, on a :

$$R = OR_1 = \frac{G}{\operatorname{tg}\varphi} = \frac{G}{f} \qquad \frac{G}{R} = f$$

Le rapport de la résistance au glissement simple, à la cohésion ou résistance à l'écartement normal est égal, d'après cette hypothèse, au coefficient f.

La cohésion des aciers doux, ayant environ 45 kil. de résistance au glissement ou 75 kil. de résistance à la *simple traction*, serait égale à 265 kil. par millimètre carré ; celle du cuivre à 100 kil. environ.

La cassure par écartement normal se produira lorsque, toutes les forces élastiques étant des tractions, on aura en chaque point

$$T + fN \leq G$$

ou lorsque la plus grande traction A et la plus petite G seront liées par la relation :

$$\frac{A}{2}\,\mathrm{tg}\left(45+\frac{\varphi}{2}\right)-\frac{C}{2}\,\mathrm{tg}\left(45-\frac{\varphi}{2}\right)\leqq G$$

ou, si l'on admet que ce genre de rupture ne se produit que sous l'action d'une force :

$$A=R=\frac{G}{f}=\frac{G}{\mathrm{tg}\,\varphi}$$

$$\frac{A}{2}\,\mathrm{tg}\left(45+\frac{\varphi}{2}\right)-\frac{C}{2}\,\mathrm{tg}\left(45-\frac{\varphi}{2}\right)\leqq A\,\mathrm{tg}\,\varphi$$

ou

$$\frac{C}{A}\geqq\frac{\mathrm{tg}\left(45+\frac{\varphi}{2}\right)-2\,\mathrm{tg}\,\varphi}{\mathrm{tg}\left(45-\frac{\varphi}{2}\right)}=1$$

c'est-à-dire dans le seul cas où la plus grande traction étant égale à la plus petite, l'ellipsoïde d'élasticité est une sphère, et les tensions développées en tous sens égales en intensité. Ces cassures diffèrent totalement des cassures par glissement; nous en trouvons un exemple dans la partie centrale des cassures par traction longitudinale des aciers et fers doux, du cuivre et en général de toutes les matières qui, se déformant beaucoup, forment un *fuseau* très accentué avant de se rompre; dans cette zone, la matière énergiquement tirée en tous sens est désagrégée, divisée comme le produit d'une réduction chimique et nous lui avons donné le nom de *cassure spongieuse* à cause de sa ressemblance avec l'éponge de platine. — L'étendue assez considérable de ce noyau spongieux, surtout dans les grosses barres, autorise à penser que ce genre de rupture se produit non seulement lorsqu'il y a égalité de traction en tous sens, mais encore lorsque les trois forces principales étant des tractions, la plus petite ne diffère pas trop de la grande, lorsque l'ellipsoïde d'élasticité ne s'écarte pas trop de la forme sphérique. — A ce point de vue, on doit considérer la ligne RSGD comme courbe dans le voisinage du point R et le rapport $\frac{G}{R}$ comme différent de f.

contres.

Premier genre. — ... par tension et
et *brillantes*, ... comme dans le marbre, par tension et
compression simple, soit ... de la nature des matériaux
doucés par ... action en compression, ou dans les cas ...
dites *à nerf* venant ... de parler *fixées*, comme cela
arrive dans les cassures *à grain fin*.

Elles se produisent ... les fois qu'au point considéré
il y a pression ou traction simultanées, toutes les fois que
les forces principales sont de sens différent, ou ... que
ou deux forces principales sont ... , ou enfin lorsqu'il
y a traction ou pression en tous sens, mais à la condition
que, dans ce dernier cas, l'... mode d'éléments diffère
suffisamment d'une sphère.

Second genre. — *Ruptures par écrasement, ou ...
spongieuses*, qui se produisent par un écrasement énergique
en tous sens, c'est-à-dire dans le cas où toutes les ...
élastiques sont des réactions ... peu les unes des autres.
Enfin, dans le cas où il y a pression en tous sens, la
plus petite pression différant assez peu de la plus grande,
la rupture est impossible.

§ 13. — Cristaux — Fibres — Grains — Talus

Les considérations précédentes ne s'appliquent qu'aux
matières homogènes, pour lesquelles ... sont des
quantités constantes indépendantes de ... des
éléments.

Les métaux travaillés, soit à froid, soit à chaud, ne se
... pas toujours ... d'homogénéité, ... la ...
exemple, les ... , comme nous ... plus
loin. — Il peut arriver que ... nécessaire ... élément
varie d'un point à ... à un autre point, ...
... la direction considérée ... dans un maximum ou
minimum pour ... : ... ... recherchons ...
est alors une fonction ... du point et de ... d'orien...

la cassure et la résistance à la traction, par exemple, dépendent de la direction de l'axe de l'éprouvette.

La résistance des *corps fibreux*, tels que les *bois*, varie beaucoup avec la direction des efforts ; G, f et R ne varient pas d'une façon continue avec l'orientation ; leurs valeurs, pour la *surface des fibres*, sont toutes différentes de celles qui sont relatives à une direction voisine. — Si G était représenté par une ligne, en fonction de α, sa valeur correspondant à la surface des fibres serait représentée par un point singulier. — Nous en dirons autant des *fers et aciers puddlés, corroyés*, métaux fibreux dans lesquels les *mises* sont tout à fait analogues aux fibres ligneuses. — Il faut bien les distinguer des *métaux coulés* et *travaillés*, qui n'ont ni mises, ni fibres ; chez eux, G et f peuvent varier avec l'orientation, mais varier d'une façon continue, présenter des *valeurs minima* pour certaines directions particulières, mais non des *valeurs singulières*, comme cela arrive pour les surfaces des fibres, les soudures des mises et aussi pour les *plans de clivage* des *matières cristallisées*.

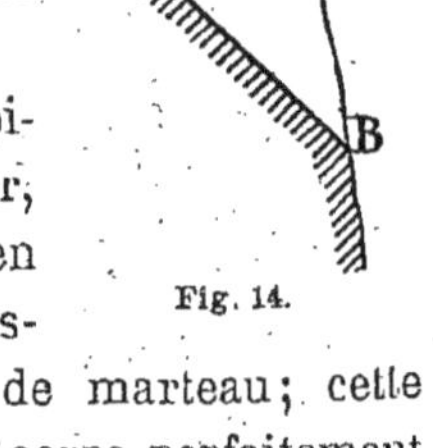

Fig. 14.

Le tailleur de pierre comme le lapidaire, pour dégrossir, tailler ou cliver, fait tomber des coins (ABC, fig. 14) en exerçant à la surface (AC) une compression énergique au moyen d'un coup de marteau ; cette opération peut très bien réussir sur un corps parfaitement homogène, pourvu qu'il soit très roide, mais la rupture se produira plus facilement, sous un moindre choc, s'il existe un plan de clivage (AB) ; en tous cas, on se placera dans de bonnes conditions en frappant à 45° environ de la cassure qu'on veut produire.

On regarde les *cassures granuleuses* des métaux comme des cristallisations, et comme, en général, les angles dièdres des grains sont très variables, on dit que la *cristallisation est confuse*. — Pour nous, sans rien préjuger sur la *constitution intime* des corps, nous considérons le grain brillant, aussi bien que le nerf, comme une *forme particulière de cassure*. — Nous savons d'ailleurs qu'avec la plupart des métaux on peut à volonté obtenir des cassures à grains ou à nerf ; il suffit de regarder les cassures d'un même acier obtenues par traction, torsion, flexion et compression, pour être absolument convaincu que les grains n'existent que dans la cassure, dans certaines espèces de cassures, et ne sont nullement des cristaux préexistant dans la matière ; la disposition rayonnante vers l'axe, que présentent souvent les cassures granuleuses de traction, quelle que soit la direction de l'éprouvette dans le bloc qui la fournit, montre encore que cette forme de cassure dépend du genre d'efforts et de la forme des éprouvettes, bien loin d'être le résultat d'une cristallisation primitive.

Il existe beaucoup de matériaux de construction qui, pris en grande masse, peuvent être considérés comme homogènes, quoique leur constitution soit, en réalité, essentiellement hétérogène. — Tels sont, en général, les *agglomérés*, les *maçonneries*, les *briques*, les *mortiers* qui sont formés de pierres plus ou moins petites réunies par un ciment, et aussi les *fontes grises* ou *truitées* dont les parties métalliques sont séparées par du *graphite*. — Ces corps ont véritablement des *grains*, et, de même qu'on considère dans certaines matières deux sortes de densités, la densité apparente ou gravimétrique et la densité absolue, de même il y a lieu pour ces matériaux granuleux de considérer deux espèces de résistance, suivant que les grains sont eux-mêmes brisés ou qu'ils sont seulement séparés.

La fonte truitée, par exemple, étirée ou tordue, présente des cassures granuleuses qui diffèrent complètement des cassures des métaux homogènes ; au contraire, les cassures par compression sont lisses et brillantes, et semblables à celles de l'acier et du bronze, comme forme, aspect et inclinaison. — Dans le premier cas, les grains sont séparés, ils sont brisés dans le second ; aussi la résistance de la fonte à la compression est-elle bien plus grande que la résistance à la traction, leur rapport qui est égal à 4 pour les fontes à canon de Ruelle, est 5 et même 7 pour certaines fontes grises.

La fonte de Ruelle se rompt sous un effort de traction de 16 à 20 kil. par m. m. q.; la résistance au glissement est à peu près la même lorsqu'on la déduit de la torsion d'une éprouvette longue, mais en tordant des éprouvettes extrêmement courtes, n'ayant comme longueur que l'épaisseur d'un trait d'outil, on obtient des cassures à bords lisses et brillants; dans ce cas, les grains eux-mêmes sont brisés et la résistance au glissement atteint 30 kil. — Nous avons vu que les cassures des prismes et cylindres de fonte comprimés étaient inclinées à 50° sur les bases; la résistance à la compression, rapportée à la surface finale de la base, est pour la fonte de Ruelle, de 70 kil. L'angle $\alpha = 50°$ et le rapport $\dfrac{G}{P} = \dfrac{30}{70} = 0,42$ montrent que la fonte se comporte à la compression comme les métaux homogènes et qu'on peut lui appliquer l'hypothèse $G_1 = G + fN$ dans le cas où les composantes normales sont des pressions, mais nullement dans le cas d'une traction normale ou oblique. — La résistance à la traction $L = 20$ kil. représente la faible *cohésion gravimétrique* de cette fonte.

C'est sur l'hypothèse $G_1 = G + fN$ que Coulomb a fondé sa théorie de la *poussée des terres* et *murs de soutènement*; le général Morin en a vérifié l'exactitude par de nombreuses expériences. — La résistance G a une certaine valeur pour les *terres fortes*, qui sont susceptibles d'une forme quelconque et peuvent être taillées à pic; au contraire, G est nulle pour les *terres faibles, sables, poussières*, qui n'ont aucune cohésion et ont reçu pour cette raison le nom de *semi-fluides*. Ces corps prennent la forme des vases qui les contiennent, et la surface libre ne peut être plus inclinée que le *talus naturel*, surface d'égale pente, faisant avec l'horizon un angle φ constant pour une matière donnée; la cohésion étant nulle, on a :

$$R = 0 \quad G = 0 \quad G_1 = fN \quad f = \operatorname{tg} \varphi$$

Pour les liquides, f et φ sont nuls; la surface libre est horizontale.

§ 14. — **Limite d'élasticité.** — **Efforts simultanés.**

considéré. — La limite d'élasticité sera dépassée en ce point, lorsque l'élément cubique conservera une déformation permanente, et elle sera caractérisée par la grandeur et le sens des trois forces principales correspondantes α, $\mathcal{B}$, $\mathcal{C}$ que nous appellerons *forces principales limites*.

Si deux d'entre elles sont nulles, la limite d'élasticité sera dépassée lorsque la troisième α sera supérieure à la limite de simple traction $\mathcal{L}$, ou de simple compression $\mathcal{P}$; elle sera représentée par l'une de ces deux valeurs :

$$\mathcal{B} = 0 \quad \mathcal{C} = 0 \quad \alpha = \mathcal{L} \quad \text{ou} \quad -\alpha = -\mathcal{P}$$

Dans la torsion des cylindres de révolution, sur les trois forces principales, une est nulle, les deux autres sont de sens contraires et égales, en valeur absolue, à la force tangentielle qui sollicite l'élément de section droite passant au même point. — La limite d'élasticité est dépassée dès que ces forces sont supérieures à la limite de simple glissement $\mathcal{G}$; elle est donc caractérisée par :

$$\mathcal{B} = 0 \quad \alpha = -\mathcal{C} = \mathcal{G}$$

Il faut bien se garder de voir dans cette condition l'expression de l'égalité des trois limites d'élasticité de traction, de compression et de glissement simples. — La limite d'élasticité de traction est égale à la limite de glissement, lorsque cette traction est constamment accompagnée d'une compression égale et agissant dans une direction perpendiculaire à la sienne; mais ces limites d'élasticité de traction, de compression, qui sont égales lorsque la traction et la compression agissent *simultanément,* sont très différentes entre elles et très différentes de la limite de glissement, lorsque la traction et la compression agissent *séparément* ou *successivement.*

En raisonnant comme nous l'avons fait au sujet de la résistance (§ 5), nous pouvons dire que : un élément plan étant généralement sollicité par une force oblique ou simultanément par deux composantes T, N, la limite d'élasticité sera dépassée lorsque la composante tangentielle T sera supérieure à $\mathcal{G}_1$, *limite d'élasticité de glissement sous pression ou traction $\mp$ N.*

En admettant la linéarité de la fonction de N qui représente $\mathcal{G}_1$

$$\mathcal{G}_1 = \mathcal{G} \mp f\text{N},$$

la limite d'élasticité sera terminée par la condition :

$$\text{T} = \mathcal{G}_1 = \mathcal{G} \mp f\text{N}$$

et sera dépassée, lorsqu'au point considéré, le maximum de $(\text{T} \pm f\,\text{N})$ sera supérieur à la limite de simple glissement $\mathcal{G}$.

$$\max\,(\text{T} \pm f\text{N}) \geq \mathcal{G},$$

ce qui conduit aux relations suivantes entre les limites de traction, de compression et de glissements simples (§ 9) :

$$\mathcal{G} = \frac{\mathcal{P}}{2}\,\text{tg}\left(45 - \frac{\varphi}{2}\right) = \frac{\mathcal{L}}{2}\,\text{tg}\left(45 + \frac{\varphi}{2}\right) \qquad f = \text{tg}\,\varphi.$$

Nous avons vérifié, par de nombreuses expériences, la proportionnalité constante des limites de traction et de glissement, particulièrement sur les fers et aciers de différentes nuances, ayant subi divers travaux mécaniques ou calorifiques et toujours un recuit final. — Pour les métaux, le rapport $\dfrac{\mathcal{G}}{\mathcal{L}}$ a toujours été très voisin de 0,59 ; d'où l'on conclut que l'angle φ et le coefficient f ont les mêmes valeurs que dans le cas de la résistance. — Les relations numériques entre les simples limites d'élasticité sont donc les mêmes que celles qui lient entre elles les résistances simples :

$$\varphi = 10° \quad \mathcal{G} = 0{,}41\,\mathcal{P} = 0{,}59\,\mathcal{L}$$
$$f = 0{,}176 \quad \mathcal{L} = 0{,}7\,\mathcal{P}$$

Il est très difficile, pour ne pas dire impossible, de mesurer la limite de simple compression $\mathcal{P}$ par des expériences directes (¹). — Nous expliquerons par la suite comment la *limite d'élasticité apparente de compression* est peu différente

---

(¹) Duguet. *Déformation des corps solides,* n° 25.

de la limite de traction $\mathcal{L}$, et la concordance de cette explication avec le fait sera une preuve de plus à l'appui de notre théorie. — La seule estimation que nous ayons pu faire de la limite de simple compression $\mathcal{P}$, par un examen attentif des phénomènes qui accompagnent les premières déformations permanentes de flexion ([1]), concorde parfaitement avec la valeur donnée par les équations précédentes.

En général, les *forces principales limites*, c'est-à dire les forces principales développées en un point, à l'instant où la limite d'élasticité est dépassée en ce point, sont liées par la relation suivante :

$$\mathcal{G} = \frac{\mathcal{A}}{2}\,\mathrm{tg}\left(45 \mp \frac{\varphi}{2}\right) \mp \frac{\mathcal{C}}{2}\,\mathrm{tg}\left(45 \pm \frac{\varphi}{2}\right)$$

$\mathcal{A}$ et $\mathcal{C}$ étant la plus grande et la plus petite des forces principales, et $\mathcal{B}$ la force moyenne, si ces trois forces sont de même sens ; $\mathcal{A}$ et $\mathcal{C}$ étant la plus grande tension et la plus grande compression, dans le cas contraire, $\mathcal{B}$ pouvant être d'ailleurs nulle, positive ou négative.

Si l'une des forces principales est nulle, les deux autres étant de même sens, et $\mathcal{A}$ étant la plus grande des deux, on aura :

$$\mathcal{G} = \frac{\mathcal{A}}{2}\,\mathrm{tg}\left(45 \mp \frac{\varphi}{2}\right)$$

c'est-à-dire :

$$\mathcal{A} = \mathcal{L} \quad \text{ou} \quad \mathcal{A} = \mathcal{P}$$

D'après ce que nous avons dit au sujet de la fonte (§ 12), les règles précédentes sont seulement applicables au cas où, toutes les forces étant des pressions, aucun élément n'est sollicité par une traction.

Les limites d'élasticité de traction et de glissement de la fonte de Ruelle, déduites d'expériences de traction et de torsion, sont à peu près égales à 12 kil. par millimètre carré.

---

[1] Duguet. *Déformation des corps solides,* nᵒ 41.

§ 15. — Limite d'élasticité d'un corps primitivement déformé. — Efforts successifs. — Écrouissage.

Toutes les expériences de traction, torsion, flexion, etc., conduisent au résultat suivant : *Lorsqu'un corps a été déformé d'une façon permanente par un système d'efforts, sa limite d'élasticité est égale à ce système d'efforts.* Ainsi :

Une barre de fer prenant un allongement permanent sous toute charge supérieure à 20 kil. par millimètre carré de section, possède une limite élastique de 30 kil. après avoir été étirée par une force de 30 kil. par millimètre carré.

Un cylindre creux se déformant d'une façon permanente sous une pression intérieure supérieure à 1 500 atmosphères, conserve une déformation plus ou moins considérable après avoir subi une pression de 2 500 atmosphères ; mais il ne prend pas de nouvelles déformations permanentes lorsqu'il est soumis de nouveau à l'action de la même pression ; il a donc une limite d'élasticité égale à 2 500 atmosphères.

Un élément cubique ABCD (fig. 15) ayant, dans la dé-

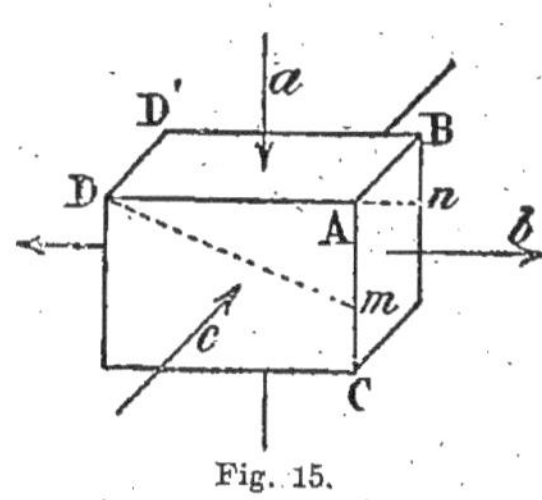

formation permanente du corps auquel il appartient, supporté sur ses faces ABD une pression normale a supérieure à la limite d'élasticité naturelle $\mathcal{P}$, possède, dans la direction et le sens de a, une limite élastique égale à l'intensité de cette force a.

Fig. 15.

Tout élément plan D'Dm ou DAn incliné de α sur la base DAB est soumis, pendant la pression a, à l'action de deux forces T, N, qui ne dépendent que de l'inclinaison α et de l'intensité de a ; la limite d'élasticité est dépassée toutes les fois que, pour un élément, $T + fN$ est supérieur à la limite de simple glissement $\mathcal{G}$. — Sous une pression égale à $\mathcal{P}$, limite de simple pression, pour tous les éléments, excepté pour ceux qui sont inclinés à $\left(45 + \dfrac{\varphi}{2}\right)$ sur la base

DAB, 'a valeur $T + f N$ sera inférieure à $\mathcal{G}$; sous une pression $a > \mathcal{P}$, la valeur $T + f N$ sera supérieure à $\mathcal{G}$ pour tous les éléments situés dans une certaine zone, d'autant plus étendue que a sera plus élevée. — L'élément cubique possède alors une nouvelle limite élastique égale à a, c'est-à-dire que toute pression inférieure à a ne produira que des déformations élastiques, et que toute pression supérieure à a produira une déformation permanente; il faut, pour cela, que la limite d'élasticité de glissement relative à tous les éléments pour lesquels $T + f N$ est plus grande que $\mathcal{G}$, soit augmentée et devenue justement égale à la valeur de $T + fN$, T et N étant les composantes de la force élastique ayant sollicité l'élément considéré pendant la pression générale:

$$g = T + fN > \mathcal{G}$$

Le maximum d'accroissement de la limite de glissement g correspond au maximum de $T + fN$, c'est-à-dire aux éléments inclinés à $\left(45 + \dfrac{\varphi}{2}\right)$ sur la base ou à $\left(45 - \dfrac{\varphi}{2}\right)$ sur la direction de la pression principale a; on a dans ce cas :

$$g = \mathcal{G}' = \frac{a}{2}\, \text{tg}\left(45 - \frac{\varphi}{2}\right)$$

et, comme on a d'ailleurs :

$$\mathcal{G} = \frac{\mathcal{P}}{2}\, \text{tg}\left(45 - \frac{\varphi}{2}\right), \qquad \frac{\mathcal{G}'}{\mathcal{G}} = \frac{a}{\mathcal{P}}$$

Les mêmes raisonnements s'appliquent identiquement au cas où l'élément cubique est déformé par une traction principale b, supérieure à la limite naturelle de traction $\mathcal{L}$, agissant sur les faces ABC; dans ce cas, la plus grande limite de glissement $\mathcal{G}'$ est produite suivant les éléments inclinés à $\left(45 + \dfrac{\varphi}{2}\right)$ sur la direction de la traction b, et l'on a :

$$\mathcal{G}' = \frac{b}{2}\, \text{tg}\left(45 + \frac{\varphi}{2}\right), \qquad \frac{\mathcal{G}'}{\mathcal{G}} = \frac{b}{\mathcal{L}}$$

Il est facile de voir, d'après cela, que pour tous les éléments également inclinés sur AD, direction de la force b, les limites de glissement seront également augmentées, et dans le même sens, soit par une traction $b = \mathcal{B}'$, soit par deux pressions normales $a = \mathcal{C}'$, $c = \mathcal{C}'$, agissant, simultanément ou séparément, dans la direction AC et AB, $\mathcal{C}'$ et $\mathcal{B}'$ étant liées par la relation suivante :

$$\frac{\mathcal{C}'}{2}\, \mathrm{tg}\left(45 - \frac{\varphi}{2}\right) = \frac{\mathcal{B}'}{2}\, \mathrm{tg}\left(45 + \frac{\varphi}{2}\right) = \mathcal{G}'$$

ou
$$\frac{\mathcal{C}'}{\mathcal{P}} = \frac{\mathcal{B}'}{\mathcal{L}} = \frac{\mathcal{G}'}{\mathcal{G}}$$

La limite d'élasticité de traction dans la direction AD sera donc également augmentée soit par une traction $\mathcal{B}'$ dans cette direction, soit par deux compressions rectangulaires $\mathcal{C}'$, perpendiculaires à la direction AD.

Ces considérations expliquent d'une façon très satisfaisante les phénomènes, connus sous le nom d'*écrouissage*, qui rendent les métaux *aigres* ou *raides,* et qui consistent en réalité dans l'élévation de la limite d'élasticité par le travail à froid.

Si les pressions a et c exercées suivant AC et AB sont inégales, la limite de traction suivant AD est déterminée par la valeur de la plus petite des deux pressions, et cette limite n'est augmentée que dans le cas où chacune des deux pressions est supérieure à la limite de compression simple $\mathcal{P}$.

La limite de traction $\mathcal{B}'$ ne peut être indéfiniment augmentée par les pressions $\mathcal{C}'$, ces pressions elles-mêmes ayant une limite extrême $\mathcal{C} = P$, résistance à la compression. La plus grande limite de traction qu'on puisse développer est par suite :

$$\mathcal{B}' = P\, \frac{\mathcal{L}}{\mathcal{P}} = L$$

L étant la résistance à la traction simple, résistance des barres très courtes et en général des barres qui se brisent sans déformations considérables.

Un cas qui se présente fréquemment dans la pratique, particulièrement dans l'étirage à la filière, est celui où la déformation permanente est produite à la fois par deux pressions et une traction rectangulaires ; notre élément ABCD doit être considéré, dans ce cas, comme ayant supporté une traction $\mathcal{B}'$ suivant AD et deux pressions, dont la plus petite est α', suivant AC et AB. — Si cet élément est, après la déformation, soumis à une *traction unique* suivant AD, la nouvelle limite d'élasticité $\mathcal{B}''$, dans ces conditions, sera déterminée par l'équation suivante :

$$\frac{\mathcal{B}''}{2}\,\mathrm{tg}\left(45 + \frac{\varphi}{2}\right) = \mathcal{G}' = \frac{\alpha'}{2}\,\mathrm{tg}\left(45 - \frac{\varphi}{2}\right) + \frac{\mathcal{B}'}{2}\,\mathrm{tg}\left(45 + \frac{\varphi}{2}\right)$$

ou
$$\mathcal{B}'' = \mathcal{B}' + \frac{\mathcal{L}}{\mathcal{P}}\,\alpha'$$

CHAPITRE IV.

§ 16. — Efforts agissant successivement en sens contraires. — Énervement.

Tout le monde sait qu'on parvient à casser un fil métallique résistant à une seule flexion, en le fléchissant alternativement dans un sens et dans le sens contraire, et en répétant assez souvent ces flexions et déflexions successives. — Les éléments de section droite du fil sont, dans la suite de ces déformations, soumis à l'action de tractions et de pressions normales successives ; les autres éléments plans sont sollicités alternativement par certaines forces obliques et par d'autres forces de sens contraires. — Ainsi, tout élément incliné d'un angle α sur la force principale unique développée est soumis pendant la flexion à l'action d'une force (T, N).

$$T = a \sin 2\,\alpha \qquad N = a \cos^2 \alpha$$

et pendant la déflexion à une force (T', N')

$$T' = - a' \sin 2\,\alpha \qquad N' = - a' \cos^2 \alpha$$

dont les deux composantes sont de sens contraires à celles de la force (T, N).

On dit communément que, dans ces conditions, le corps est *énervé*. — L'*énervement* est donc le résultat de l'action de forces agissant sur certains éléments, alternativement dans un sens et dans le sens opposé. — Le caractère principal de l'énervement est la perte de *douceur* ; le corps énervé n'est plus susceptible de déformations aussi grandes que dans son état initial, au moins dans certaines directions, puisqu'il ne peut supporter finalement, sans se briser, les grandes déformations qu'il avait subies primitivement.

L'énervement a-t-il d'autres conséquences, est-il accompagné d'une variation de limite d'élasticité. [illegible]

Il serait assez difficile de [illegible] si
l'on n'avait, comme moyens de recherche que des expériences de flexion; mais l'énervement se produit dans un
grand nombre de circonstances, et particulièrement par
torsions et détorsions successives, ce qui permet d'apprécier, avec toute l'exactitude désirable, son action [illegible] la
capacité de déformations, soit sur l'élasticité et la résistance. — Dans ces torsions et détorsions successives, les éléments de section droite sont sollicités alternativement [illegible] par
des forces tangentielles de sens contraires, [illegible] à
45° des précédents, par des tractions et des compressions
normales alternatives. — L'énervement entraîne l'abaissement de la limite élastique de glissement (*); [illegible] résultats suivants montrent qu'il produit aussi une [illegible] de
de douceur et de résistance à la torsion [illegible] glissement.

Une barre d'acier doux de 14 millimètres [illegible] d'équerre
sur 10 millimètres de longueur, capable de résister à un
effort de 56 kil. appliqué aux extrémités d'un bras de
levier de 700 millimètres, la torsion correspondant [illegible]
de 2 tours et demi ($\alpha = 140$)(*), a subi des torsions et
détorsions successives égales à un tour ($\alpha = 56$), [illegible] efforts de torsion appliqués au même bras de levier [illegible]
successivement de

$$52 - 50 - 49 - 48, - 48 - 47 - 47 [illegible]$$

Enfin la barre, après avoir subi sept [illegible] tor-
torsions successives, s'est brisée à la huitième [illegible] sous
un effort de 45 kil. après avoir fait [illegible] (0,5)
tour (fig. 16).

Une autre barre d'acier de mêmes dimensions, [illegible]
subi primitivement une torsion de deux tours [illegible]
après une détorsion de 3/4 de tour, la résistance [illegible] a
varié seulement de 5 p. 100.

____

(*) Durant. _Déformations_ [illegible]
(*) [illegible] environ [illegible] l'arc de torsion.

Après une torsion de 0,72 de tour ($\alpha = 46$), une barre susceptible de faire deux tours et demi environ ($\alpha = 156$) sous un effort de 50 kil., s'est brisée sous le même effort

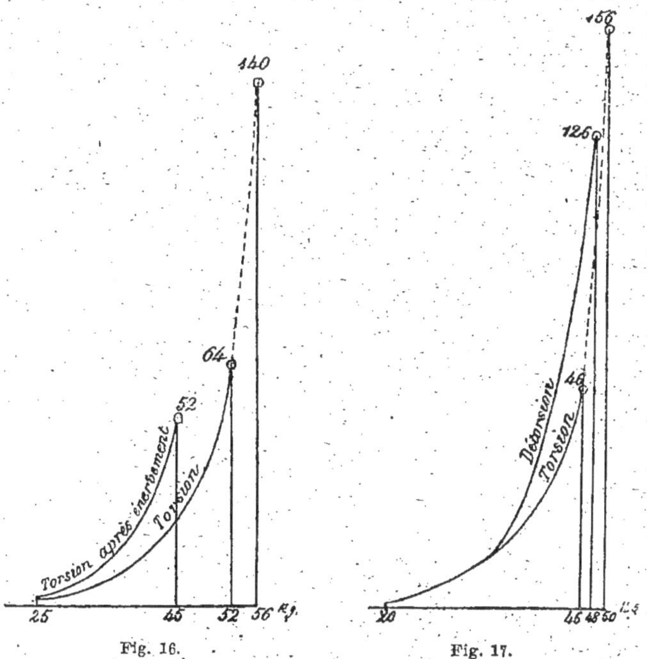

après une torsion en sens contraire de deux tours et quart; une seconde barre dans les mêmes conditions (fig. 17) a perdu deux kil. de résistance et s'est brisée après une torsion de deux tours ($\alpha = 126$).

Quoique nos expériences sur ce sujet ne soient pas aussi nombreuses que celles qui sont relatives à d'autres questions, elles suffisent cependant à prouver que l'*énervement* diminue la douceur, abaisse la limite d'élasticité et la résistance à la rupture, et que ses effets sont d'autant plus sensibles que les déformations qui le produisent sont plus grandes et répétées un plus grand nombre de fois.

Lorsque les déformations sont très petites, comme les

déformations élastiques des métaux, par exemple, il n'y a
pas d'énervement sensible, à moins qu'elles ne soient répétées un nombre de fois en rapport avec leur degré de
petitesse, comme cela arrive dans les corps soumis pendant
longtemps à des *vibrations* de même direction. — Aussi,
voit-on les ressorts, les essieux, les arbres de transmission,
les rails, les armes à feu, s'énerver à la longue, se briser
sans déformations sensibles et occasionner des accidents
qui ne peuvent être prévenus que par un *règlement* limitant
la durée de ces objets.

Les ressorts de caoutchouc subissent de grandes déformations; de là leur énervement rapide. — Dans l'industrie
on *essaye le caoutchouc à l'énervement,* par le procédé suivant : la feuille de caoutchouc étant fixée à une mâchoire
articulée et au maneton d'un volant, comme l'indique la
figure 18, on fait tourner plus ou moins rapidement le volant

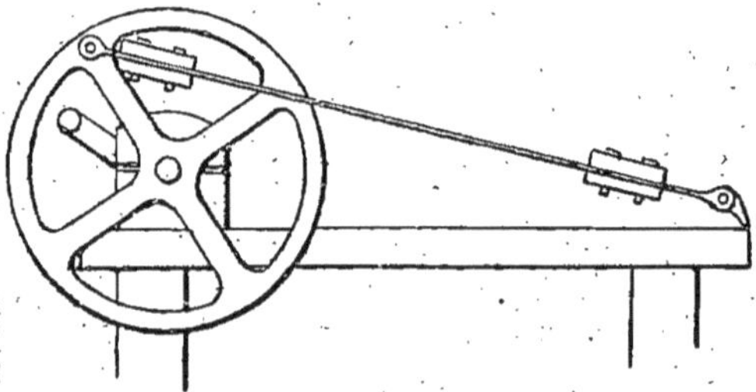

Fig. 18.

et la feuille est ainsi successivement tendue et détendue.
On apprécie la valeur de la matière essayée à la grandeur
des déformations produites et au nombre de répétitions,
en tenant compte de la durée de l'épreuve. — Par exemple :
une bande de caoutchouc de première provenance peut
subir, en dix minutes, deux cents allongements variant
alternativement entre quatre et huit fois la longueur primitive ([1]).

([1]) Notice sur la fabrication et l'emploi du caoutchouc vulcanisé. — Ogier, directeur des usines de Blanzat et de Clermont.

Il serait utile de faire un essai du même genre sur les ressorts métalliques et autres pièces destinées à subir des vibrations répétées ; l'énervement serait facile à produire soit par flexion, soit par torsion. Il entre d'ailleurs dans les habitudes des maîtres de forge de montrer, soit dans leur usine, soit dans les expositions métallurgiques, des barres de fer ou d'acier ayant subi, avant de se rompre, un certain nombre de flexions et de déflexions successives ; mais, à notre connaissance, aucun cahier des charges n'exige un semblable mode de réception.

On produit souvent dans le travail mécanique des métaux et particulièrement dans le forgeage, un autre genre d'énervement en exerçant des pressions successives sur les différentes faces de la pièce. — Considérons, par exemple, l'angle dièdre CAB d'un prisme, pressé *successivement* sur ses faces AB — AC par une force a (fig. 19).

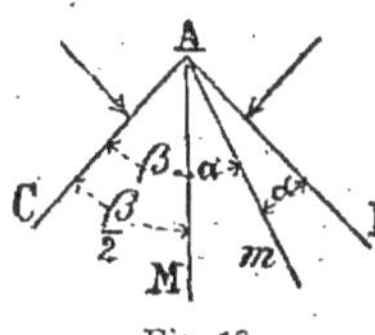

Fig. 19.

Tout élément Am, incliné de α sur l'une des faces, est soumis successivement à l'action de forces (T, N) et (T', N') dont les valeurs sont :

$$\left\{\begin{array}{l} T = \dfrac{a}{2} \sin 2\,\alpha \\[2mm] N = a \cos^2 \alpha \end{array}\right. \qquad \left\{\begin{array}{l} T' = -\dfrac{a}{2} \sin 2\,(\beta - \alpha) \\[2mm] N' = a \cos^2 (\beta - \alpha) \end{array}\right.$$

β étant l'angle dièdre CAB.

L'élément situé dans le plan bissecteur AM est donc alternativement sollicité par deux forces, dont les composantes normales sont égales et de même sens et les composantes tangentielles égales et de sens contraires.

$$\beta - \alpha = \alpha = \frac{\beta}{2} \qquad N = N' = a \cos^2 \frac{\beta}{2} \qquad T = -T' = \frac{a}{2} \sin \beta$$

Il suffit de produire ce travail mécanique, à froid, sur un prisme métallique, soit par des pressions statiques exercées à la presse, soit par le forgeage, pour faire apparaître dans les angles, des cassures planes et lisses, dans le voisinage des plans bissecteurs ; nous en avons fait plusieurs fois l'expérience. — Que l'opération soit faite à froid ou à chaud, l'énervement se produit toujours, plus ou moins, d'autant plus facilement que la température est moins élevée et le recuit est souvent impuissant à faire disparaître ses funestes effets, particulièrement dans le cas où il s'est produit des ruptures, comme cela arrive trop souvent. — Presque tous les défauts constatés dans les pièces de forge et dévoilés, soit par accidents, soit dans les essais de traction *en travers*, sont des surfaces lisses situées dans les plans bissecteurs des angles dièdres; ils sont dus, à notre avis, à un forgeage mal conduit ou trop énergique.

Il est inutile d'ajouter que l'énervement ne se produit pas dans le cas où les pressions sont exercées *simultanément*, comme cela a lieu dans le laminage par exemple.

CHAPITRE V.

§ 17. — Déformations et déplacements des éléments. — Forces et couples intérieurs.

Nous considérons les corps comme formés d'éléments géométriques, en contact mutuel par leurs diverses faces, et la déformation générale comme résultant des *déplacements* relatifs des éléments et de leurs *déformations* respectives.

Ces déplacements et ces déformations peuvent être classées ainsi qu'il suit :

Déplacements des éléments.
- Déplacements des centres de gravité ou translations;
- Rotations autour du centre de gravité.

Déformations des éléments.
- Glissements;
- Allongements, raccourcissements, contraction, dilatation;
- Variations de volume ou de densité.

A l'inverse de ce que nous avons fait au sujet des limites élastiques et des résistances, on pourrait entreprendre une étude purement *cinématique* des déformations, indépendamment du développement correspondant de forces élastiques. Cette étude préliminaire nous paraît inutile. Nous considérerons donc toujours à la fois les forces et les déformations; aussi commencerons-nous par rappeler les conditions fondamentales d'équilibre du cube élémentaire.

Nous avons vu (§ 1) que, sur les neuf composantes des trois forces élastiques sollicitant les faces d'un élément cubique en équilibre, les six composantes tangentielles étaient égales deux à deux. Cette condition permet de se faire, des forces intérieures, une idée bien plus complète qu'on ne le fait d'habitude. En effet, si la face AB (fig. 20) est tirée ou pressée par une force N, il faut que la face opposée DC soit également tirée ou pressée par une force N′ égale à N et de sens contraire ; on dit que N et N′ sont des *forces intérieures*. Si la face AB est sollicitée par une force tangentielle T, il faut, non seulement que CD soit soumise à l'action d'une force T′ parallèle,

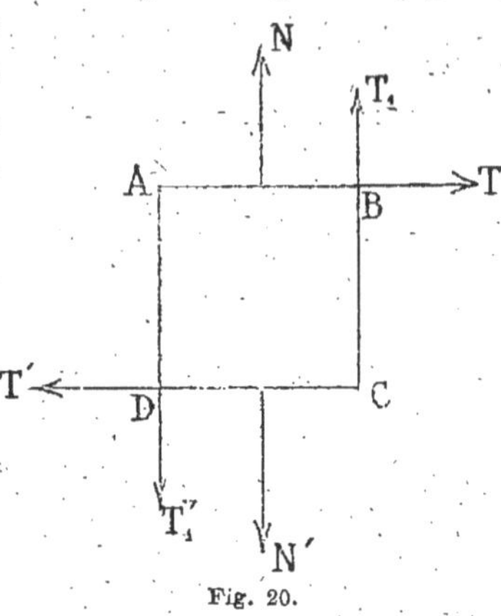

Fig. 20.

égale à T et de sens contraire, mais encore que le couple (T, T′) soit équilibré par un autre couple (T,, T,′) égal et de sens contraire au couple (T, T′) et appliqué tangentiellement aux faces AD, CB. Nous appellerons *couples intérieurs* l'ensemble de ces deux couples ; et nous dirons que les forces élastiques agissant sur un élément solide en équilibre, se composent de *forces et de couples intérieurs,* de paires de forces normales, égales et directement opposées, et de paires de couples tangentiels égaux et de sens contraires. En général, pendant que la déformation se produit, ces conditions ne sont pas remplies ; les éléments sont sollicités par des forces normales inégales et des couples inégaux ; ils se déplacent et tournent autour de leur centre de gravité, jusqu'à ce que, la déformation terminée, l'équilibre soit établi.

Dans la traction ou la compression simple, tout élément limité par des plans normaux ou parallèles à la force principale unique est déformé et déplacé ; mais il n'éprouve qu'une translation. Dans la flexion, les éléments analogues subissent de plus une rotation, et, lorsque l'équilibre est établi, si les sections droites sont sollicitées par une force tangentielle, il faut que certaines faces des éléments, normales aux sections droites, soient soumises à l'action de forces tangentielles égales (§ 25).

Il est facile de voir que les éléments, limités par des faces obliques à la force principale unique, éprouvent, dans la compression simple, par exemple, une déformation et une translation. L'élément $abcd$ (fig. 21), dont les

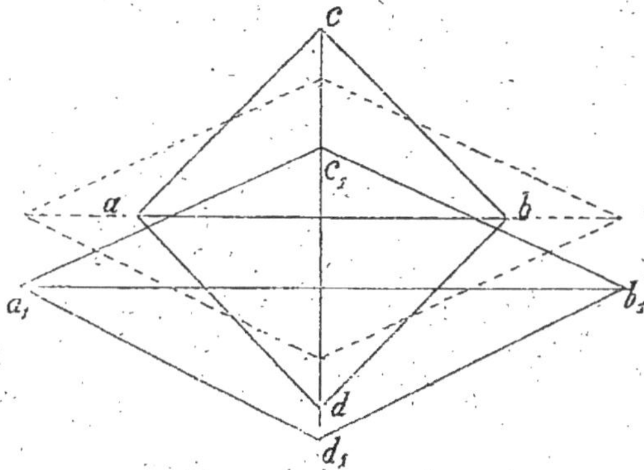

Fig. 21.

faces sont également inclinées sur la direction cd de la compression, devient $a_1\ b_1\ c_1\ d_1$; cd est raccoûrci, ab est dilaté ; de plus, l'élément éprouve une translation résultant de la déformation des autres éléments. On peut en dire autant du cas où l'élément appartient à un cylindre creux de révolution, soumis à une pression intérieure ; ab parallèle à la surface se dilate, cd situé dans un plan diamétral se contracte ; l'élément éprouve de plus une translation, et tout reste symétrique par rapport au plan diamétral cd.

Les déformations produites par la simple torsion sont toutes différentes ; soit, en effet, ABCD (fig. 22), un élément de cylindre tordu, limité par les sections droites AB, DC, les plans diamétraux AD, BC et les faces ABCD parallèles à la surface extérieure.

Les forces élastiques qui le sollicitent se réduisent aux

deux couples (T, T') (T_1, T_1') qui agissent tangentiellement
sur les sections et les plans diamétraux. AB étant supposé
fixe, la déformation se réduit à un simple glissement ou

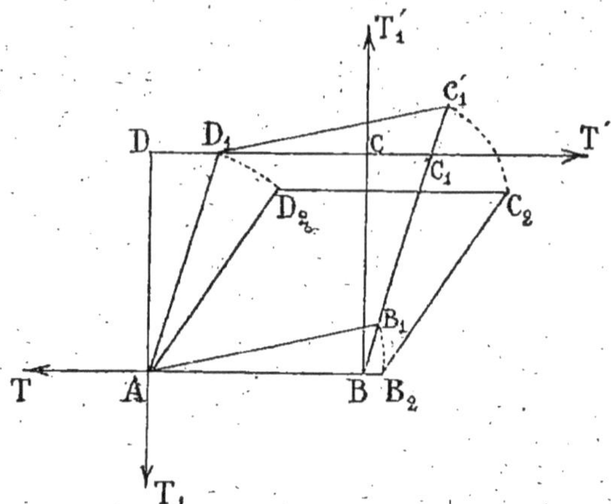

Fig. 22.

déplacement de DC dans son plan, relativement à AB. Il
semble donc, au premier abord, que le couple (T, T') est
le seul actif et l'on comprend difficilement que l'effet de
forces élastiques égales, dans les mêmes conditions, soit
différent, que chacun des couples égaux (T, T') (T_1, T_1') ne
produise pas la même déformation.

Cette espèce d'incertitude, ces doutes qu'on ressent à
l'examen de cette question, sans s'en rendre compte, ne
tiennent au fond qu'à la difficulté qu'on éprouve à considérer l'effet total des deux couples intérieurs, comme on
considère l'allongement d'un élément sous l'action de
deux forces égales et opposées ; l'action d'un couple unique
est la rotation de l'élément, comme celle d'une force unique, appliquée au centre de gravité, est la translation.

Nous n'insisterions pas sur ce sujet, si nous n'avions vu,
à l'occasion de nos études sur la torsion, combien les
questions qui touchent à la rotation présentent de difficultés à l'immense majorité des intelligences qui, dans le

cas qui nous occupe, n'ont été pleinement satisfaites que par l'explication suivante :

La déformation de l'élément ABCD (fig. 22) est considérée comme composée de deux glissements égaux, rectangulaires, parallèles aux deux couples $(T, T') (T_1, T_1')$, c'est-à-dire suivant AB et BC, et d'une rotation autour de l'axe A. Par le premier glissement, ABCD devenant ABC_1D_1, et $AB_1C_1'D_1$ par le second ; enfin l'élément est amené en $AB_2C_2D_2$ par la rotation autour de A, ces glissements et cette rotation se produisant simultanément, la rotation étant due à la supériorité du couple (T, T') sur le couple (T_1, T_1') pendant la déformation, et le glissement total étant la somme des glissements produits par chacun des deux couples.

Pour une déformation infiniment petite, les angles DAD_1, $C_1'C_1D_1$ sont infiniment petits, les dilatations BB_2 et la distance de D_2C_2 à DC sont infiniment petites du troisième ordre, AB étant du premier, ce qui revient à dire que B_2 et B se confondent, que la ligne D_2C_2 se confond avec DCC, et que le glissement total DD_2 est la somme de glissements DD_1 ; D_1D_2 produits par chacun des deux couples.

A tous les déplacements et glissements, il faudrait encore ajouter une rotation de tout l'élément autour de l'axe de torsion, AB n'étant généralement pas fixe, comme nous l'avons supposé.

Nous allons montrer maintenant, par un exemple, qu'un même développement de forces élastiques peut être le résultat de déformations très différentes.

Il sera démontré par la suite que, dans les dilatations élastiques d'un cylindre creux soumis à une pression intérieure, les forces élastiques développées sont toutes situées dans le plan des sections droites, les forces principales étant une pression suivant le rayon et une tension perpendiculaire au plan diamétral. La traction est toujours supérieure à la compression, mais la différence est d'autant moindre que le cylindre est plus épais. Lorsque l'épaisseur est infinie, la pression et la traction sont égales, l'ellipsoïde se réduit à une circonférence, et, au point de vue du développement de forces élastiques, le cas de la dilatation de ce cylindre creux est identique à celui de la torsion. Les déformations générales sont pourtant bien différentes ; cela tient à ce que, dans l'un des cas, ce sont les sections droites qui ne sont soumises à l'action d'aucune force, tandis que dans l'autre ce sont les surfaces cylindriques parallèles à la surface extérieure. Si la déformation est très petite, elle est la même pour les éléments correspondants des deux cylindres dilatés et tordus ; l'élément *abcd* (fig. 21) incliné à 45° sur les forces principales est soumis aux mêmes couples tangentiels que l'élément ABCD (fig. 22) de la barre tordue ; l'un devient $a_1b_1c_1d_1$, l'autre $AB_2C_2D_2$; la petite déformation subie par chacun d'eux est la même, mais les déplacements sont tout différents ; le premier a été transporté parallèlement au rayon de la section droite, et n'a subi qu'une translation, tandis que l'autre a tourné d'abord autour de l'axe A, et ensuite autour de l'axe général de rotation. Si l'on considère au contraire les éléments limités par les faces normales aux forces principales, on verra de même que dans l'un des cas l'élément tourne, tandis qu'il n'éprouve qu'une translation dans l'autre.

De plus, dans le cylindre dilaté, ce sont toujours les mêmes éléments qui sont pressés et tirés normalement ; tandis que dans la torsion, les éléments sollicités par les forces principales changent à chaque instant. Au contraire, les éléments de section droite sont constamment soumis à l'action de forces tangentielles dans le cylindre tordu, tandis que les éléments à 45° des plans diamétraux des cylindres dilatés, qui sont sollicités par ces forces tangentielles, varient à chaque instant.

Il résulte de là qu'une déformation, non plus très petite mais quelconque, sera le résultat des déformations et déplacements, soit de certains éléments, toujours les mêmes, soit d'éléments variables venant successivement occuper les mêmes positions relativement aux forces principales. Deux éléments, tels que $a_1b_1c_1d_1$ et $AB_2C_2D_2$, considérés dans certains corps très déformés, peuvent bien être sollicités par les mêmes forces élastiques, mais ils auront subi, dans la suite des déformations successives, des déformations très différentes.

§ 18. — Déformations élémentaires. — Glissement et densité.

On appelle *densité en un point* le rapport du poids au volume d'un élément solide infiniment petit, contenant le point considéré.

Il est bien évident que les glissements ne font aucunement varier la densité, puisque, dans tout glissement subi par un élément parallélipipédique, deux faces et leur distance restent constantes. Inversement, toute déformation élémentaire sans changement de densité peut être considérée comme résultant de glissements, car deux parallélipipèdes équivalents peuvent toujours devenir superposables après des glissements convenables.

Il résulte de là que toute déformation générale, dans laquelle la densité aux différents points est invariable, pourra être considérée comme résultant des déplacements et déformations des éléments, ces déformations se réduisant à de simples glissements.

Toutes les fois qu'en un point il y a à la fois pression et traction, il existe un cône ou des plans de glissement, et par suite un élément parallélipipédique, limité par les plans tangents au cône de glissement dont les faces ne sont sollicitées que par des forces tangentielles. Résulte-t-il de là que le volume de cet élément est invariable, et qu'en tout point où il y a pression et tension simultanées, la densité ne varie pas ?

La *densité mathématique* en un point, telle qu'on la définit dans la théorie des moments d'inertie et dans les théories physiques-mathématiques, n'a de signification qu'à la condition de considérer la matière comme continue, ce qui, en réalité, exclut toute variation de volume. Or, cette variation existe ; on la constate : dans le refroidissement, par xemple. Force est donc de considérer la matière comme discontinue. Que devient, dans ces conditions, la densité en un point, la densité d'un *élément infiniment petit?* Elle est nulle ou finie, suivant la position du point, suivant que l'élément est vide ou formé de la matière pondérable des molécules.

Au point de vue physique, la densité doit être considérée comme rapport du poids au volume d'un *solide très petit,* mais cependant assez grand pour contenir proportionnellement autant de matière pondérable qu'un solide de dimensions quelconques.

La *densité physique* en un point, ou plus exactement dans une petite zone, est donc celle d'un parallélipipède très petit, mais non infiniment petit. Les faces d'un tel solide, même dans le cas où il existe un cône de glissement dans la zone considérée, n'étant pas infiniment petites, ne sont pas en tous leurs points sollicitées par des forces tangentielles, mais seulement par des forces dont les composantes normales peuvent être très petites. Il existe peut-être certains cas exceptionnels, comme celui de la torsion des cylindres de révolution, dans lequel on trouve des éléments orthogonaux finis, dont les faces sont sollicitées en tous points par des forces tangentielles ou nulles ; mais en général, la direction des forces principales, et par conséquent des cônes de glissement, change d'un point à l'autre, et toute face finie, quoique très petite, est sollicitée par des forces variables en grandeur et en direction d'un point à l'autre. Supposons, par exemple, qu'au point considéré il y ait une pression et deux tractions principales, le parallélipipède tangent au cône de glissement sera oblique et sa

grande diagonale sera d'autant plus longue relativement
au volume du petit solide, que celui-ci sera plus oblique,
ou que la pression principale sera plus petite relativement
aux tractions. Dans ces conditions, la variation de volume
provenant de ce que les forces qui sollicitent les faces
du parallélipipède ne sont pas absolument tangentielles,
pourra devenir considérable.

Enfin, la densité variera toujours lorsque toutes les
forces seront de même sens, qu'il y ait d'ailleurs une,
deux ou trois compressions principales.

Les mêmes considérations peuvent, jusqu'à un certain
point, s'appliquer aux *corps poreux*, criblés de petites cavités appréciables à l'œil ou au microscope et uniformément
disséminées dans la masse.

Dans ce cas, le volume élémentaire qu'il faudra considérer au point de vue de la densité, aura toujours une étendue assez grande et les variations de densité seront en
rapport avec la grandeur des faces de l'élément.

C'est un fait d'expérience, en effet, que la densité des
corps poreux tels que le cuivre, le bronze coulés, peut être
augmentée très sensiblement par des pressions exercées
à la surface et spécialement par des pressions en tous sens.
Mais le volume ne peut diminuer indéfiniment ; aussi, l'expérience le constate, un très grand nombre de corps, particulièrement les métaux travaillés mécaniquement, ne
sont susceptibles que de variations de densité très petites
et quelquefois impossibles à mesurer. Lorsque la déformation est petite, la variation de volume peut être de l'ordre
de grandeur des variations linéaires ; c'est ce qui arrive
dans les petites tractions ou compressions élastiques des
métaux, et probablement d'une façon plus sensible dans
les tractions ou compressions en tous sens. Mais il nous
a été impossible de constater une *variation permanente de
densité* sur les métaux ayant préalablement subi un travail
mécanique énergique, même en opérant sur des parties

ayant subi de très fortes tractions ou compressions en tous sens, comme la partie centrale du fuseau de traction, ou de l'éprouvette de compression longitudinale.

Dans notre opinion, les corps qui, comme les métaux travaillés, sont susceptibles de très grandes déformations permanentes et de très petites déformations élastiques, ne peuvent éprouver que des *variations de densité petites et élastiques,* c'est-à-dire non permanentes. Les déformations produites par traction ou par pression en tous sens et ne différant pas trop entre elles, sont toujours très petites et les efforts correspondants très grands. Lorsque les déformations sont grandes, *la densité reste sensiblement invariable* et l'on peut, par suite, regarder *les grandes déformations comme se composant uniquement de glissements ;* les glissements pourront d'ailleurs être considérés comme ayant lieu dans telle direction qu'on voudra, à la condition d'ajouter à cette déformation une rotation convenable de l'élément ; ce qui facilitera beaucoup l'étude des grandes déformations, comme on le verra par la suite.

Quant à la direction du maximum de glissement, se confond-elle avec les génératrices du cône de glissement, est-elle à $45°$ ou $\left(45 \pm \dfrac{\varphi}{2}\right)°$ des forces principales, comme les composantes tangentielles maxima ou les composantes des forces de rupture ? Nous l'ignorons.

§ 19. — Équation d'équilibre et coefficients d'élasticité, dans l'hypothèse de l'indépendance des petits effets des forces élastiques ([1]).

L'expérience fait connaître les relations qui existent entre les petites déformations et le développement corres-

---

([1]) Nous rappelons que les *forces élastiques* sont appliquées à des éléments plans de la surface d'un solide ; en quoi elles diffèrent grandement des *forces appliquées à un point matériel.* A ces dernières seulement s'applique le principe de l'*indépendance des effets des forces* ou loi de Galilée, l'un des trois principes qui servent de base à la mécanique rationnelle. En ce qui concerne le principe de l'indépendance des effets des forces élastiques sur lequel reposent toutes les théories mathématiques de l'élasticité, nous renvoyons aux §§ 4 et 21.

pondant de forces élastiques, dans quelques cas particuliers : la traction, la compression et la torsion simples ; les forces élastiques, agissant sur un élément convenablement choisi, se réduisent alors, soit à deux forces normales N, soit à deux couples tangentiels T. L'expérience montre que, dans ces conditions, les petits glissements γ sont proportionnels aux forces tangentielles T, les petits allongements ou raccourcissements i et les contractions ou dilatations transversales c, à l'intensité des forces normales N ; elle permet de mesurer les coefficients d'élasticité, savoir :

Le *coefficient de glissement* μ, rapport des forces tangentielles aux glissements :

$$T = \mu.\gamma$$

Les *coefficients d'élasticité de traction et de compression* E, rapports des forces normales aux allongements ou raccourcissements, dont on admet, peut-être sans preuves suffisantes, l'égalité :

$$N = E.i$$

Les *coefficients de dilatation et de compression transversales* K, rapports, relativement aux allongements ou raccourcissements, des variations linéaires perpendiculaires aux forces normales N ; on admet de même l'égalité de ces deux coefficients :

$$c = K.i$$

Nous savons qu'un élément cubique en équilibre est généralement sollicité sur ses six faces par des forces qui se réduisent à trois paires de forces normales et trois paires de couples tangentiels égaux et de sens contraires. Si l'on admet l'*indépendance des petits effets des forces élastiques*, le développement de chacune de ces paires de forces ou de couples sera accompagné des mêmes déformations que si chacune de ces forces agissait isolément. Or, ces déformations composantes sont déterminées par les trois coefficients, μ, E, K ; nous pouvons donc écrire immédiatement les équations d'équilibre.

Soit ox, oy, oz, les axes de coordonnées parallèles aux arêtes du cube élémentaire considéré ;

N_x, N_y, N_z, les composantes normales parallèles aux trois axes ;

T_x, T_y, T_z, les composantes tangentielles perpendiculaires aux trois axes.

Les couples intérieurs, tels que T_x perpendiculaire à ox, sont accompagnés de glissements (γ_{xy-y}) des faces xoy dans la direction oy, et (γ_{xz-z}) des faces xoz dans la direction oz ; on aura donc :

$$T_x = \mu\,(\gamma_{xy-y} + \gamma_{xz-z})$$

ou, en désignant par γ_x, γ_y, γ_z la somme des glissements perpendiculaires à ox, oy, oz :

$$\begin{cases} T_x = \mu\gamma_x \\ T_y = \mu\gamma_y \\ T_z = \mu\gamma_z \end{cases}$$

Chacune des forces normales, telle que N_x, est accompagnée d'un allongement ou raccourcissement i_x et d'une contraction ou dilatation transversale c_x :

$$N_x = E.\,i_x \qquad c_x = K.\,i_x$$

La variation linéaire totale suivant ox sera :

$$\alpha_x = i_x - c_y - c_z = i_x - K\,(i_y + i_z)$$

La variation cubique de l'élément aura pour valeur :

$$\theta = (1+\alpha_x)(1+\alpha_y)(1+\alpha_z) - 1 = \alpha_x + \alpha_y + \alpha_z =$$
$$= (i_x + i_y + i_z)(1 - 2K)$$

c'est-à-dire à la somme des trois variations linéaires orthogonales, en négligeant les termes tels que $(\alpha_x\,\alpha_y)$ infiniment petits d'ordre supérieur aux α, infiniment petits du premier ordre.

En éliminant i_x entre ces diverses équations, on obtiendra la valeur de N_x en fonction des déformations linéaires α_x, α_y, α_z, etc., de la variation cubique θ de l'élément, et des deux coefficients E et K :

$$u_x = i_x - K(i_y + i_z) = i_x(1+K) - K(i_x + i_y + i_z) =$$
$$i_x(1+K) - \frac{K}{1-2K}\,\theta$$

$$i_x = \frac{\alpha_x}{1+K} + \frac{K\,\theta}{(1-2K)(1+K)}$$

$$N_x = E\,i_x = \frac{E}{1+K}\,\alpha_x + \frac{K\,E}{(1-2K)(1+K)}\,\theta$$

ou, en désignant par λ et ε les valeurs suivantes :

$$\lambda = \frac{K\,E}{(1-2K)(1+K)} \qquad \varepsilon = \frac{E}{1+K}$$

$$\begin{cases} N_x = \lambda\theta + \varepsilon\alpha_x \\ N_y = \lambda\theta + \varepsilon\alpha_y \\ N_z = \lambda\theta + \varepsilon\alpha_z \end{cases} \qquad \begin{cases} T_x = \mu\gamma_x \\ T_y = \mu\gamma_y \\ T_z = \mu\gamma_z \end{cases} \qquad \theta = \alpha_x + \alpha_y + \alpha_z$$

Ainsi sont exprimées les six composantes des forces élastiques sollicitant un élément cubique en fonction des déformations α et γ et des trois coefficients μ, λ, ε, ou μ, E, K.

Nous allons montrer qu'on peut réduire à deux les coefficients d'élasticité et donner aux équations d'équilibre la forme classique qu'elles affectent dans l'ouvrage de Lamé. Il suffit pour cela d'appliquer les formules précédentes au cas particulier de la torsion.

Si l'on considère l'élément cubique du cylindre tordu, qui est limité par les sections droites et les plans diamétraux et qui n'est sollicité que par des couples tangentiels T, les équations se réduisent à :

$$T = \mu\gamma$$

Si, d'un autre côté, on considère l'élément dont les faces à 45° des sections droites sont soumises, les unes à une traction N_x, les autres à une compression $- N_y$ normales, et dont le volume ne varie pas, on aura :

$$\theta = 0 \qquad N_x = \varepsilon\alpha_x \qquad N_y = \varepsilon\alpha_y \qquad N_z = 0$$

On a de plus :

$$N_x = - N_y = T$$

ou

$$\varepsilon\alpha_x = - \varepsilon\alpha_y = \mu\gamma$$

En jetant les yeux sur la figure 23, on aperçoit facilement la relation qui existe entre α_x et γ, d'où l'on déduit immédiatement le rapport cherché de ε à μ.

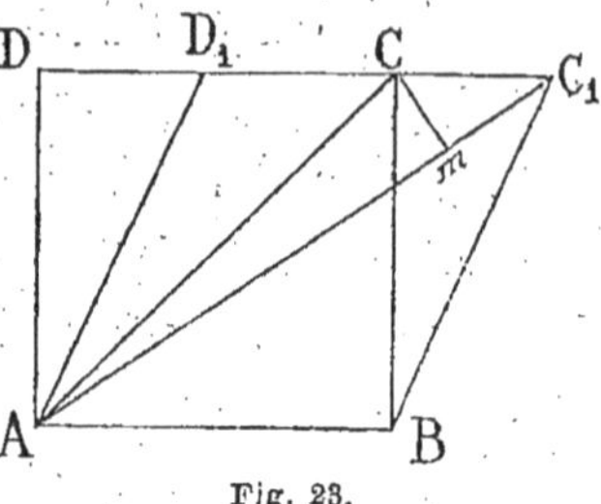

Fig. 23.

L'élément ABCD, limité par les sections droites AB, DC et les plans diamétraux AD, BC, devient ABC₁D₁ après une déformation infiniment petite ; le glissement γ a pour valeur :

$$\gamma = \frac{CC_1}{CB}$$

Le plan AC, à 45° des sections droites, qui est sollicité par une force normale $- N_y$, éprouve une dilatation α_x qui a pour valeur :

$$\alpha_x = \frac{AC_1 - AC}{AC} = \frac{C_1 m}{AC} = \frac{\dfrac{CC_1}{\sqrt{2}}}{BC\sqrt{2}} = \frac{CC_1}{2\,CB} = \frac{\gamma}{2}$$

On a donc :

$$\alpha_x = \frac{\gamma}{2}$$

et, d'après la relation $\varepsilon\alpha_x = \mu\gamma$:

$$\varepsilon = 2\mu$$

Les équations ont ainsi pour forme définitive :

$$
\begin{cases}
N_x = \lambda\theta + 2\mu\alpha_x \\
N_y = \lambda\theta + 2\mu\alpha_y \\
N_z = \lambda\theta + 2\mu\alpha_z
\end{cases}
\qquad
\begin{cases}
T_x = \mu\gamma_x \\
T_y = \mu\gamma_y \\
T_z = \mu\gamma_z
\end{cases}
\qquad \theta = \alpha_x + \alpha_y + \alpha_z
$$

Les coefficients d'élasticité réduits à deux sont :

Le *coefficient de glissement* μ ;

Le *coefficient de variation de volume* λ :

Lorsque la déformation a lieu sans changement de densité, les équations ne contiennent plus que le coefficient de glissement :

$$\begin{cases} N_x = 2\mu\alpha_x \\ N_y = 2\mu\alpha_y \\ N_z = 2\mu\alpha_z \end{cases} \qquad \begin{cases} T_x = \mu\gamma_x \\ T_y = \mu\gamma_y \\ T_z = \mu\gamma_z \end{cases} \qquad \theta = o$$

Comme $N_x + N_y + N_z = 2\mu(\alpha_x + \alpha_y + \alpha_z) = 2\mu\theta = o$, il faut que les forces normales soient de sens différents, c'est-à-dire qu'il y ait à la fois traction et pression.

Le coefficient de glissement des fluides doit être considéré comme nul, et les équations se réduisent dans ce cas à :

$$\mu = o \qquad T = o \qquad N_x = N_y = N_z = \lambda\theta$$

Il y a égalité de pression en tous sens. Cette égalité de pression ou traction en tous sens peut avoir lieu dans les solides ; dans ce cas, l'ellipsoïde d'élasticité devient une sphère et tout élément plan, passant au même point, est sollicité par la même force normale ; les équations d'équilibre sont alors :

$$T = o \qquad N_x = N_y = N_z \qquad \alpha_x = \alpha_y = \alpha_z = \frac{\theta}{2}$$

$$q = \frac{N}{\theta} = \frac{3\lambda + 2\mu}{3}$$

Tel est le *coefficient de compressibilité cubique q*, rapport de la pression ou traction normale exercée en tous sens à la variation de volume.

Lorsqu'un élément cubique est pressé sur deux de ses faces par une force normale N_x, et sur les autres par des forces N_y, N_z, telles que les déformations transversales ne changent pas, c'est le cas de la *compression en matrice invariable*, les équations prennent la forme suivante :

$$\alpha_y = o \qquad \alpha_z = o \qquad \theta = \alpha_x \qquad N_x = (\lambda + 2\mu)\,\alpha_x$$

$$N_y = N_z = \lambda\,\alpha_x$$

$$\frac{N_y}{N_x} = \frac{N_z}{N_x} = \frac{\lambda}{\lambda + 2\mu}$$

Le rapport $\dfrac{N_z}{N_x}$ est le rapport de la pression transmise normalement à la paroi de la matrice invariable à la pression exercée N. — Ce rapport, égal à 1 dans les fluides, est toujours inférieur à l'unité dans les solides, et d'autant plus petit que le coefficient de glissement μ est plus grand; il est compris entre la moitié et le tiers ; il devient évidemment bien plus petit si la matrice n'est pas absolument invariable.

D'après les valeurs des coefficients λ et ε en fonction de E et K,

$$\lambda = E \frac{K}{(1 + K)(1 - 2K)} \qquad \varepsilon = 2\mu = \frac{E}{1 + K}$$

on peut tirer celles de E et de K en fonction de λ et μ :

$$K = \frac{\lambda}{2(\lambda + \mu)} \qquad E = \mu \frac{3\lambda + 2\mu}{\lambda + \mu}$$

ou

$$\lambda (3\mu - E) = \mu (E - 2\mu)$$

Sous cette forme, cette relation montre que, les coefficients λ, μ, E étant essentiellement positifs, le coefficient de glissement μ doit être compris entre la moitié et le tiers du coefficient de traction E; car on ne peut avoir :

$$3\mu - E < o$$

et

$$E - 2\mu < o$$

Il faut que

$$3\mu - E > o$$

et

$$E - 2\mu > o$$

c'est-à-dire

$$3\mu > E > 2\mu$$

L'expérience paraît confirmer ce résultat.

Par des expériences très précises, Wertheim a mesuré le rapport de la contraction transversale à l'allongement de fils métalliques ; il en a déduit :

$$\mu = \frac{3}{8} E = 0,375 E \qquad \lambda = 2\mu$$

M. Cornu, opérant sur des tiges de verre, a trouvé :

$$\lambda = \mu \qquad \mu = \frac{2}{5} E = 0,4 E$$

Théorème de Clapeyron. Si l'on considère, dans un corps en déformation élastique, l'élément cubique $dx\,dy\,dz$ dont les faces $dx.dy — dy.dz — dz.dx$ sont sollicitées normalement par les forces principales a, b, c, on peut apprécier le travail de chacune de ces forces pendant la déformation. Le travail de la force a, par exemple, sera :

$$\frac{1}{2}\,adz\,dy\left\{\frac{a}{E} - \frac{K}{E}\,(b + c)\right\}dx$$

Le travail total de déformation de l'élément, somme des travaux des trois forces a, b, c, sera :

$$dT = \frac{1}{2}\,dx\,dy\,dz\left\{\frac{a^2 + b^2 + c^2}{E} - \frac{2K}{E}\,(ab + bc + ca)\right\} =$$

$$\frac{1}{2}\,dx\,dy\,dz\left\{\frac{(a + b + c)^2}{2} - \frac{2\,(K + 1)\,(ab + bc + ca)}{E}\right\}$$

et le travail total, travail de toutes les forces élastiques développées aux différents points du corps déformé, aura pour expression, en désignant par :

$$dv = dx.dy.dz$$

l'élément de volume, et en remarquant que

$$\frac{2\,(K + 1)}{E} = \frac{1}{\mu}$$

$$T = \int \frac{dv}{2}\left\{\frac{(a + b + c)^2}{E} - \frac{ab + bc + ca}{\mu}\right\}$$

Tel est le théorème de Clapeyron.

Lorsqu'en chaque point, une ou deux forces principales sont nulles, l'expression du travail intérieur devient :

$$c = o \qquad T = \int \frac{dv}{2}\left\{\frac{(a + b)^2}{E} - \frac{ab}{\mu}\right\}$$

$$b = o \qquad c = o \qquad T = \int \frac{dv}{2}\,\frac{a^2}{E}$$

§ 20. — Stabilité des déformations.

Quelles que soient les forces agissant sur un corps, pressions hydrauliques, tractions d'un ressort, frottement d'un coussinet, on peut toujours les remplacer, sans changer leur effet, par d'autres forces de même direction, de même intensité, appliquées aux mêmes points; par des poids, par exemple, agissant par l'intermédiaire de leviers convenablement choisis. Si les forces réellement agissantes sont variables, les poids ou les leviers correspondants devront varier de la même manière.

L'ensemble du corps déformé, des poids et leviers qui remplacent les forces réellement agissantes (fig. 24) sera

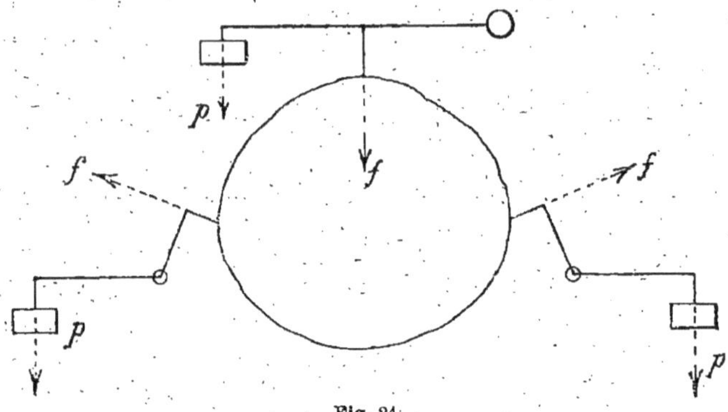

Fig. 24.

en équilibre stable, à un instant donné, si le centre de gravité est le plus bas possible, si la distance h de ce centre à un plan horizontal fixe est maxima. Or, on peut considérer les leviers comme équilibrés et de telles dimensions que les poids p soient incomparablement plus lourds que le corps déformé, et que le poids total Σp ne change pas, quelles que soient les variations des forces f. Dans ces conditions, le centre de gravité du système n'est autre que celui des poids p.

Soit dl le déplacement élémentaire du point d'application d'une force f à une certaine époque, ou, plus exactement, la projection du déplacement sur la direction de la force f, et dr le déplacement correspondant du poids p qui remplace f. On a :

$$p.dr = f.dl$$

et

$$\Sigma p.dr = \Sigma f.dl$$

la somme étant étendue à toutes les forces agissant à l'instant considéré.

En désignant par dh le déplacement correspondant du centre de gravité, on a :

$$dh.\Sigma p = \Sigma p.dr$$

ou

$$dh.\Sigma p = \Sigma f.\,dl$$

et enfin

$$h = \int \frac{\Sigma f.dl}{\Sigma p} = \frac{\Sigma \int f.dl}{\Sigma p}$$

Σp étant constante. La somme s'étend cette fois aux travaux élémentaires successifs de toutes les forces, depuis l'origine de la déformation, jusqu'à une époque déterminée quelconque ; la distance h est celle du centre de gravité au plan fixe à l'époque considérée. Cette distance doit être constamment maxima ; d'où cette conséquence :

Pour que les déformations soient stables, il faut que la somme des travaux de toutes les forces appliquées au corps déformé soit constamment maxima.

Exemple : un poids q guidé verticalement, comprimant une barre, produit un raccourcissement dont la valeur à un instant donné est l ; la suite continue des déformations sera stable à la condition que le travail $q.l$ soit constamment maximum, ou, si le poids q est invariable, à la condition que le raccourcissement l soit constamment maximum ; c'est pourquoi la barre se courbe lorsqu'elle est longue, les raccourcissements de la barre courbée étant plus grands que ceux qu'elle éprouverait si elle restait droite sous le même effort.

La déformation peut être produite par un travail déterminé ; telle est la compression longitudinale d'une barre sur une machine d'épreuve, une machine à manomètre à mercure, par exemple ; en agissant pendant un certain temps sur le compresseur, on produit un travail déterminé et une certaine déformation. En supposant le compresseur horizontal et dans le prolongement de la presse hydraulique, le système pesant composé de la machine et de la barre comprimée sera en équilibre stable à la condition que le niveau du mercure du manomètre soit constamment le plus bas possible. La barre comprimée offrira donc à chaque instant la moindre résistance possible ; elle se courbera ou restera droite, suivant sa longueur. De même une éprouvette de traction, en matière douce, prendra la forme d'un fuseau, se contractera, prendra le genre de déformation qui exige le moindre effort.

Les choses se passeront ainsi toutes les fois que les forces agissant sur le corps déformé pourront être équilibrées par une force unique. La déformation peut d'ailleurs être produite par une masse m animée d'une vitesse v ; le travail de déformation est à chaque instant égal à une fraction déterminée de mv^2. Dans ces circonstances :

Tout corps déformé par un travail déterminé offre, à chaque instant, la plus petite résistance possible.

Application du principe du travail maximum et de la plus petite résistance. — Le principe d'après lequel le travail des forces produisant une déformation stable doit être maximum, s'applique à une foule de questions ; il fournit souvent des solutions qu'il serait impossible de trouver sans son secours. A ce titre, il est plus important et plus original que le principe des forces vives, car celui-ci, malgré sa grande utilité, ne fournit que des solutions implicitement comprises dans les conditions générales d'équilibre.

Le principe du travail maximum ou de la moindre résistance, ne sert pas seulement à la détermination des conditions de stabilité des corps pesants ou des corps invariables soumis à l'action de forces quelconques, il détermine, dans certaines circonstances, les conditions essentielles du mouvement de solides variables, machines à liaisons, corps naturels, etc.

Dans les transmissions, il est bien clair que les courroies glisseront sur les poulies, ou entraîneront les poulies, suivant que la résistance à l'entraînement ou au glissement sera moindre que l'autre. Mais la question, dite de l'*adhérence* des locomotives aux rails, ne paraît pas aussi simple, et, ce qui arrive trop souvent, on a donné un nom au phénomène, croyant ainsi l'avoir expliqué.

Elle est pourtant identique à celle de la transmission par courroies : le frottement de glissement des roues sur les rails, comparé au frottement de roulement de tout le train et à la composante du poids du train parallèle à la rampe, détermine les conditions de translation ou de patinage. Nous trouverons plus loin, à l'occasion du passage au laminoir, une question du même genre.

Comme nous l'avons dit, ce principe de la stabilité explique les diverses espèces de déformations que prennent, dans certaines conditions, les corps solides naturels, c'est-à-dire formés de molécules liées entre elles par des forces dites moléculaires. Nous avons vu les éprouvettes longues se courber sous la compression, les éprouvettes de traction se rétrécir en forme de fuseau, de manière à n'offrir que la plus petite résistance possible ; c'est pour la même raison que les éprouvettes prismatiques se rétrécissent pendant la torsion, elles offrent ainsi moins de résistance, car les éléments les plus excentriques, qui subissent les plus grands glissements et opposent par suite les plus grandes réactions, disparaissent ; nous entendons par là, que leur excentricité diminue, et qu'ils viennent prendre la place d'éléments plus rapprochés de l'axe de torsion ; en fait, les éprouvettes se rapprochent d'autant plus de la forme circulaire qu'elles sont plus tordues.

La question de la réaction des appuis trouve souvent encore une solution dans l'application du principe du travail maximum.

Dans la flexion d'une barre horizontale supportée par deux appuis fixes et pressée, par exemple, en son milieu par un poids P, les conditions générales ne fournissent aucun renseignement sur l'intensité des composantes horizontales q, q (*fig.* 25) des appuis ; ces forces étant constamment égales, de sens contraires et directement opposées, la somme de leurs projections sur un axe quelconque et la

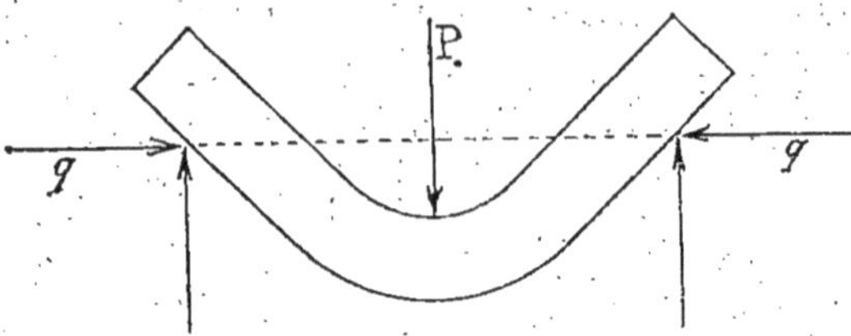

Fig. 25.

somme de leurs moments autour d'un axe sont toujours nulles.

La déformation étant stable, le travail de toutes les forces extérieures doit être maximum ; comme celui des réactions est nul à cause de la fixité des points d'application, il faut que le travail du poids P soit maximum, ou que la flèche soit constamment maxima. Or, les réactions horizontales (q, q) ou compressions longitudinales peuvent contribuer à l'augmentation de la flèche, lorsque la barre est déjà courbée. Ainsi s'explique le développement de ces composantes horizontales, développement d'autant plus grand que la barre est plus courbée.

En général, toute déformation est accompagnée d'une variation de chaleur, d'une variation de forces vives des molécules. Le travail extérieur étant équivalent au travail de la déformation et à la variation des forces vives des molécules, c'est la somme de ces deux valeurs qui doit être maxima dans une déformation stable.

La déformation peut encore être produite par un travail mécanique et une certaine quantité de chaleur extérieure, le principe du travail maximum est toujours applicable, quelle que soit la déformation, quels que soient les changements d'état physique.

Ce principe s'applique enfin aux déformations plus intimes encore, qui constituent les actions chimiques, les corps étant considérés comme composés d'atomes liés entre eux par des forces atomiques (affinité). Les réactions qui donnent naissance à un *composé stable* (non détonant), c'est-à-dire ne se décomposant pas sous l'influence d'une très petite variation dans son état physique ou chimique, sont accompagnées d'un *dégagement de chaleur maximum*. Tel est le grand principe de la *mécanique chimique* fondée par M. Berthelot.

§ 21. — Considérations sur les recherches expérimentales relatives au développement des forces élastiques.

Les résultats de toute expérience sur la déformation des corps solides se réduisent à l'observation ou la mesure :

1° Des déformations, soit extérieures, soit des diverses parties ;

2° Des forces extérieures correspondant à une déformation quelconque, et, en particulier, à la limite d'élasticité et à la rupture ;

3° Des cassures.

L'expérimentateur a donc pour but immédiat d'arriver à la connaissance, non pas absolue, mais *approximative*, des déformations en tous sens et aux divers points, et de l'intensité et de la direction de toutes les forces extérieures ; le degré d'approximation étant en rapport avec le degré d'homogénéité des matières expérimentées. Cette connaissance, si complète qu'elle soit, ne renseigne guère sur le développement des forces élastiques aux divers points du corps déformé. Nous savons bien que les forces élastiques agissant sur toute section CD divisant un corps déformé en deux parties A et B (fig. 1) doivent faire équilibre aux forces extérieures appliquées à l'une de ces parties ; mais cette condition ne fournit que six équations absolument impuissantes à déterminer les forces élastiques, si l'on ne connaît pas la loi de leur répartition, tant en grandeur qu'en direction, sur la section considérée CD.

C'est non seulement par l'étude des déformations *successives* produites par des efforts croissants, qu'on se rendra compte de cette répartition, mais encore et surtout par la *comparaison* des résultats obtenus dans des circonstances analogues, mais différentes. Aussi considérons-nous comme principaux procédés d'expérimentation :

1° L'expérimentation au moyen d'éprouvettes de diverses formes et dimensions soumises à différents genres d'efforts ;

2° L'expérimentation au moyen d'éprouvettes sectionnées, percées soit avant, soit pendant la déformation, ou portant à la surface des traits, colorations, points de repère, etc. ;

3° L'expérimentation d'une matière choisie, homogène ou hétérogène, jouissant de propriétés particulières propres à dévoiler la solution cherchée.

Dans le cas le plus simple, celui de la simple traction, dans laquelle le corps de l'éprouvette est et reste cylindrique ou prismatique, on est autorisé à considérer la tension comme normale et uniformément répartie sur les sections droites, non par le fait que l'éprouvette reste prismatique, mais par cet autre résultat de l'expérience que dans le cas où les éprouvettes conservent la forme prismatique, les déformations correspondant aux mêmes efforts rapportés à l'unité de surface, sont les mêmes, quelles que soient la forme prismatique et les dimensions des éprouvettes.

Il est clair, en effet, que, d'après ces résultats, tout élément de section droite peut être considéré isolément comme supportant une tension normale proportionnelle à sa surface.

Dans la simple torsion, le fait que l'éprouvette, cylindrique de révolution, ne change ni de forme, ni de dimensions, que les rayons restent droits, prouve que les éléments de section droite ne font que glisser les uns sur les autres ; mais il faut expérimenter avec des éprouvettes de différents diamètres pour reconnaître que la courbe de torsion est indépendante des dimensions de l'éprouvette et que, par suite, chaque élément de section droite peut être regardé comme sollicité par une force tangentielle dont la valeur, en fonction du glissement, est indiquée par la courbe que nous avons appris à déduire des courbes de torsion [1]. La longueur est invariable, quelle que grande que soit la torsion et quelles que soient les dimensions de l'éprouvette ; on peut en conclure, puisque la somme des projections de toutes les forces sur l'axe est nulle, qu'il n'existe aucune composante normale sollicitant les éléments de section droite. (On a contesté l'invariabilité de la longueur pendant la torsion ; les variations observées tiennent, soit à l'échauffement de l'éprouvette tordue plus ou moins rapidement, soit à la non-homogénéité de la matière expérimentée.)

La flexion simple des prismes rectangles, caractérisée par le fait que les sections droites restent planes et droites, est limitée, comme nous le verrons, à la période dans laquelle les faces latérales restent planes et les deux autres faces cylindriques sans courbure transversale. Il est possible, quoique très difficile, si l'on veut quelque précision, de mesurer les allongements i_1 et les raccourcissements i_2 maximum, correspondant à un moment de flexion M [2], en déterminant, au moyen d'une série de gabarits, ou par tout autre procédé, la courbure d'une partie d'un prisme rectangle fléchi circulairement et la position de la fibre neutre ou de la couche d'épaisseur invariable. Connaissant une partie de la courbe de simple traction, on aurait les diverses valeurs de S et, par suite, de $S_1 = S$, et des variations $\Delta S = \Delta S_1$ correspondant à Δi_1 et Δi_2. On pourrait de la sorte obtenir quelques points de la courbe de simple compression ; mais le fait admis que, dans la flexion simple et circulaire, il n'y a de développées que de simples trac-

---

[1] Duguet, *Déformation des corps solides*, première partie, n° 53.
[2]   Idem,   n° 38.

tions et compressions normales sollicitant les sections droites, ne peut être justifié que par la concordance des courbes
de simple compression, déduites de la flexion de prismes
de diverses largeurs et épaisseurs. -

Nous savons d'ailleurs que les courbes déduites des expériences de compression directe ne représentent nullement la compression simple.

En général, les déformations résultant d'efforts simultanés diffèrent complètement de celles qui seraient produites par les mêmes efforts agissant successivement ; en
sorte que la connaissance, même complète, des courbes de
traction et de compression simples, ne suffirait nullement
à la détermination des déformations produites par des forces quelconques, c'est-à-dire lorsque le corps ou l'élément
solide est sollicité par plusieurs forces agissant simultanément en divers sens. La courbe de glissement, qui n'est
autre que celle des dilatations et des contractions produites
par une traction et une pression égales agissant simultanément dans deux directions rectangulaires, comparée à la
courbe de simple traction, suffit pleinement à le prouver.

Toutes les théories relatives aux petites déformations
élastiques sont basées sur le principe de l'indépendance
des petits effets des forces élastiques. L'exactitude de cette
hypothèse ne peut être vérifiée que par la mesure des
déformations du corps soumis à l'action simultanée de
divers efforts. Or, la déformation très petite d'un prisme,
quel qu'en soit le genre, pourvu que le corps conserve
la forme prismatique, est complètement déterminée par les
variations de longueur de trois arêtes. Soit donc un prisme
soumis sur ses six faces à l'action de trois paires de forces
normales, tractions ou pressions, et désignons par E_1, E_2, E_3
et K_1, K_2, K_3 les coefficients d'élasticité et de dilatation ou
contraction transversales des trois forces sollicitant *actuellement* le prisme. Il est bien évident que les variations de
longueur des trois arêtes sont absolument insuffisantes à
déterminer les valeurs de ces six coefficients ; on peut donc

donner à trois d'entre eux telles valeurs qu'on voudra, par exemple supposer :

$$E_1 = E_2 = E_3 = E \cdot$$

E étant le coefficient de simple traction, et l'on fera ainsi, non une hypothèse gratuite, mais une convention légitime. Dans ces conditions, on pourra déterminer expérimentalement les valeurs des coefficients d'élasticité transversale. Si ces valeurs sont égales entre elles et à celle du coefficient k de contraction transversale dans la traction simple, le principe de l'indépendance des petits effets des forces élastiques sera justifié ; il sera infirmé dans le cas contraire.

On conçoit parfaitement que l'expérience soit possible dans des conditions quelconques, quels que soient les valeurs et le sens des trois forces a, b, c, sollicitant le prisme ; mais actuellement, on n'a réalisé pratiquement que le seul cas de la torsion où $a = -b$ et $c = o$.

En supposant dans ce cas $E_1 = E_2 = E$, on trouve :

$$K_1 = K_2$$

et

$$E = 2\mu (1 + K_1)$$

On peut mesurer les coefficients E et μ d'élasticité de traction et de glissement, et en déduire la valeur de K_1 ; mais, il ne faut pas s'y tromper, le coefficient K_1 est relatif à l'action simultanée d'une pression et d'une traction égales et rectangulaires ; si l'on supposait $K_1 = K$; K étant le coefficient de contraction relatif à la simple traction, c'est alors qu'on ferait une hypothèse gratuite. Il faut mesurer E et K par des expériences de traction simple, μ par des expériences de torsion, en déduire K_1 et comparer les valeurs de K_1 à celles de K ; et non pas, comme on l'a fait jusqu'ici, mesurer la valeur de ces coefficients, soit par traction pour certaines matières, soit par torsion pour d'autres, en confondant K et K_1 et les considérant comme ayant une même valeur pour chaque matière. Ces deux coefficients doivent être mesurés distinctement ; encore faut-il, pour que les résultats

aient une valeur positive, que les expériences de traction
et de torsion soient faites sur des matières homogènes
chimiquement et physiquement ; il faut prendre les éprouvettes dans de gros blocs dont on aura vérifié l'homogénéité
en tous sens ; les barres forgées, les fils étirés à la filière ne
possèdent généralement pas le genre d'homogénéité indispensable pour la comparaison des résultats des diverses
épreuves.

Nos nombreuses expériences sur l'acier nous ont montré
que le coefficient de glissement μ différait peu de 7 000 kil.
par millimètre ; d'autre part, on admet que le coefficient
de traction E est égal à environ 20 000 kil., ce qui concorde assez bien avec les résultats de nos expériences. Il
résulterait de là que, pour les fers et aciers, le rapport des
deux coefficients $\frac{\mu}{E}$ serait égal à $\frac{1}{3}$. La valeur de K_1 serait
ainsi $\frac{1}{2}$, très différente de la valeur $K = \frac{1}{3}$, résultat des
expériences de Wertheim sur la traction des fils métalliques.
Assurément nos expériences n'ont pu avoir une précision
que ne comportent pas les machines d'épreuves ; elles n'ont
pas été faites dans le but de mesurer les coefficients d'élasticité. Quoi qu'il en soit, l'inégalité des valeurs des
coefficients K et K_1, que nous venons de signaler, donne à
réfléchir sur le principe de l'indépendance des petits effets
des forces élastiques. La comparaison des résultats des
expériences de traction et de torsion mérite d'attirer l'attention des physiciens et se présente comme un sujet d'étude
intéressant à ceux qui ont les moyens matériels d'entreprendre un tel genre d'expérience.

L'étude des déformations des corps solides présente
certainement une grande complication, la plus grande peut-
être de la physique ; cela tient à ce qu'elle se rapporte direc-
tément à l'action moléculaire, très simple dans les gaz, mais
qui n'acquiert toute sa variété, sa généralité que dans les
changements d'état physique, les déformations des solides,
les actions chimiques et surtout dans la vie des substances

organiques. Cette complication exclura presque toujours le secours du mode algébrique ; et l'étude des déformations, à mesure qu'elle deviendra plus complète, sera de plus en plus physique et de moins en moins mathématique.

Il est bien certain que l'effet des forces simultanées (au moins dans le cas des déformations permanentes) est tout différent de celui des mêmes forces agissant successivement ; d'un autre côté, il serait aussi chimérique qu'inutile, à tous les points de vue, de chercher, sous prétexte de traiter complètement la question, à dresser des tableaux ou des courbes donnant les déformations relatives à des séries de pressions ou de tractions agissant simultanément. Actuellement, on conçoit difficilement les moyens expérimentaux propres à établir de tels résultats empiriques ; d'ailleurs, l'étude générale des déformations ne saurait être conduite fructueusement sans le secours d'une théorie, d'une hypothèse, fût-elle inexacte, au sujet des relations qui existent certainement entre les effets des actions simultanées et ceux des actions successives. Ces résultats connus, la question ne serait nullement résolue ; jamais, en effet, la déformation ne suffira à déterminer les forces qui l'ont produite, pas plus qu'une résultante ne fera connaître la direction, le sens et l'intensité de ses composantes.

Prenons, par exemple, un élément cylindrique d'un corps de révolution déformé par des efforts symétriquement disposés relativement à l'axe ; exemple très simple, si l'élément est lui-même situé sur l'axe, car l'ellipsoïde d'élasticité est de révolution, ce qui veut dire que l'élément est tiré ou comprimé longitudinalement et soumis transversalement à des forces égales dans toutes les directions ; la question se réduit donc à la détermination des intensités de deux forces normales, l'une longitudinale, l'autre transversale. — L'expérience déterminera les déformations de l'élément, non d'une façon absolue, mais seulement avec une certaine *approximation*. D'un autre côté, nous avons appris par de très nombreuses expériences que la densité devait être regardée comme sensiblement constante ; dès lors, la déformation longitudinale connue, la variation de section droite s'en déduira immédiatement, quelle que soit la valeur des efforts ayant produit la déformation ; ces efforts pouvant être un système de tractions ou de compressions en tous sens, ou se réduire à une simple traction ou compression.

La connaissance des déformations seules est donc incapable d'éclairer complètement sur le développement des forces intérieures ; nous avons d'ailleurs constaté l'impuissance de la connaissance des forces extérieures à la solution de la même question. Les seuls procédés d'investigation, en cette matière, consistent donc, comme nous l'avons dit au commencement de ce paragraphe, dans l'*observation comparée* des déformations et des forces extérieures, dans des cas différents mais analogues, faite au moyen d'expériences variées sur des éprouvettes de formes et de dimensions diverses, et dans l'examen de la *succession continue* des déformations d'un même corps soumis à l'action d'efforts croissants. — Ils suffiront généralement à déterminer, sinon en quantité, au moins comme direction et sens, les forces élastiques développées aux différents points ; l'observation des *cassures* servira de contrôle et sera même souvent indispensable pour la détermination du sens de certaines forces de rupture [1].

Nous pourrons ainsi reprendre l'étude de détail des déformations spéciales qui se produisent le plus fréquemment dans l'industrie, soit en fabrication, soit en construction, et déterminer les conditions du contrôle des essais mécaniques. Les premières études devront être faites sur des éprouvettes de révolution, cylindriques et homogènes ; on

---

[1] L'observation des cassures de certaines matières hétérogènes choisies et déformées dans des conditions appropriées au but qu'on se propose, donnera souvent de très utiles renseignements. Par exemple : si l'on déforme symétriquement une éprouvette de fer ou d'acier corroyé, de fer à mises, ayant ses surfaces de soudure dans les plans de symétrie, la rupture suivant ces plans indiquera le développement de *tractions* dans la zone où elle se produit.

cherchera d'abord à se rendre compte du développement des forces élastiques sur l'axe, sur les plans de symétrie, à la surface libre, sur les bases ; la détermination de la direction, du sens et de l'intensité des forces en un point quelconque, sera toujours le résultat d'une espèce d'interpolation.

On étudiera ensuite les déformations des prismes homogènes, dont les arêtes vives sont constamment soumises à une force unique, traction ou compression simple, agissant dans la direction de la tangente ; les déformations des corps hétérogènes, tels que les bois, les pierres, les métaux travaillés mécaniquement, c'est-à-dire ayant subi de grandes déformations préalables. En dernier lieu, nous pourrons aborder la question du travail mécanique lui-même.

APPLICATIONS

CHAPITRE VI.

COMPRESSION. — TRACTION. — FLEXION.

§ 22. — Limite d'élasticité apparente de compression.

Nous avons expliqué au chapitre précédent (§ 20) qu'un corps quelconque, pressé entre deux plaques parallèles, se déforme de telle façon que la distance de ces deux plaques est constamment minima.

Dans le cas particulier de la compression longitudinale d'un prisme droit [1], la déformation est une simple flexion élastique, toutes les fois que le raccourcissement général provenant de cette flexion est plus grand que celui que prendrait la barre maintenue droite, sous le même effort. Le plus petit effort capable de fléchir la barre est, dans ces conditions :

$$Q = \frac{\varpi^2}{l^2}\, E.I$$

I étant le plus petit moment d'inertie de la section droite relativement à un axe situé dans son plan et passant par son centre de gravité; l, la longueur du prisme; E et ϖ, le coefficient d'élasticité et le rapport de la circonférence au diamètre.

Dans le cas où le prisme est rectangulaire :

$$I = \frac{1}{12}\, a.b^3$$

b étant le plus petit côté de la section.

---

[1] Duguet, *Déformation des corps solides*, 1re partie, no 44.

La barre se fléchira perpendiculairement au plus grand côté a, sous tout effort supérieur à :

$$Q = \frac{\varpi^2}{l^2}\, E\, \frac{ab^2}{12}$$

ou :

$$q = \frac{Q}{a.b} = \frac{\varpi^2 E}{12} \left(\frac{b}{l}\right)^2$$

q étant la charge par unité de superficie de la base du prisme.

Ces considérations ne s'appliquent qu'aux cas où les déformations sont entièrement élastiques, aux cas où q est inférieur à la limite d'élasticité de compression $\mathcal{P}$.

Lorsque la condition suivante sera remplie :

$$\left(\frac{b}{l}\right)^2 < \frac{12}{\varpi^2}\, \frac{\mathcal{P}}{E}$$

la barre fléchira avant d'éprouver une déformation permanente ; et alors, la *limite de compression du prisme*, c'est-à-dire la charge capable de le déformer d'une façon permanente, sera très différente de la *limite de compression* proprement dite $\mathcal{P}$, et d'autant moins élevée que le rapport $\left(\frac{b}{l}\right)$ sera plus petit.

Si une longue barre est susceptible d'être *fléchie* par une compression longitudinale assez énergique, une barre courte peut, dans des conditions analogues, être *courbée* ; mais cette *courbure* est toute différente de la *simple flexion*.

La plupart des corps solides, les métaux particulièrement, ont des déformations élastiques extrêmement petites relativement aux déformations permanentes. Ainsi, un prisme comprimé éprouve des raccourcissements, d'abord, élastiques très petits et qui deviennent beaucoup plus grands lorsque la limite d'élasticité est dépassée.

Les grandes déformations étant les seules stables, il résulte de là que la *limite d'élasticité du prisme*, la *limite d'élasticité apparente de compression*, sera la plus petite possible et que, par suite, les circonstances accidentelles capables d'abaisser cette limite se produiront toujours. Que les bases du prisme comprimé, par exemple, éprouvent un déplacement dans leur plan : le prisme se courbera et la limite d'élasticité apparente sera abaissée; c'est ce qui arrive en réalité (¹). Si petit que soit ce déplacement, il donne toujours naissance à un frottement; dès lors, les bases ne sont plus soumises à une pression normale, mais à une pression oblique, ayant pour composantes normale et tangentielle q et $f'q$. En répétant les raisonnements du § 7, on voit

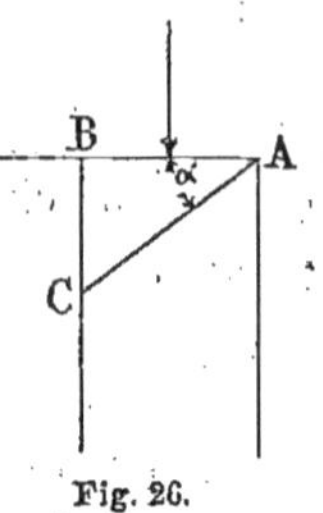

Fig. 26.

que tout élément AC (fig. 26) incliné de α sur les bases est sollicité par une force (T,N) déterminée par les conditions suivantes :

$$\text{T. AC} = \text{AB} (q \sin \alpha + f'.q. \cos \alpha) = \frac{\text{AB.} q}{\cos \varphi} \sin (\alpha + \varphi')$$

$$\text{N. AC} = \text{AB} (q \cos \alpha - f'.q. \sin \alpha) = \frac{\text{AB.} q}{\cos \varphi} \cos (\alpha + \varphi')$$

La limite d'élasticité sera dépassée lorsque le maximum de $(T - fN)$ sera supérieur à la limite du glissement G.

Dans le cas où le prisme et les appuis sont métalliques, on a :

$$f = f' = 0,17 \qquad \varphi = \varphi' = 10°$$

$$T - fN = \frac{q \cos \alpha}{\cos \varphi} \left| \sin (\alpha + \varphi) - f \cos (\alpha + \varphi) \right| = \frac{q. \cos \alpha}{\cos^2 \varphi} \sin \alpha =$$

$$\frac{q}{2 \cos^2 \varphi} \sin 2 \alpha$$

dont le maximum a lieu pour :

$$\sin 2 \alpha = 1 \qquad \alpha = 45°$$

et a pour valeur :

$$T - fN = \frac{q}{2 \cos^2 \varphi}$$

<hr>

(¹) Duguet. *Déformation des corps solides*, 1 ᵉ partie, nᵒ 28.

La *limite d'élasticité apparente de compression* q, qui s'obtient en égalant à $\mathcal{G}$, l'expression précédente du maximum de $(T - fN)$, a donc pour valeur :

$$q = 2 \cos^2 \varphi . \; \mathcal{G} = 2 \, \mathcal{G} \times 0,96$$

très différente de la *limite absolue de compression* $\mathcal{P}$:

$$\mathcal{P} = 2 \, \mathcal{G} \, \mathrm{tg} \left(45 + \frac{\varphi}{2} \right) = 2 \, \mathcal{G} \times 1,19$$

et plus rapprochée de la *limite de traction* $\mathcal{L}$:

$$\mathcal{L} = 2 \, \mathcal{G} . \, \mathrm{tg} \left(45 - \frac{\varphi}{2} \right) = 2 \, \mathcal{G} . \times 0,84$$

Les rapports de ces différentes limites d'élasticité sont les suivants :

$$\frac{q}{\mathcal{P}} = 0,81 \qquad \frac{q}{\mathcal{L}} = 1,1$$

ce qui est entièrement conforme aux résultats de l'expérience.

On comprend facilement, d'ailleurs, que la limite apparente de compression puisse éprouver des variations notables avec la longueur du prisme-éprouvette et l'état des surfaces d'appui qui déterminent la valeur du coefficient f.

Lorsqu'on observe, dans une machine d'épreuve, la marche de la colonne manométrique qui fait constamment équilibre à la tension ou à la compression de l'éprouvette, on voit le niveau du mercure monter rapidement tant que les allongements ou raccourcissements sont très petits, puis s'arrêter tout à coup, et le plus souvent redescendre et exécuter des oscillations avant de reprendre lentement sa marche ascensionnelle. On a devant les yeux l'image frappante de l'instabilité de petites déformations extrêmes. La limite d'élasticité, surtout chez les matières douces, peut ainsi être appréciée au simple examen du manomètre, mais l'appréciation est presque toujours trop élevée et l'erreur est d'autant plus sensible que les déformations sont produites plus rapidement.

Les mêmes considérations s'appliquent à la limite de glissement, car, dans la torsion, qui sert, comme on sait, à sa détermination, la marche des aiguilles qui indiquent les efforts est toute semblable à celle de la colonne manométrique des machines à traction.

Sans nul doute, c'est à l'*instabilité* des petites déformations élastiques extrêmes qu'on doit attribuer les *irrégularités apparentes* des courbes qui représentent les déformations en fonction des efforts, dans le voisinage de la limite d'élasticité.

Les courbes déduites de l'observation immédiate doivent être rectifiées; OABCD, par exemple (fig. 27), doit être remplacée par la courbe régulière OA′B′C′D.

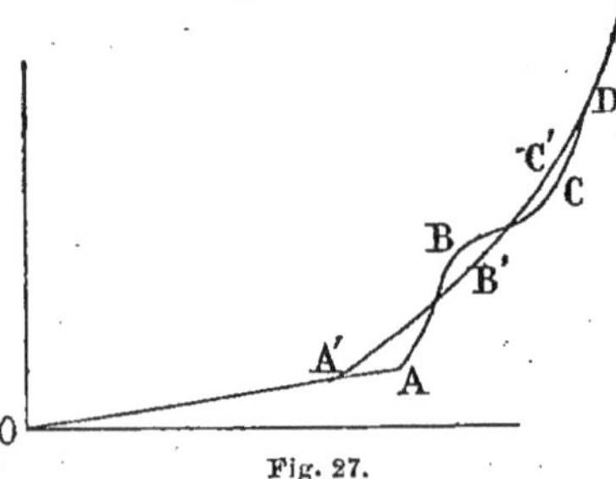

Fig. 27.

§ 23. — Compression symétrique des corps de révolution.

Les grandes déformations d'un cylindre de révolution, court, c'est-à-dire ayant une hauteur inférieure au double du diamètre, sont sensiblement symétriques; le cylindre comprimé prend la forme d'un petit tonneau. Mais il faut pour cela que les bases n'éprouvent aucun déplacement ou plutôt n'éprouvent qu'un très faible déplacement dans leurs plans. Nous savons, d'après ce qui a été dit au paragraphe précédent, que les bases éprouvent toujours un petit déplacement, qui abaisse la limite d'élasticité; nous pensons qu'il est à peu près impossible de l'éviter, mais il n'en est pas de même des grands déplacements qu'un quadrillage dans les surfaces d'appui, ou un coup de pointeau empêche parfaitement. Ainsi peuvent se produire les grandes déformations très sensiblement symétriques, les seules qui nous occupent en ce moment.

En chaque point du cylindre déformé, passe un plan de symétrie, le méridien ou plan diamétral ; les trois forces principales développées a, b, c sont donc situées de la manière suivante :

$\begin{cases} b \text{ normale au méridien du point considéré,} \\ a \text{ et } c \text{ dans le plan méridien.} \end{cases}$

A la surface libre :

$\begin{cases} c = o, \\ a \text{ tangente à la méridienne,} \\ b \text{ tangente au parallèle.} \end{cases}$

Sur l'axe de symétrie, l'éllipsoïde d'élasticité est de révolution :

$\begin{cases} a \text{ dirigée suivant l'axe de symétrie,} \\ b = c \text{ normales à l'axe.} \end{cases}$

En tout point de l'équateur, plan de symétrie parallèle aux bases et situé à égale distance de chacune d'elles, il y a deux plans de symétrie, le méridien et l'équateur :

$\begin{cases} a \text{ parallèle à l'axe de symétrie, normale à l'équateur,} \\ b \text{ normale au méridien,} \\ c \text{ dirigée suivant le rayon du parallèle.} \end{cases}$

Tels sont les renseignements que donne la théorie du développement des forces élastiques, et qui s'appliquent, d'ailleurs, à toutes les déformations symétriques, qu'elles soient produites par traction, par compression ou autrement. L'étude des déformations successives produites par une pression croissante, sur des cylindres pleins ou creux de diverses dimensions, et particulièrement des déformations des sections droites et des surfaces cylindriques parallèles à l'axe, fournira des renseignements plus précis sur la direction des forces a et c situées dans le méridien

et sur la grandeur relative et le sens des forces principales.

Les forces principales varient d'une façon continue d'un
point à l'autre, soit en grandeur, soit en direction ; il résulte de là que les forces a ont pour enveloppes dans chacun des plans diamétraux, des lignes AA un peu moins
courbées que les méridiennes extérieures, d'autant moins
qu'elles sont plus rapprochées de l'axe ; les forces c auront
pour enveloppes dans les mêmes plans, des lignes CC
normales en chaque point aux courbes AA. Les enveloppes
des forces a et c, dans l'ensemble des corps, sont les surfaces de révolution ayant les lignes A et C pour génératrices.

En chaque point, passent donc trois surfaces orthogonales, qu'on peut appeler *surfaces principales* ou *surfaces
du niveau*.

B. — Plan diamétral sollicité normalement par la
force b tangente à l'intersection des surfaces A et C.

A et C. — Surfaces de révolution, normales entre
elles et aux plans diamétraux, sollicitées normalement par
les forces c et a.

Les surfaces A et C varient à chaque instant dans l'espace et dans le corps ; il ne faut pas les confondre avec les
transformations successives, A′ et C′, des sections droites
et des surfaces cylindriques parallèles à l'axe qui prennent
des formes analogues à A′ et C et
même très rapprochées d'elles ([1]). Si
ces surfaces, A′ et C′, étaient, comme
les plans diamétraux, constamment
sollicitées par des forces normales,
elles ne glisseraient pas les unes sur
les autres, et la déformation serait la
même, que le cylindre fût d'un seul
bloc ou composé d'anneaux et de rondelles empilées et em-
boîtées les unes dans les autres. Or, l'expérience mon-

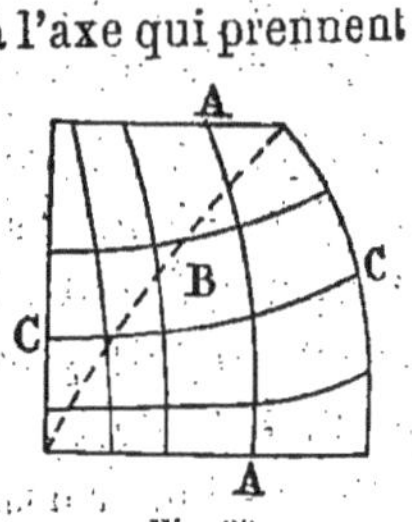

Fig. 28.

Duguet *Déformations des corps solides*, 1re partie, no 25.

tre que les déformations, dans ces deux cas, ne sont pas identiques ; les rondelles superposées se débordent légèrement, mais d'autant plus que la déformation générale est plus grande. Les bases, d'ailleurs, qui sont des sections droites, cessent d'être surfaces principales dès que

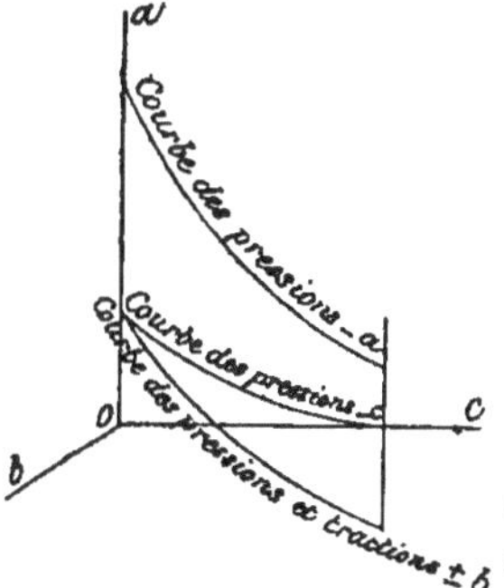

Fig. 29.

le corps perd sa forme cylindrique ; la pression qui les sollicite est normale sur l'axe et oblique en tout autre point.

Du fait que les surfaces A′ et B′ restent en contact pendant la déformation, on peut en conclure qu'elles sont sollicitées par des pressions légèrement obliques et que les forces normales a et c qui agissent sur les surfaces principales A et C très rapprochées de A′ et C′ sont des pressions.

Quant à la force principale b normale au plan diamétral, qui est égale à la force c, sur l'axe, et est par conséquent une pression dans une partie de l'intérieur du corps, il est facile de montrer qu'elle est une traction dans le voisinage de la surface extérieure. Il suffit de comprimer un cylindre de fer doux, ayant des *mises* suivant certains plans diamétraux ; la déformation est la même que celle d'un corps homogène, mais la cassure est toute différente ; elle se produit suivant les plans diamétraux, lorsque la tension b est devenue égale à la *cohésion* de la soudure, et s'étend successivement de l'équateur vers les bases.

D'après cela, il suffit d'examiner les déformations des diverses parties du cylindre, et d'avoir égard à la continuité des variations des forces principales d'un point à l'autre, pour arriver aux conclusions suivantes :

Les trois forces a, b, c développées aux divers points de l'équateur, sont :

a. Pression maxima sur l'axe, décroissant de l'axe à la surface extérieure ;

c. Pression nulle à l'extérieur, croissant de l'extérieur à l'intérieur ;

b. Tension maxima à la surface extérieure, diminue de l'extérieur à l'intérieur, s'annule en un certain point, puis devient une pression croissante à mesure qu'on se rapproche de l'axe, où elle devient égale à *c* (fig. 29).

Sur l'axe, les trois pressions *a*, *b*, *c*, diminuent de l'équateur aux bases.

A la surface extérieure, la force *c* est nulle, la pression *a* va croissant et la tension *b* décroissant de l'équateur aux bases.

Les différents points auxquels la pression principale *a*, agissant sur les diverses surfaces principales C, est maxima, sont sur une surface, sorte de cône à génératrices curvilignes, allant du centre de l'équateur au contour des bases ; surface variable avec la déformation générale.

Ainsi, les parties internes d'un cylindre en matière douce ayant subi une très grande déformation sous l'action d'une pression longitudinale croissante, sont comprimées en tous sens ; les parties externes, comprimées dans certains sens, sont distendues dans la direction perpendiculaire aux plans diamétraux. Dans ces conditions, la rupture se produit à l'extérieur et commence dès que les forces principales satisfont à la relation :

$$G = \frac{a}{2}\,\text{tg}\left(45 - \frac{\varphi}{2}\right) + \frac{b}{2}\,\text{tg.}\left(45 + \frac{\varphi}{2}\right)$$

et les cassures, normales à la surface, ont pour traces deux séries de courbes hélicoïdales coupant les méridiennes sous un angle de $\left(45 - \frac{\varphi}{2}\right)$ et se coupant entre elles sous un angle $(90 \pm \varphi)$.

Malgré ce commencement de rupture, le corps n'en continue pas moins à supporter une pression considérable et croissant de plus en plus à mesure que les bases s'élargissent; il arrive très souvent qu'on ne peut réussir, même en employant des moyens très énergiques, à briser, en les comprimant, les petites éprouvettes cylindriques de matière douce.

Lorsque la matière est très raide, la rupture complète s'obtient facilement; la cassure est alors un plan incliné à $\left(45 + \dfrac{\varphi}{2}\right)$ sur les bases ou un cône de même inclinaison.

Mais, dans ce dernier cas, la rupture n'est pas complète et s'achève par l'enfoncement du cône dans le cylindre, à la manière d'un coin; les parties externes sont ainsi dilatées et comprimées, comme cela arrive pour les matières douces; la surface se quadrille de lignes hélicoïdales et les morceaux qui se détachent sont limités par des surfaces hélicoïdales normales à la surface extérieure (fig. 11). La première période de rupture se produit lorsque :

$$G = \frac{a}{2}\,\text{tg}\,\left(45 - \frac{\varphi}{2}\right)$$

soit qu'il n'y ait qu'une force principale développée, soit qu'en certains points, la valeur $\left\{ a\,\text{tg}\,\left(45 - \dfrac{\varphi}{2}\right)\right\}$ soit supérieure à $\left\{ a'\,\text{tg}\,\left(45 - \dfrac{\varphi}{2}\right) + b'\,\text{tg}\,\left(45 + \dfrac{\varphi}{2}\right)\right\}$ en tous les autres ; ce qui arrive suivant que la déformation est très faible ou de moyenne grandeur. Comme la pression a est maxima aux divers points du contour des bases, c'est en ces points que commence la cassure et les cônes de rupture ont pour bases les bases mêmes du cylindre déformé.

Nous avons reconnu que la densité des diverses parties d'un cylindre comprimé ne variait pas sensiblement, et ce fait nous a autorisé à regarder la déformation d'un élément solide quelconque du corps comme composé uniquement de glissements et la déformation générale comme résultante de ces déformations élémentaires et des déplacements, translations et rotations des éléments.(§ 8).

Considérons donc, dans le cas qui nous occupe, un élément parallélipipédique ayant sa base ABCD (fig. 30) située dans le plan diamétral A'AD et sa face AD à la surface libre du cylindre.

Vu la symétrie, il suffit, pour se rendre compte de la déformation générale, d'étudier la déformation et le déplacement de la base ABCD, qui est la même dans tous les plans diamétraux. Cette base reste toujours dans le même plan et devient ABC'D' par un glissement parallèle à AB, glissement qui a toujours lieu, dans la compression, de l'intérieur vers l'extérieur. Ainsi, si l'on considère AB comme fixe, toute ligne inclinée sur sa direction, éprouve dans la déformation une rotation autour de A. Comme en réalité, AB n'est pas fixe et a été pris arbitrairement, cette ligne éprouve comme toutes les autres une rotation et la base, en considérant le point A comme fixe,

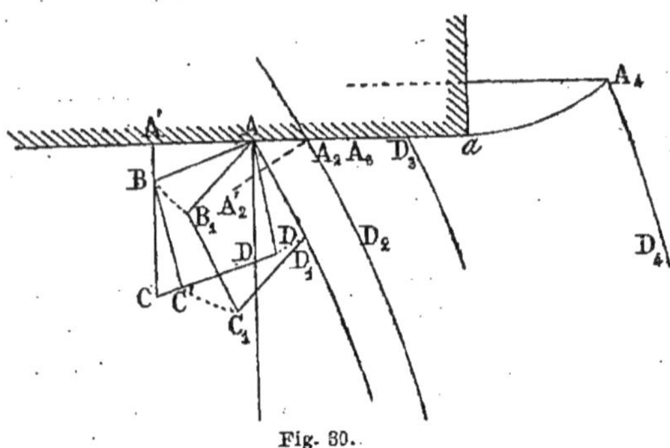

Fig. 30.

devient AB$_1$C$_1$D$_1$. L'ensemble de la déformation élémentaire et du déplacement de l'élément peut être regardé comme le résultat soit d'une rotation et d'un glissement dans une direction quelconque, soit de la somme des glissements élémentaires dans toutes les directions. Il est rationnel de considérer comme fixe l'axe du cylindre, le point A et tout l'élément éprouve, dans cette convention, une translation vers l'extérieur. Si AA′ est une section droite quelconque, l'élément AA′ éprouve une rotation autour de A et A′AD devient $A_2′A_2D_2$; ce qui explique

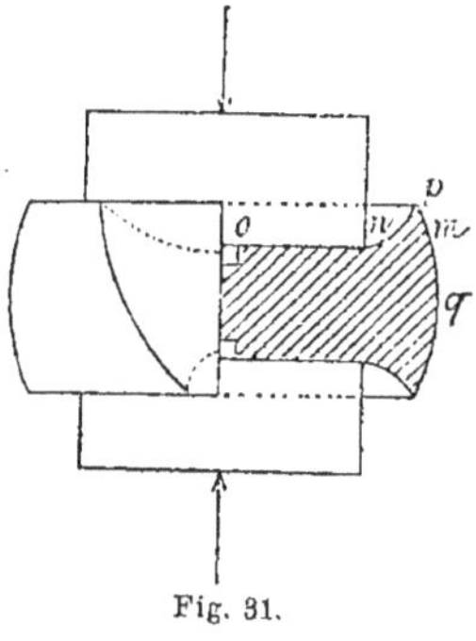

Fig. 31.

bien la déformation des sections droites, de la surface extérieure et des surfaces cylindriques parallèles à l'axe, car le point A peut être aussi bien à l'intérieur qu'à la surface libre.

Si AA′ est un élément de la base, A vient en A_2 et l'angle droit DAA′ devient obtus de $D_2A_2A′$; le cylindre prend la forme d'un tonneau.

La déformation devenant de plus en plus grande, l'angle A_2 devient de plus en plus obtus, le point D_1 ou D_2 s'approche du plan de la base et finit par l'atteindre ; alors commence le phénomène que nous avons appelé *plissement*, une partie A_3D_3 de la surface latérale s'étale autour des bases sur les surfaces d'appui, quelle que soit, du reste, la forme de ces surfaces d'appui, qu'elles soient planes, courbes ou coniques, pourvu qu'elles débordent suffisamment les bases du cylindre.

Dans le cas contraire, où le cylindre est comprimé entre d'autres cylindres de même diamètre, ou d'un diamètre peu supérieur, la déformation est toute différente. Les éléments des bases qui débordent successivement les appuis, éprouvent une rotation autour de A et les surfaces telles que AA_2, AA_3, au lieu d'épouser la forme des appuis, prennent une courbure telle que aA_4 (fig. 30), et le cylindre prend la forme d'un tonneau ayant deux cuvettes en guise de bases. La figure 31 représente un cylindre d'acier doux ayant subi une très forte compression entre deux cylindres (d'acier à outil trempés à l'eau) de même diamètre ; on y voit d'un côté la surface extérieure portant la trace hélicoïdale d'une cassure, de l'autre une section suivant un plan diamétral montrant les cuvettes *onp*. (Il est nécessaire, pour obtenir une déformation symétrique, d'assembler les trois cylindres au moyen de deux petites chevilles *oo*, qui les empêchent de glisser les uns sur les autres, ce qui arriverait le plus souvent sans cette précaution.)

Les méridiennes, dans l'intérieur de la cuvette *np*, sont séparées de la partie extérieure convexe *pm* par un parallèle *p* formant arête vive ; en chaque point de cette arête, il n'y a qu'une seule force élastique *b*, normale au méridien, qui est généralement une tension croissante, mais qui peut diminuer lorsque les déformations grandissent au delà d'une certaine limite, s'annuler et même devenir une pression. Au point *q*, ventre du méridien, la traction *b* va toujours en augmentant; la pression *a*, après avoir grandi, diminue, s'annule et devient une tension. Dans le voisinage de l'arête de la cuvette, la force principale *b* normale aux plans diamétraux, sera d'abord une tension, et ensuite une pression ; la force élastique *a* tangente à la méridienne, nulle en *p*, sera généralement pression en *m* et tension en *n*, mais pourra changer de signe lorsque la déformation sera très grande.

Dans ce genre de compression, la rupture se produit bien plus facilement que dans la compression entre des appuis débordant constamment l'éprouvette ; le rapport des charges à la superficie pressée, à égalité de charge totale, croît bien plus rapidement, et il en résulte nécessairement, en certains points, de plus grandes pressions par unité de surface, un développement de forces élastiques plus considérables. L'arête vive soumise à une traction unique ne pourra supporter sans se déchirer une dilatation aussi grande que les parties de la surface qui sont à la fois tirées dans un sens et pressées dans la direction perpendiculaire ; enfin, une charge assez forte finira toujours par amener un développement de deux tensions normales et simultanées dans le voisinage de l'équateur qui est la zone la plus dilatée ; dès qu'elles seront développées, ces tensions croîtront très vite et amèneront la rupture. La cassure, dans ce dernier cas, où elle se produit à la suite d'un développement de deux tractions a et b, passe par la plus petite des deux forces et est inclinée à $\left(45 + \dfrac{\varphi}{2}\right)$ sur l'autre, c'est-à-dire qu'elle aura pour trace la méridienne ou le grand cercle de l'équateur et sera inclinée à $\left(45 + \dfrac{\varphi}{2}\right)$ sur la surface extérieure. Si l'arête se déchire, la cassure sera inclinée à $\left(45 + \dfrac{\varphi}{2}\right)$ sur sa tangente.

En tous cas, a étant la plus grande tension ou la tension unique, la rupture se produira lorsque la condition suivante sera satisfaite :

$$G = \frac{a}{2}\,\mathrm{tg}\left(45_{\circ} + \frac{\varphi}{2}\right)$$

Des phénomènes du même genre que ceux que nous venons d'étudier, se produisent lorsque le cylindre déformé est un peu plus large que les cylindres compresseurs, comme cela arrive, par exemple, dans la première partie de la fabrication ordinaire des bandages de roues ; la cuvette produite dans le cachetage à la cire est encore toute semblable à celles du cylindre d'acier comprimé représenté par la figure 31.

Lorsque les bases du cylindre comprimé sont beaucoup plus larges que celles des compresseurs, lorsque la pression n'est exercée que sur une partie relativement petite des bases, lorsque les compresseurs sont des *poinçons*, les déformations et le développement des forces élastiques sont assez différents des divers cas que nous avons étudiés, pour faire varier complètement les conditions de la rupture.

Nous aurons l'occasion d'examiner ailleurs ce genre de déformations, nous nous contenterons de faire remarquer, ici, que les parties assez éloignées des poinçons n'étant pas déformées d'une manière sensible, il importe peu que ces parties existent ou non, qu'elles aient telles ou telles formes, que le corps déformé soit un cylindre de révolution ou une plaque de formes et de dimensions quelconques ; tout se passe comme si le corps poinçonné était limité à un cylindre de révolution, ayant une étendue assez faible autour des poinçons.

Tout ce que nous avons dit sur l'écrasement des cylindres peut être répété au sujet de la compression des corps de révolution, dans la direction de leur axe ; les phénomènes, en tous les cas, seront de la même espèce et ne différeront entre eux que par degrés. Leur variation avec la forme du corps donne lieu, cependant, à des observations intéressantes.

Nous ferons remarquer, d'abord, que dans la compression, si faible qu'elle soit, d'un corps non cylindrique, d'un tonnelet, ou d'un double tronc de cône, par exemple, tels que AA'BB' (fig. 32), la pression n'est normale que sur l'axe de symétrie ; en tout autre point, elle est oblique ; sur les bords, elle est tangente à la méridienne. Il résulte de là le fait de l'impossibilité de répartir également et normalement la pression sur les bases, quelles que soient la forme et la constitution des appuis chargés de la transmettre.

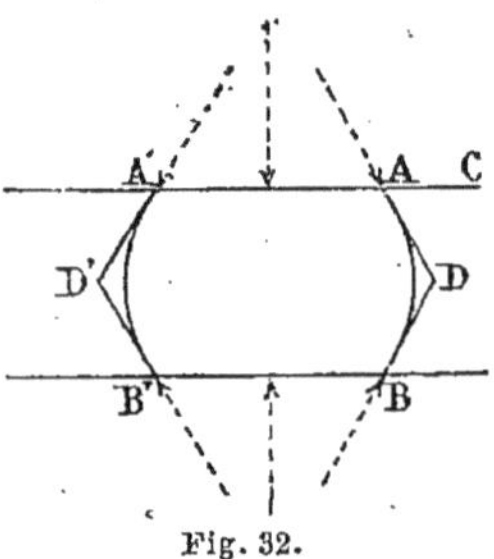

Fig. 32.

Le plissement se produira si la matière est assez douce et d'autant plus facilement que l'angle primitif DAC sera plus petit et que les bases AA' auront moins de superficie.

Dans la compression d'un corps rond (fig. 33), d'une sphère, par exemple, entre deux plans tangents n'ayant primitivement qu'un point de contact avec la surface, la base AA' et l'angle DAC sont nuls et, par suite, le plus

petit effort produira un plissement, c'est-à-dire un *aplatissement.*

Les *plissements* peuvent être d'abord entièrement *élastiques* et devenir ensuite en partie *permanents* en s'agran-
dissant sous l'action de charges crois-
santes. La grandeur des plissements élastiques dépend de la *qualité de la matière*
et de la *forme du corps.* Le caoutchouc,
en cylindre, est susceptible de plissements
élastiques énormes([1]); il en est de même,

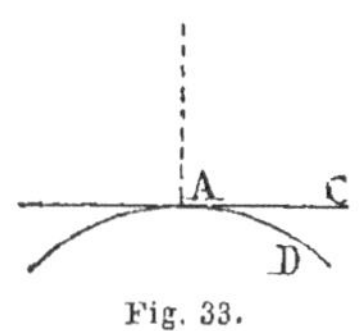

Fig. 33.

à *fortiori*, des sphères de caoutchouc dont les grandes
déformations n'exigent que de très faibles efforts. Mais,
en général, avec la plupart des matériaux, les plissements
des cylindres sont permanents et c'est seulement avec
des sphères ou des corps de forme analogue qu'on obtient des plissements élastiques ; on les observera facilement sur des billes d'acier, d'ivoire, de marbre, en les
comprimant entre deux plaques bien dressées, après avoir
peint au minium les billes ou les plaques; on trouvera,
après la compression, soit une calotte de peinture sur les
sphères, soit, sur les plaques d'appui, un cercle rouge
égal à l'aplatissement de la boule.

Quant aux déformations permanentes que peut subir
une sphère de matière douce, elles sont considérables ; les
aplatissements grandissent très rapidement sous les charges
croissantes, et la pression relative augmente peu ou point.
Cela explique l'impossibilité que nous avons éprouvée
de briser des sphères d'acier ou de cuivre, même en réduisant beaucoup leurs dimensions primitives et en employant
des charges de 40 000 kil.

Les sphères de fonte se brisent au contraire avec grande
facilité. Nous avons représenté (fig. 34-35) les cassures
de deux sphères comprimées, l'une (fig. 34) en fonte
truitée de Ruelle, découpée, au tour, dans un morceau de

([1]) Duguet, *Déformation des corps solides,* 1re partie, nos 24 et 25.

canon ; l'autre (fig. 35) en fonte grise, coulée directement
en biscaïen. La cassure se compose de deux cônes dont
l'inclinaison diffère peu de 50 degrés ; la rupture commence par les bords des aplatissements, qui servent de

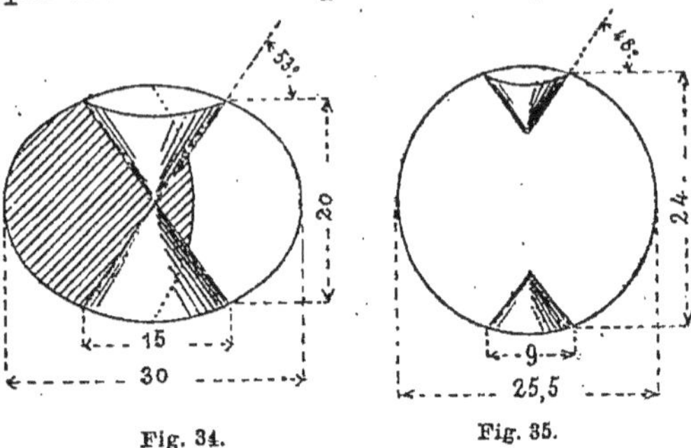

Fig. 34.　　　　Fig. 35.

bases aux cones, et s'achève par l'éclatement des sphères
en quartiers limités par des plans diamétraux. Les cônes
de rupture de la fonte truitée sont très grands et ont l'aspect granuleux truité ; ceux de la fonte grise, au contraire,
petits et parfaitement lisses.

　　Quoique la déformation dont nous allons parler ne soit
pas symétrique, nous terminerons
la question de l'écrasement en faisant remarquer qu'on obtient encore
des plissements, soit élastiques, soit
permanents, en comprimant un cylindre entre deux plans tangents à
sa surface latérale. Si la matière
n'est pas trop douce, la rupture se
produit après un aplatissement plus
ou moins grand. Nous représentons
(fig. 36) les déformations et la cassure d'un cylindre de laiton écroui,
comprimé dans ces conditions.

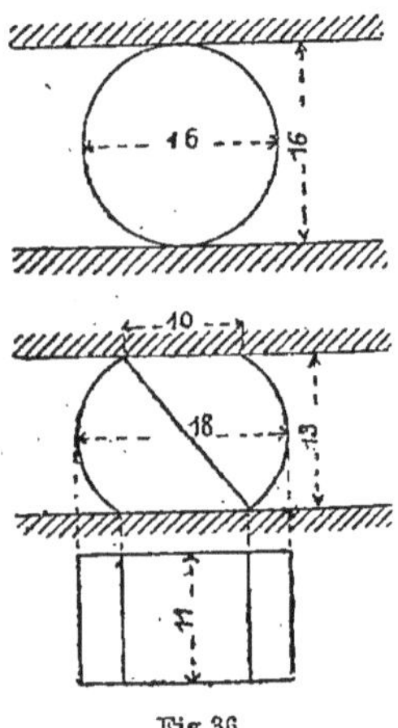

Fig. 36.

Ressort Belleville. — Nous dirons
ici quelques mots au sujet du développement des forces

élastiques dans la déformation du ressort Belleville, qui est un exemple de compression symétrique.

Un élément du ressort Belleville est un solide de révolution engendré par un rectangle ABCD (fig. 37) tournant autour d'un axe OO′ très incliné sur ses grands côtés AB — CD ; il est ainsi limité par deux cônes AB — CD qui forment sa surface proprement dite, et par deux bords coniques AD — BC. Sa forme générale est celle d'une assiette sans fond. On l'obtient par emboutissage et l'acier raide qui sert à sa fabrication est trempé en dernière opération.

Un ressort Belleville est composé d'une pile d'éléments opposés alternativement par leurs petites et par leurs grandes bases. Comprimé suivant son axe général de symétrie, il offre une grande résistance ; s'il est bien construit, il peut acquérir en même temps un raccourcissement considérable qui le rend capable d'une grande énergie.

Les déformations principales, qui doivent être et rester constamment élastiques, sont : un aplatissement longitudinal, une dilatation des grandes bases BB′, et une contraction des petites bases AA′ et des génératrices AB.

En tout point de la surface libre, sont développées deux forces principales : une compression a dirigée suivant les méridiennes AB ou CD, et une force b, tangente au parallèle qui est une tension dans le voisinage de la grande base et une compression dans le voisinage de la petite. Les arêtes libres, B et D, aux divers points desquelles la pression a est nulle, sont simplement tirées ou comprimées tangentiellement. Si la surface ne se gauchit pas sensiblement, les déformations élémentaires relatives seront

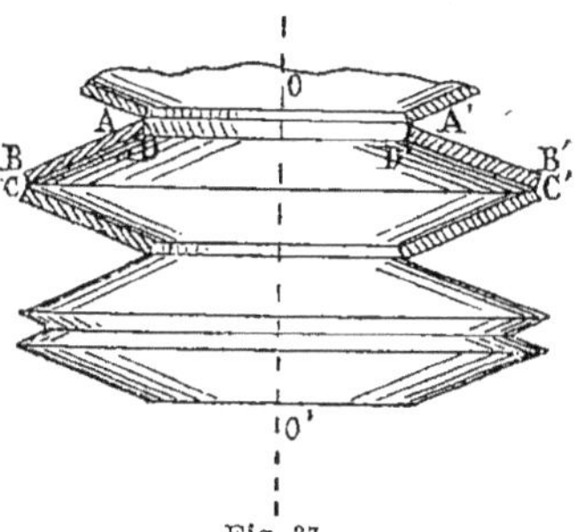

Fig. 37.

à peu près les mêmes en B que dans son voisinage où la tension est accompagnée d'une pression perpendiculaire a ; il résulte de là que la traction est maxima en B ; c'est sur cette *arête dangereuse* B que se produiront soit les premières déformations permanentes, soit la rupture. Le ressort devra donc être construit, et cela est une condition sinon suffisante, au moins absolument indispensable, de manière que la dilatation extrême du diamètre de la grande base soit inférieur à l'allongement limite élastique $\dfrac{\mathcal{L}}{E}$ dont est susceptible la matière employée à sa construction. Cet allongement est toujours très petit, d'où résulte que l'inclinaison α de la surface sur les bases doit être aussi très petite.

En considérant d'abord la base AA′ et la génératrice AB (fig. 38) comme constantes, la dilatation de la grande base correspondant à l'aplatissement complet du ressort est B_1E, qui est du second ordre de grandeur relativement au raccourcissement général BE, si l'inclinaison est très petite ; il

Fig. 38.

en est à peu près de même dans le cas où α varie entre deux limites assez rapprochées α' et α'', mais il est toujours préférable, pour obtenir la plus grande flèche possible, de *faire travailler le ressort* (expression adoptée) dans le voisinage de l'aplatissement, comme les ressorts à lames et à boudin.

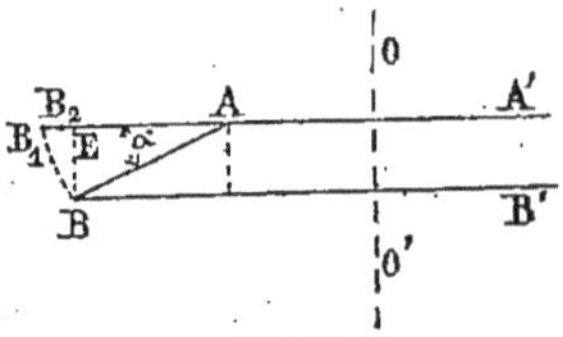

Le raccourcissement total étant :

$$BE = AB . \sin \alpha$$

l'allongement relatif de la grande base BB′ sera :

$$\frac{EB_1}{BB'} = \frac{AB_1 - AE}{BB'} = \frac{AB}{BB'} (1 - \cos \alpha)$$

Le ressort étant en acier très raide, on aura, par exemple, pour allongement élastique limite :

$$\frac{\mathcal{L}}{E} = \frac{100}{20\,000} = \frac{1}{200}$$

et ses dimensions devront satisfaire à la relation suivante :

$$\frac{AB}{BB'}(1 - \cos \alpha) \leq \frac{1}{200} \qquad \text{ou} \quad 1 - \cos \alpha \leq \frac{1}{200}\,\frac{BB'}{AB}$$

$\cos \alpha$ pourra être d'autant plus petit et α d'autant plus grand que le rapport $\dfrac{AB'}{AB}$ sera lui-même plus grand. Si l'on remarque que, l'inclinaison α étant toujours très faible, la grande base BB' est à peu près égale à $(2.AB + AA')$ et le rapport $\left(\dfrac{BB'}{AB}\right)$ à $\left(2 + \dfrac{AA'}{AB}\right)$, il résulte de la condition précédente que plus la grande base sera petite, ou plus la petite base sera grande, relativement à la surface AB du ressort, plus on pourra lui donner d'inclinaison et obtenir de raccourcissement.

En prenant, par exemple : $AA' = AB$, ou $BB' = 3AB$, on aura :

$$1 - \cos \alpha = \frac{3}{200} \qquad \cos \alpha = 0,985$$

$$\alpha = 10^{\circ} \qquad \sin \alpha = 0,17 \qquad BE = 0,17.\,AB$$

En réalité, AA' et AB se raccourcissent et la dilatation de la grande base est seulement EB_2 (fig. 38), un peu plus petite que EB_1 ; la flèche pourra donc être plus grande que celle que nous venons d'indiquer et d'autant plus que AA' sera elle-même plus grande ; quant au raccourcissement de AB, il est peut-être négligeable, lorsque le ressort est dans le voisinage de l'aplatissement, mais à cette question comme aux autres, l'expérience seule peut répondre.

Loin de nous la pensée d'avoir donné une théorie du ressort Belleville, pouvant remplacer l'étude expérimentale de ses déformations. Nous avons supposé que la surface conique ne se gauchit pas sensiblement, nous avons négligé, dans notre ignorance actuelle, les effets de la trempe, et malgré cela nous pensons que les observations

que nous venons de faire sur le développement des forces
élastiques dans la compression du ressort Belleville, gui-
deront mieux le constructeur que l'empirisme pur ou les
théories basées sur des hypothèses radicalement gratui-
tes comme celles qui ont été faites, à ce sujet, sur la limite
d'élasticité, par exemple.

§ 24. — Traction.

Les déformations produites par la traction longitudinale
d'un cylindre de révolution et en général d'un solide de révolution, quelle que soit la longueur relativement à la plus
petite dimension transversale, sont toujours symétriques
par rapport à l'axe et cela, parce que les allongements sont
ainsi plus grands que dans tous les cas où les déformations seraient dissymétriques. Si le cylindre se courbait,
par exemple, il est bien évident que l'allongement général
diminuerait.

La densité variant peu, les sections diminuent à mesure
que la longueur augmente, chaque point décrit une trajec-
toire oblique, se rapproche de l'axe en s'éloignant des extrémités. Les grandes déformations produites par la traction
peuvent être considérées comme des glissements de l'extérieur vers l'intérieur.

Lorsque la matière est douce, une partie du cylindre
prend la forme d'un *fuseau* (fig. 39).

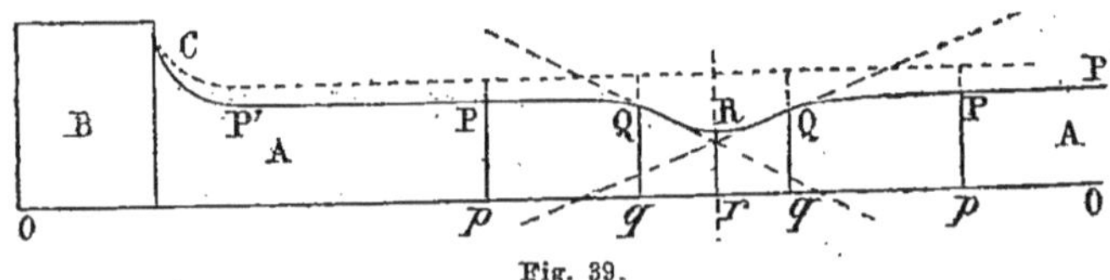

Fig. 39.

(A, corps. — B, tête. — C, raccordement du corps avec la
  tête. — oo, axe de symétrie.
PP', partie du corps qui reste sensiblement cylindrique.
PQR, fuseau — Pp, cercles limitant le fuseau.
Qq, cercles d'inflexion. — Rr, plan de symétrie et cercle de
  gorge.

Pour être étiré, le cylindre doit être terminé par deux renforts ou têtes qui offrent une prise ; ces renforts sont raccordés en congé avec le corps de l'éprouvette. On a attribué la formation du fuseau à la présence des têtes. C'est là une erreur qu'il importe de rectifier. Le corps étiré se déforme de manière à offrir constamment la plus petite résistance possible, en même temps que le plus grand allongement. Il prend la forme la plus stable, la forme en fuseau, comme les cylindres courts prennent la forme en tonneau sous l'action d'une compression longitudinale. Il est permis de croire que l'éprouvette de traction dépourvue de têtes, ne conserverait pas plus la forme cylindrique que l'éprouvette de compression.

Certainement, les raccordements qui sont plus gros que les corps sont moins déformés que lui, et les parties cylindriques voisines sont, de ce fait, moins rétrécies et moins allongées que les parties plus éloignées des extrémités ; mais, la preuve que les têtes et les raccordements n'ont d'influence sensible que dans leur voisinage, c'est qu'avec des éprouvettes suffisamment longues, la forme et les dimensions du fuseau sont complètement indépendantes de la longueur du corps et de la forme des extrémités, et que la majeure partie du corps, en dehors du fuseau, reste très sensiblement cylindrique. Quant à la longueur que nous appelons suffisante, elle varie non seulement avec le diamètre, mais avec la longueur du fuseau, c'est-à-dire avec la douceur de la matière.

En tout point du fuseau, il y a en général trois forces principales développées :

b normale au plan diamétral,
a et c situées dans le plan diamétral.

En dehors du fuseau, il y a simple traction a, les forces b et c sont nulles.

A la surface :

$$\begin{cases} c = o, \\ a \text{ tangente à la méridienne,} \\ b \text{ tangente au parallèle.} \end{cases}$$

Sur l'axe, l'éllipsoïde d'élasticité est de révolution :

$$\begin{cases} a \text{ dirigée suivant l'axe,} \\ b = c \text{ normale à l'axe.} \end{cases}$$

En chaque point du plan de gorge, il y a deux plans de symétrie :

$$\begin{cases} a \text{ normale au plan de gorge, parallèle à l'axe,} \\ b \text{ normale au plan diamétral,} \\ c \text{ dirigée suivant le rayon du cercle de gorge.} \end{cases}$$

Les forces principales correspondant à une déformation déterminée varient d'une façon continue en grandeur et en direction d'un point à l'autre ; elles ont pour enveloppes, dans le méridien, des lignes orthogonales telles que AA — CC (fig. 40) et dans le corps, des surfaces de révolution ayant ces lignes pour génératrices. En chaque point

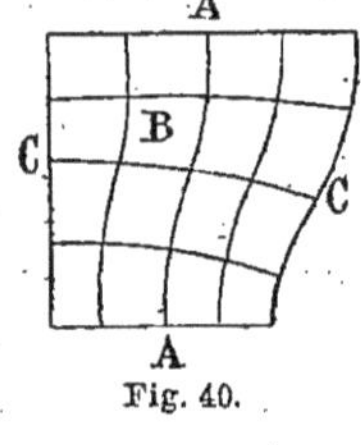

Fig. 40.

du corps passent trois de ces *surfaces principales* ou *surfaces de niveau* :

$$\begin{cases} B \text{ sollicitée normalement par la force } b, \\ A \text{ et C normales entre elles et au méridien B, sollicitées normalement par les forces } c \text{ et } a. \end{cases}$$

Il ne faut pas confondre les surfaces de niveau A et C, qui changent à chaque instant dans l'espace et dans le corps avec les transformées des sections droites et des cylindres parallèles à la surface extérieure, quoique ces deux séries de surface soient très rapprochées comme formes.

Nous avons reconnu que les courbes de traction des matières raides et une partie des courbes des matières douces, étaient indépendantes de la forme et des dimensions des éprouvettes et étaient des courbes spécifiques de la matière expérimentée ; que, toutes les fois que l'éprouvette conservait sensiblement sa forme cylindrique, les allongements et les contractions transversales correspondant à un même effort par unité de superficie de la section, étaient indépendants des dimensions de l'éprouvette ; que toutes les fois que les sections droites restaient sensiblement planes et droites, il n'y avait qu'une simple traction uniformément répartie sur ces sections. Ainsi, dans toute la partie du corps de l'éprouvette, suffisamment éloignée des têtes et du fuseau, dans toute la partie qui reste sensiblement cylindrique, il n'y a qu'une seule force principale a, et cette traction a en tous points la même grandeur et la même direction, celle de l'axe.

Dans le fuseau, les forces b et c se développent et la force a cesse d'être en tous points parallèle à l'axe et uniformément répartie sur les sections droites ; cette tension varie en grandeur et en intensité d'un point à l'autre ; ses variations augmentent et deviennent de plus en plus sensibles à mesure que les déformations deviennent plus grandes, que le fuseau s'accentue ; mais elle ne change pas de signe, elle reste toujours une traction. Si l'on fait à un instant quelconque de l'étirage, une incision normale aux méridiennes, les lèvres de cette coupure s'écarteront toujours, ce qui prouve que la force principale a est une traction dans le voisinage de la surface ; nous montrerons, un peu plus loin, qu'à l'intérieur, la force a est une tension beaucoup plus forte.

L'examen de la cassure d'une barre d'acier puddlé, doux, ayant des surfaces de soudure suivant les plans diamétraux, nous donnera des renseignements complets sur le sens de la force principale b aux divers points de la gorge. A l'intérieur, et seulement dans le voisinage de l'axe, on voit des fentes longitudinales qui prouvent que la force b est, dans cette zone intérieure, une traction ; ces fentes se produisent lorsque la force b devient égale à la cohésion de la soudure. A l'extérieur, les soudures apparaissent, non pas en forme de fentes, mais en légère saillie longitudinale ; ces lignes noires ne sont autre chose que les scories comprises entre les mises et chassées par la pression transversale b.

Ainsi la force principale b, normale aux plans diamétraux, est une tension dans le voisinage de l'axe et une pression à l'extérieur. La force c, nulle à la surface, est égale à b et est une tension sur l'axe. Vu la continuité, on peut conclure de là que, dans le voisinage de la gorge, la tension c, nulle à la surface, croît de l'extérieur à l'intérieur et que la tension b, maxima à la surface, décroît de l'extérieur à l'intérieur, devient nulle, puis change de signe, et comme pression croît à mesure qu'on se rapproche de l'axe (fig. 41).

Si l'on examine maintenant les déformations des sections droites, on observera que, dans la gorge, les dilatations longitudinales maxima ont lieu sur l'axe et sont minima à l'intérieur. Or, d'après ce que nous venons de dire, sur l'axe et dans son voisinage, la force longitudinale a est accompagnée de tensions normales en tous sens, tandis qu'à l'extérieur, cette force, qui est une traction, est accompagnée d'une pression normale b; il en résulte évidemment que la force a est à l'intérieur une tension et une tension bien plus grande qu'à l'extérieur.

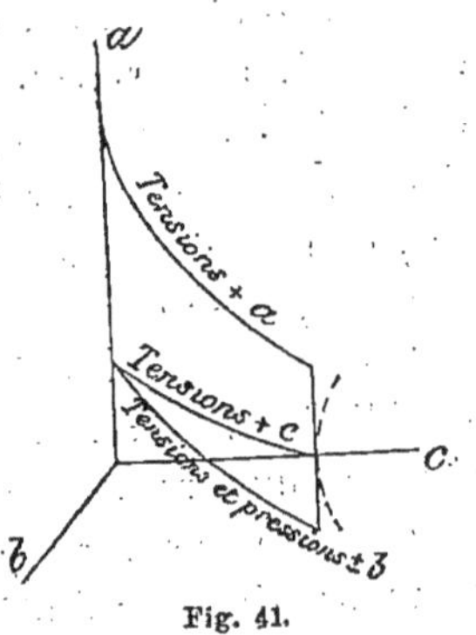

Fig. 41.

Sur l'axe, à l'extrémité p du fuseau (fig. 39), la tension est inférieure à la tension au point r de la gorge, puisque la somme des tensions longitudinales développées aux différents points, soit de la section Pp, soit de la section Rr doit être la même, et que la tension diminue de R en r, tandis qu'elle est uniformément répartie sur la section Pp. Cette tension a croît donc de p en r. Les forces transversales b, c, sont nulles en p et croissent de p en r.

Les dilatations longitudinales, qui sont plus grandes à l'intérieur qu'à l'extérieur, dans le voisinage de la gorge, diminuent plus rapidement sur l'axe qu'à la surface, à mesure qu'on s'éloigne du plan de symétrie ; à partir de la zone Q où le fuseau s'infléchit, elles deviennent plus grandes à l'extérieur qu'à l'intérieur. Aux extrémités du fuseau, dans le voisinage du cercle-limite Pp, la tension est, par suite, plus grande à l'extérieur qu'à l'intérieur et plus grande à la surface du fuseau que dans la partie cylindrique. Les relations constantes qui existent entre les formes du fuseau et celles de la cassure toujours limitée aux cercles d'inflexion, autorisent à penser que la pression transversale b ne se développe que dans la partie du fuseau comprise entre les deux cercles d'inflexion Q et que la tension a croît de l'extrémité du fuseau P à l'inflexion Q, pour diminuer dans la partie comprise entre l'inflexion et la gorge, où elle est accompagnée d'une pression perpendiculaire à sa direction.

Voici donc, en résumé, le développement des forces principales a, b, c, aux différents points du fuseau PQR (fig. 39).

Dans le cercle de gorge Rr :

a tension maxima en r, décroît de l'axe à la surface ;
b tension maxima sur l'axe, diminue, s'annule, change de signe et, devenue pression, croît de l'intérieur à l'extérieur ;
c tension, $c = b$ maxima sur l'axe, diminue de l'axe à la surface où $c = o$.

Sur la section-limite Pp et en dehors du fuseau :

a tension uniformément répartie sur les sections droites,
$b = o, c = o$.

Sur l'axe :

a tension constante en dehors du fuseau, décroît de l'extrémité p à la gorge r ;
$b = c$ tensions, nulles en dehors du fuseau, croissent de p en r.

À la surface intérieure :

a tension constante en dehors du fuseau, croît de l'extrémité P à l'inflexion Q et décroît de Q à la gorge R ;
b pression nulle en dehors des cercles d'inflexions Q, croît de l'inflexion Q au plan de symétrie R ;
$c = o$.

Les cassures produites par traction longitudinale des

matières douces sont très compliquées ; nous avons représenté dans son ensemble (fig. 42) celle que nous choisis-

Fig. 42.

sons comme type, nous proposant de montrer par la suite
que la plupart des cassures des matières homogènes peuvent être considérées comme dérivant
de ce type par développement ou atrophie de
certaines parties. Les figures 42 et 43 représentent les traces et la coupe longitudinale de
cette cassure, que présentent bon nombre d'a-
ciers doux.

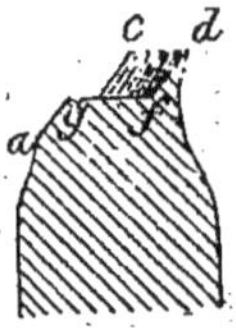

Fig. 43.

Traces.

$ab.$ — $cdc'.$ — Parallèles situés dans l'inflexion de
la surface du fuseau.

$bc.$ — Lignes hélicoïdales coupant les méridiennes sous un angle $\left(45 - \dfrac{\varphi}{2}\right)$.

Cassures.

$cfb.$ — $c'f'g.$ — Surfaces lisses, brillantes, hélicoïdales, normales à la surface extérieure.

$abfg.$ — $cdc'ff'.$ — Surfaces coniques, l'une en
plein, l'autre en creux formant la lèvre de la
cassure ; toutes deux, lisses, brillantes, incli-
nées à $\left(45 - \dfrac{\varphi}{2}\right)$ sur les sections droites.

$fgf'.$ — Surface à peu près plane, normale à l'axe,
située dans le plan de gorge ; d'aspect gris,
terne, spongieux.

La légende indique suffisamment les particularités des
différentes parties de la cassure qui se composent de surfaces tronconiques et de surfaces hélicoïdales. Comme les
forces principales développées en a et en g n'ont pas tout

à fait la même direction, les génératrices, telles que *ag*, ne sont pas absolument rectilignes, elles sont légèrement concaves vers l'extérieur, mais cette courbure est généralement très faible et l'inclinaison sur l'axe de la droite *a g*, dans les cassures métalliques, est toujours extrêmement voisine de 50°.

Lorsque la matière est très douce, les bases *fg* des troncs de cône disparaissent et les surfaces *ag* deviennent des cônes s'étendant de part et d'autre du plan de gorge. Telle est la forme de la cassure d'une éprouvette de cuivre très pure, représentée en coupe longitudinale par la figure 44 ; on y voit les deux cones *agf — gfd*, l'un plein ayant son sommet en *g*, l'autre creux formant la lèvre de la cassure et ayant son sommet en *f*; le plan de gorge passe en *r* entre les deux sommets.

On remarque encore dans la cassure du cuivre (fig. 44) un petit canal *rr'* creusé suivant l'axe et s'étendant à une

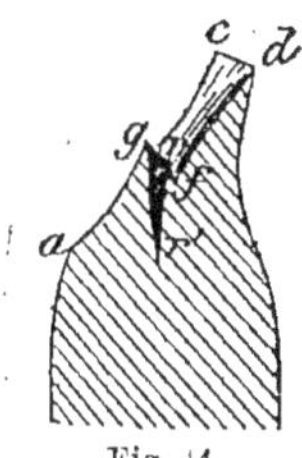

Fig. 44.

petite distance du plan de gorge ; il a été mis à nu par un lavage, à l'acide chlorhydrique étendu, de la section longitudinale du fuseau, préalablement bien polie ; il provient certainement des tractions exercées en tous sens dans cette partie.

Les matières molles, comme le plomb, la cire et le verre très chaud, se cassent sous un effort extrêmement faible, le fuseau est très accentué, la gorge se réduit à des dimensions très faibles ; la cassure est souvent si petite qu'il est bien difficile de l'observer. Toutefois, on aperçoit dans la cassure du plomb des canaux profonds analogues au canal *rr'* de la cassure du cuivre. Les pores nombreux qui donnent à la partie centrale des cassures de fer et d'acier, l'aspect spongieux, sont aussi des petits canaux comme ceux du cuivre et du plomb, mais sans profondeur.

Dans la rupture par compression, il est souvent très facile de suivre la marche progressive des cassures ; dans la rupture par traction, il en est tout autrement : la rupture complète, la division de l'éprouvette en deux morceaux, se produit dans un temps extrêmement court, et il nous a toujours été impossible de voir par où elle commençait, de reconnaître directement l'*âge* des différentes parties de la cassure.

Lorsqu'on observe attentivement la marche de la colonne manométrique d'une machine à traction, on voit le mercure descendre à mesure que le fuseau de l'éprouvette s'accentue, exécuter de petites oscillations très rapides à la fin de sa course, et enfin tomber tout d'un coup. Nous avons arrêté la marche de la machine à l'instant même où se produisent ces trépidations ultimes, afin d'examiner les éprouvettes (d'acier doux) ainsi étirées jusqu'à la limite extrême. A l'extérieur, aucune trace de cassure ; à l'intérieur, le lavage à l'acide des sections longitudinales, polies, n'a mis à découvert aucune origine de rupture. Faut-il admettre, pour cela, que la rupture se produit instantanément ? De ce que nous ne pouvons observer la propagation trop rapide de la cassure, faut-il admettre que la rupture a lieu simultanément en tous les points de la cassure ?

Non.

Ce que nous savons, avec certitude, c'est que dans la cassure par traction des matières douces, en éprouvettes longues, les parties hélicoïdales existent toujours, nous l'avons constaté dans des milliers d'épreuves, et nous voyons dans ce fait constant la preuve que la cassure commence par ces parties hélicoïdales.

En effet, si la rupture se produisait d'abord suivant les surfaces coniques, il serait impossible de s'expliquer l'existence des surfaces hélicoïdales. Dans la compression, la rupture commençant par des cônes ne peut être complète que grâce à la division de l'éprouvette en morceaux séparés par des surfaces hélicoïdales ; mais dans la traction, c'est tout le contraire, si la cassure est conique dès l'origine, l'éprouvette se divise en deux tronçons, portant à leur extrémité, l'un un tronc de cône plein, l'autre un tronc de cône creux, la cassure conique est complète et l'on ne peut concevoir dans l'hypothèse d'une telle origine l'existence des parties hélicoïdales. Peut-on supposer que la cassure commence par les parties centrales qui forment la base des troncs de cône? Mais, partant du centre, elle se prolongerait par les surfaces coniques, dont l'existence précéderait ainsi celle des surfaces hélicoïdales, ce qui nous ramène au cas précédent.

Au contraire, si nous admettons que la cassure commence par les parties hélicoïdales, la présence des parties coniques s'explique d'elle-même, puisque la rupture ne peut être complète sans elles, à l'inverse de ce qui se passe dans la rupture par compression. Voici donc, à notre avis, comment se produit la rupture : la cassure commence par les parties hélicoïdales inclinées à $\left(45 + \dfrac{\varphi}{2}\right)$ sur les méridiens et normales à la surface du fuseau; elle naît à l'extérieur dans le plan de gorge et se propage, de part et d'autre de ce plan de symétrie, en même temps qu'elle s'enfonce à l'intérieur. L'origine de la rupture a lieu lorsque les forces principales, a et b, développées sur la circonférence de gorge sont liées par la relation suivante :

$$\frac{a}{2}\,\mathrm{tg}\left(45 + \frac{\varphi}{2}\right) + \frac{b}{2}\,\mathrm{tg}\left(45 - \frac{\varphi}{2}\right) = G$$

Lorsque la cassure arrive dans la zone d'inflexion, elle change brusquement de direction; la rupture se produit suivant une surface conique, ayant pour grande base un parallèle et inclinée à $\left(45 + \dfrac{\varphi}{2}\right)$ sur la surface extérieure.

Nous avons conclu, de ce fait, que, dans la zone d'inflexion du fuseau, à la surface extérieure, il n'y avait qu'une seule force principale a, et que la rupture commençait lorsque cette force était liée à la résistance au glissement G par la relation :

$$\frac{a}{2}\,\mathrm{tg}\left(45 + \frac{\varphi}{2}\right) = G$$

Les formes et dimensions des différentes parties de la cassure sont intimement liées à celles du fuseau. Nous avons vu des cassures de cuivre très pur complètement coniques; il suffit de changer les dimensions des éprouvettes pour obtenir, avec le même cuivre, un fuseau moins accentué, et en même temps une cassure tronconique comme celle du cuivre légèrement oxydé et de l'acier doux. Lorsque le fuseau est très court, les inflexions très rapprochées de la gorge, les lèvres coniques ont des dimensions très réduites et ne forment qu'un liseret brillant, tandis que la majeure partie de la cassure est, dans son ensemble, normale à l'axe (fig. 45 — cassure d'acier). Au contraire, dans le cas où le fuseau est très allongé et la striction peu prononcée, la cassure est une surface à peu près plane, oblique, lisse et brillante, presque entièrement formée des parties hélicoïdales ; c'est la cassure en biseau que présentent certains aciers (fig. 46).

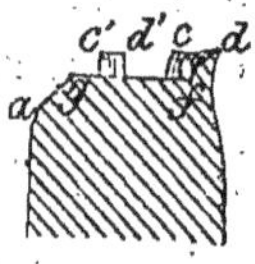

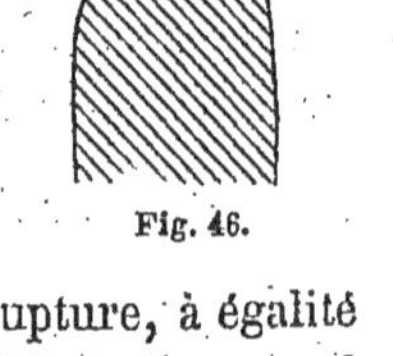

Fig. 45.

Pour que le fuseau puisse se former, il faut que le corps de l'éprouvette ait une certaine longueur, que le plan de symétrie soit assez éloigné des têtes ; dans ces conditions, la gorge pourra se creuser et s'étranglera, d'autant plus que la matière sera plus douce et la distance des têtes plus grande relativement au diamètre du corps. Si l'éprouvette est très courte, la section de gorge se réduit peu, la distribution des forces élastiques est plus uniforme et répartie sur une plus grande superficie ; ainsi l'effort total capable de produire la rupture, à égalité de matière et de section primitive, est bien plus grand pour une barre très courte que pour une barre longue [1].

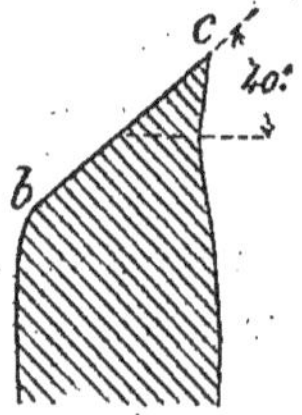

Fig. 46.

---

[1] Duguet, *Déformation des corps solides*, 1re partie, no 18.

La forme de la cassure varie, en même temps que la résistance, avec la forme et les dimensions de l'éprouvette. La cassure d'une éprouvette d'acier doux ou de cuivre, par exemple, tournée primitivement en forme de fuseau (fig. 47), ne présente que des parties coniques ; les surfaces

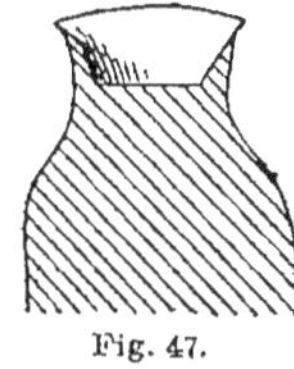

Fig. 47.

hélicoïdales n'existent pas, comme dans les éprouvettes cylindriques ; c'est que, dans ce cas, la rupture commence dans une zone soumise à une simple traction. La forme générale de la cassure est, d'un côté, un tronc de cône à génératrices un peu concaves, de l'autre, une coupelle complète, à lèvres brillantes avec un fond spongieux.

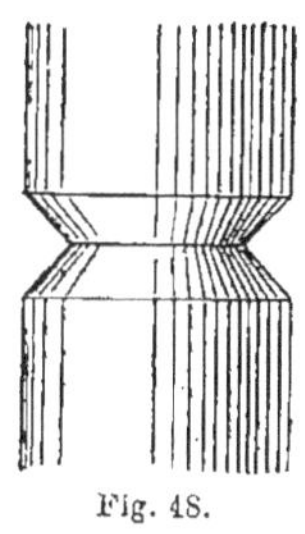

Fig. 48.

Lorsque la partie cylindrique, le corps, est très courte, ou bien encore, lorsque l'éprouvette est formée de deux troncs de cône opposés par leur petite base (fig. 48), la charge de rupture est plus élevée que dans le cas précédent et la cassure, normale à l'axe dans son ensemble, est formée de grains brillants, plus ou moins fins, d'autant plus fins que la matière est plus raide et la partie cylindrique de l'éprouvette est plus courte.

Lorsque la rupture se produit sans formation de fuseau, la cassure est généralement à grains brillants, quelles que soient d'ailleurs la douceur de la matière et les dimensions de l'éprouvette. Nous savons qu'avec les matières raides le fuseau ne se forme jamais, la cassure est donc toujours à grains.

Dans ces conditions, les déformations sont très faibles, et il n'y a en chaque point qu'une seule force principale développée ; il y a simple traction, et la cassure, dans notre opinion, doit être une surface d'égale pente inclinée à $\left(45 + \dfrac{\varphi}{2}\right)$ sur l'axe, la rupture se produisant lorsque l'intensité de la force principale unique a est liée à la résistance au glissement par la relation :

$$\frac{a}{2}\, \mathrm{tg}\left(45 + \frac{\varphi}{2}\right) = G$$

Si la cassure, à cause de la forme même de l'éprouvette, est forcément comprise entre deux plans très rapprochés, elle se composera de petites surfaces inclinées à $\left(45 + \dfrac{\varphi}{2}\right)$ sur les sections droites pouvant d'ailleurs faire entre elles un angle quelconque ; l'angle dièdre de deux facettes ne sera égal à $(90 \pm \varphi)$ que dans le cas où l'arête d'intersection sera perpendiculaire à l'axe. Les cristallographes ont constaté la variation de ces angles dièdres, sans s'occuper de l'inclinaison des facettes sur les sections droites, non plus que du mode de rupture.

Pour constater l'uniformité de la pente des facettes, il faudrait éclairer la cassure de l'éprouvette par des rayons parallèles à l'axe et mesurer l'angle que font avec lui les rayons réfléchis ; cet angle doit être constant $(90 - \varphi)$ et égal à 80° environ pour les métaux. Les moyens de vérification nous ont manqué ; mais l'observation suivante nous confirme dans notre opinion. En se plaçant en face d'une fenêtre, on peut éclairer une cassure sous différents angles et observer l'éclat des grains ; en inclinant plus ou moins l'éprouvette, on arrive très facilement à lui donner une position dans laquelle tous les grains *à la fois* deviennent brillants, les rayons réfléchis rasant alors la cassure métallique sous un petit angle. Si c'est une cassure de cuivre qu'on regarde ainsi, l'aspect rouge, lisse ou terne, varie brusquement lorsqu'on arrive à l'inclinaison convenable, et toute la cassure devient brillante et blanchâtre (fig. 49).

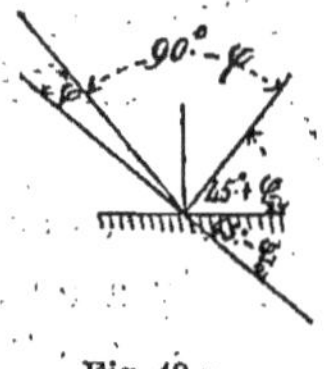

Fig. 49.

Nous sommes convaincu que les grains ne sont que des surfaces de glissement dont l'orientation est uniquement déterminée par la direction de la force qui produit la rupture ; que, loin d'être des cristaux, les grains ne sont qu'une forme particulière de cassure, et ne préexistent nullement dans la matière. Et la preuve en est évidente, puisqu'on obtient à volonté, avec les mêmes matériaux, les cassures les plus diverses, en produisant la rupture par différents genres d'efforts. Par tension, on obtient des cassures planes et lisses ; par compression, des cassures lisses et courbes ; par flexion, des cassures à grains brillants ; on fait apparaître des cassures à grains, des cassures lisses, des cassures spongieuses en faisant simplement varier la forme des éprouvettes de traction. Il y a plus, on fait varier la forme des cassures en changeant seulement les dimensions absolues d'éprouvettes cylindriques, sans faire varier les dimensions relatives. Nous avons déjà dit qu'avec des éprouvettes de cuivre pur, ayant 14 millimètres de diamètre, on obtenait un cône complet dans la cassure, tandis que les éprouvettes du même métal, mais de 30 millimètres de diamètre, avaient une cassure tronconique à base spongieuse, comme celle de l'acier doux.

Les parties tronconiques des cassures d'acier doux sont d'autant plus petites que les éprouvettes sont plus grosses, tout en restant semblables entre elles ; très prononcées dans les cassures d'éprouvettes de 15 millimètres de diamètre de certains aciers, elles disparaissent dans celles des éprouvettes de 25 millimètres. Ces cassures planes et normales à l'axe, dans leur ensemble, présentent un noyau central spongieux, entouré de grains brillants qui s'étendent jusqu'à l'extérieur (fig. 50) ; ces grains présentent généralement une disposition rayonnante vers l'axe, disposition qui, évidemment, ne préexiste pas dans la matière, puisqu'elle se reproduit, quelle que soit la direction de l'axe de l'éprouvette, dans

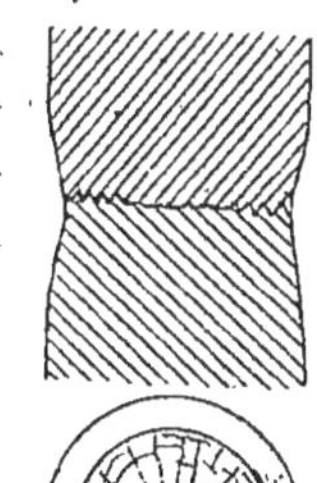

Fig. 50.

la pièce qui l'a fournie. La forme du fuseau varie en même temps que celle de la cassure; voici, par exemple, les coefficients relatifs à un acier à canon : la réduction du diamètre, de 26 p. 100 dans les éprouvettes de 14 millimètres de diamètre, est égale à 20 p. 100 seulement dans celles de 25 millimètres ; la striction ou réduction de la surface de la gorge est égale à 46 p. 100 au lieu de 36 p. 100 ; quant à la charge maxima, elle est à peu près la même pour les deux éprouvettes, 60 kil. par millimètre carré de la section primitive. Les inflexions du fuseau, dans les grosses éprouvettes, sont très rapprochées de la gorge ; la cassure, comprise entre les inflexions, est par suite très limitée et c'est pour cette raison que les grains brillants remplacent les lèvres coniques.

Nous avons dit que les cassures de cuivre pur, brisé en éprouvettes de certaines dimensions, ressemblaient à celles du cuivre oxydé ou de l'acier doux en éprouvettes plus petites ; de même, certains aciers en éprouvettes de 15 millimètres présentent la cassure que nous venons de décrire (fig. 50) comme appartenant aux grosses éprouvettes d'acier d'une autre nuance. Ces faits montrent que les cassures produites, soit dans des circonstances diverses, soit avec des matières différentes, ne diffèrent entre elles que par degrés ; et, dans une certaine mesure, qu'en faisant varier les dimensions des éprouvettes d'une même matière on obtient une série de cassures analogues à celles que présenteraient des matières diverses étirées en éprouvettes de mêmes dimensions.

Lorsque la rupture d'une éprouvette douce est produite prématurément, accidentellement, qu'elle soit causée par une entaille d'outil ou par un défaut de matière, la cassure est presque toujours à grains brillants ; c'est que, dans ces circonstances, il existe une petite zone qui supporte une tension plus forte que les autres ; la cassure est, de ce fait, localisée et par conséquent granuleuse.

Quand la matière est raide, toutes les sections droites

sont également sollicitées ; la cassure ne commence cependant qu'en un point ou en quelques points seulement, soit à cause d'un défaut d'homogénéité, soit par le fait d'un défaut de construction, courbure de l'éprouvette, section plus petite que les autres ; un simple trait de la pointe à tracer suffit souvent à occasionner une rupture prématurée. Dès que la rupture est commencée, certaines sections sont soumises à des tensions considérables, et c'est entre elles que se localise la cassure complète. Plus la matière est raide et tenace, plus la cassure se localise, en général, et plus fins sont les grains.

§ 25. — Déformation des prismes.

En tous les points d'une arête vive, il y a deux plans tangents se coupant suivant la tangente à l'arête ; il résulte de là qu'en tout point d'une *arête saillante libre*, il n'y a qu'une seule force principale développée, traction ou compression tangente à l'arête (§ 1).

Le développement des forces élastiques et, par suite, les déformations, ne peuvent être les mêmes dans la torsion d'un prisme et dans celle d'un cylindre de révolution ; car, dans l'une, il y a en tous les points deux forces principales égales et de sens contraires, tandis que, dans l'autre, il n'y a, aux différents points des arêtes, qu'une seule force principale, qui est une traction puisque les arêtes sont allongées. Dans la torsion des prismes, tous les éléments de section droite ne sont pas sollicités par des forces tangentielles ; les éléments les plus excentriques sont soumis à l'action d'une traction oblique dirigée suivant l'arête. La déformation ne se réduira pas à une simple rotation des sections droites ; les sections elles-mêmes se déformeront, mais, en général, ces déformations seront très petites. La contraction transversale qui accompagne la traction rapproche les arêtes de l'axe ; les angles des sections droites restent vifs, mais deviennent de plus en plus obtus. Si le prisme est parfaitement homogène, la section située dans le plan de symétrie normal à l'axe de torsion, à égale distance des extrémités, restera plane ; les autres sections seront gauchies, leurs parties excentriques se courberont légèrement, puisqu'il y a un allongement longitudinal dans ces zones ; mais cet allongement est toujours faible, soit que les tensions soient elles-mêmes peu intenses, soit que les arêtes déformées aient une faible inclinaison sur les sections droites. Ces déformations secondaires sont plus sensibles aux extrémités que dans le voisinage du plan de symétrie, aussi la rupture se produit-elle près des têtes lorsque la matière est bien homogène et le prisme-éprouvette bien construit. Les parties de la cassure qui sont rapprochées des arêtes sont généralement très nettement inclinées sur le noyau central. Les phénomènes spéciaux à la torsion des prismes ont peu d'influence sur la limite d'élasticité et la résistance à la rupture ; ces coefficients, résultats d'expériences directes, étant peu différents de ceux qu'on déduit par le calcul de l'hypothèse que la torsion des prismes est simple comme celle des cylindres de révolution ([1]).

Un prisme comprimé parallèlement à ses arêtes se gonfle à peu près comme un cylindre ; si la matière est douce et la pression assez énergique, il se produit un plissement de la surface latérale sur le plan des bases ([2]). Les côtés des sections droites deviennent concaves dans le voisinage des bases, et convexes près du plan de symétrie normal à la pression extérieure. En tous cas, il y a simple compression suivant les arêtes.

Lorsque la matière est raide, la rupture se produit suivant des plans ou des pyramides inclinés à $\left(45 + \dfrac{\varphi}{2}\right)$ sur les bases ; c'est ainsi que se brisent les fontes, pierres, etc.

([1]) Duguet, *Déformations des corps solides*, 1re partie, n°s 47, 57, 58.
([2]) Duguet, *Déformations des corps solides*, 1re partie, n° 24.

Les déformations et les cassures des prismes étirés sont analogues à celles des cylindres ; il se forme un fuseau ; les côtés des sections droites deviennent légèrement convexes excepté dans la zone, généralement peu étendue, comprise entre les inflexions où ils sont concaves. Les cassures se composent de parties lisses inclinées à $\left(45 + \dfrac{\varphi}{2}\right)$ sur les tractions principales et de parties spongieuses au centre (fig. 51).

Les arêtes du prisme sont soumises à une simple traction ; un très léger défaut, soit d'homogénéité, soit de

construction, suffit à amener une déchirure accidentelle de l'arête, comme on le voit, en *m*, dans la figure 52 qui représente la cassure d'un prisme triangulaire d'acier très doux. Cette cassure ne s'est pas propagée jusqu'aux parties centrales de l'éprouvette, et la rupture totale s'est produite régulièrement de part et d'autre de la gorge du fuseau. Mais les choses ne se passent pas toujours ainsi ; les cassures accidentelles occasionnent souvent la rupture générale avant même la formation du fuseau. La

Fig. 51.

cassure est alors localisée et, par suite, à grains brillants. Cela explique comment certains métaux présentent des cassures toutes différentes suivant qu'ils sont bri-

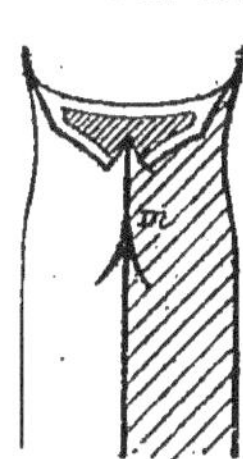

sés en éprouvettes rondes ou en éprouvettes prismatiques ; fait que nous avons constaté sur du fer au bois du Berry, fer d'excellente qualité destiné à la cémentation. Les cassures des éprouvettes rondes étaient régulières, parties lisses sur les bords et partie spongieuse au centre ; tandis que celles des barres carrées étaient tout à *facettes*

Fig. 52.

extrêmement brillantes. Dans ce dernier cas, la rupture avait lieu par simple traction ; dans le premier, au contraire, il existait en chaque point de la zone extérieure une pression et une tension simultanées ; aussi les déformations étaient-elles bien plus grandes avec les éprouvettes rondes qu'avec les éprouvettes carrées. L'exemple que nous citons a cela de remarquable, qu'il montre une matière douce pouvant être, d'après certains essais, classée parmi les matières raides.

Dans la flexion d'un prisme rectangulaire, les sections droites restent planes et n'éprouvent de déformations que dans leur plan(¹). Les faces latérales deviennent concaves, les autres faces prennent une forme concave dans un sens et convexe dans le sens perpendiculaire. Une partie du prisme est raccourcie longitudinalement et dilatée transversalement; l'autre, au contraire, est dilatée dans le sens de la longueur et contractée dans le plan des sections droites. Ces deux parties sont séparées par la surface FG (fig. 53) qui conserve ses dimensions primitives en tous sens ; on la nomme *fibre* ou *surface neutre*. Elle varie à chaque instant dans le prisme. Tant que les déformations sont petites, les faces du prisme restent sensiblement planes ou cylindriques, la fibre neutre reste à peu près à égale distance des deux faces auxquelles elle est parallèle ; il n'y a en chaque point qu'une seule force principale, longitudinale, traction ou compression ; c'est à cette période seule que s'appliquent les calculs et raisonnements relatifs à la *flexion simple* (²). Dès que les déformations deviennent considérables, les faces se gauchissent; tout élément tel que $m, n, p, q - m', n', p', q'$ (fig. 53), comprimé dans sa longueur, se dilate suivant les directions mn et mp et réagit transversalement sur les éléments

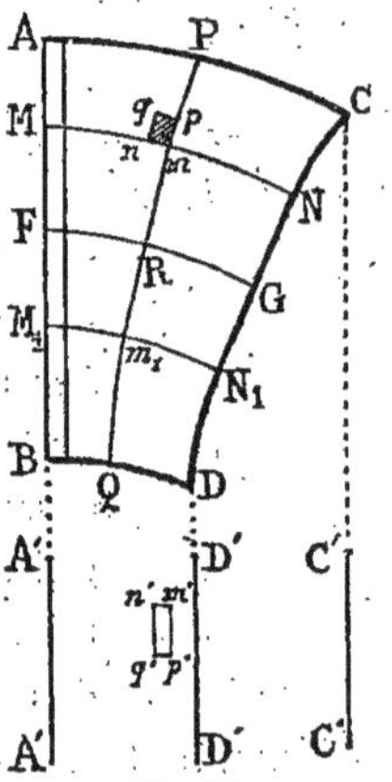

Fig. 53.

(¹) Duguet, *loc. cit.*, nº 33.
(²) *Loc. cit.*, nºˢ 31-40.

voisins qui éprouvent des déformations différentes. La section de symétrie AB, par exemple, reste plane. Si elle était libre, elle prendrait une forme analogue à CD ; il résulte évidemment de là que ce plan est sollicité normalement par une pression qui croît de la fibre neutre à la surface AC ; de même, le plan FB est tiré par une force qui croît de F en B.

Aux divers points d'une droite parallèle aux côtés AC, BD de la section droite primitive, la contraction longitudinale est la même, mais les dilatations transversales amènent des réactions qui varient d'un point à l'autre de cette droite et il résulte de là que la compression longitudinale varie aussi d'un point à l'autre de cette ligne.

Il y a donc, en général, dans les grandes flexions, un développement de trois forces principales variables d'un point à l'autre :

a. Normale à la section droite.
b. Peu inclinée sur la normale à AB.
c. Normale aux deux autres, peu inclinée sur AB.

Ces forces ont pour enveloppes des surfaces telles que MN, PQ (fig. 53) ; en chaque point m, passent trois *surfaces de niveau* orthogonales : la section droite ABCD, les surfaces MN, PQ, qui sont sollicitées par les forces normales a, b, c ; elles ont à peu près la même forme que les transformées des sections droites longitudinale et transversale du prisme, mais ne se confondent pas avec elles. Les surfaces de niveau MN, PQ varient à chaque instant dans le prisme ; on sait, de plus, qu'un prisme formé de couches jointives et non cohérentes se comporte à la flexion tout différemment qu'un prisme d'une seule pièce ; les surfaces de joints glissent les unes sur les autres et sont, par conséquent, sollicitées par des forces obliques.

Nous pensons que toutes les forces développées en un même point sont de même signe (il serait utile d'instituer quelques expériences dans le but de rechercher le sens des forces principales aux différents points et dans toutes les directions ; actuellement, nous n'avons pas les moyens de continuer nos recherches expérimentales) ; qu'en tout point de l'intérieur du prisme, il y a à la fois compression en tous sens ou traction en tous sens ; qu'à la surface extérieure, il y a ou deux compressions, ou deux tractions ; enfin, qu'aux différents points des arêtes, il y a simple traction ou simple compression ; la surface neutre de niveau FG sépare la partie comprimée en tous sens de la partie tirée en tous sens.

La rupture par flexion se produit dans la *section dangereuse*, c'est-à-dire dans la section qui supporte les plus grandes tensions, soit à cause de ses dimensions propres si la pièce n'est pas prismatique, soit à cause de sa position relativement aux efforts extérieurs. C'est dans la partie BD que commence la cassure, au point où la tension longitudinale a est maxima ; elle est inclinée sur l'arête D à $\left(45 + \dfrac{\varphi}{2}\right)$, ou bien, si son origine est en B, elle passe par la direction de la tension b, tangente à la courbe BD et est inclinée à $\left(45 + \dfrac{\varphi}{2}\right)$ sur la section droite ; en tous cas, la cassure est localisée dans le voisinage de la section dangereuse et est toujours à grains brillants. Lorsque la cassure, après avoir dépassé la zone neutre, arrive dans la partie comprimée, elle s'écarte de part et d'autre de la section dangereuse ; la pièce se trouve ainsi brisée en trois parties, deux gros morceaux séparés par un petit coin (fig. 54). Il arrive souvent que la rupture se produit seulement suivant une des faces du coin ; alors la cassure a la forme DG*os*. Telles sont les cassures des aciers doux en barres assez épaisses. La forme varie d'ailleurs avec la douceur de la matière et les dimensions de la pièce ; les cassures des matières raides, dans toute l'étendue de leur ensemble, sont planes et entièrement à grains brillants, comme toutes les cassures par flexion.

La cassure en forme de coin, singulière au premier

abord, s'explique très bien si l'on remarque : que, dans les périodes successives de la rupture, la cassure se propage dans des zones déjà soumises à des tensions ou compressions plus ou moins fortes ; que les parties de la section droite GA qui éprouveraient les plus grandes tensions s'il n'y avait pas de compression, sont précisément les parties les plus comprimées ; que les tensions réellement développées dépendent, non seulement de la déformation immédiate, mais encore de l'état de compression antécédent. Ces observations, en effet, montrent clairement pour quelles raisons les tensions maxima, qui amènent la rupture, se produisent en dehors du plan de symétrie et pourquoi la cassure se bifurque de part et d'autre de ce plan, dès qu'elle dépasse la fibre neutre G.

A ces remarques, il faut encore en ajouter une autre qui ne manque pas d'importance. Si l'on considère, en effet, la forme du prisme ayant éprouvé une très grande flexion, on observe que la partie comprimée GA du plan de symétrie est très dilatée transversalement, et que les sections droites, dans la partie comprimée, diminuent de superficie en s'éloignant du plan de symétrie ; au contraire, dans la partie tendue, la section droite GD située dans le plan de symétrie est minima.

Il résulte de là que la section dangereuse, celle dans laquelle se développent les plus grandes tensions, abstraction faite du développement de forces élastiques antérieur à la rupture, que la section dangereuse ne se confond avec la section droite DGA que de la partie la plus tendue D à la fibre neutre G ; au delà, elle se bifurque de part et d'autre du plan de symétrie GA. — Cette circonstance n'est certes pas étrangère à la forme de la cassure ; elle suffirait même, à elle seule, à expliquer la présence de ce petit coin, qui

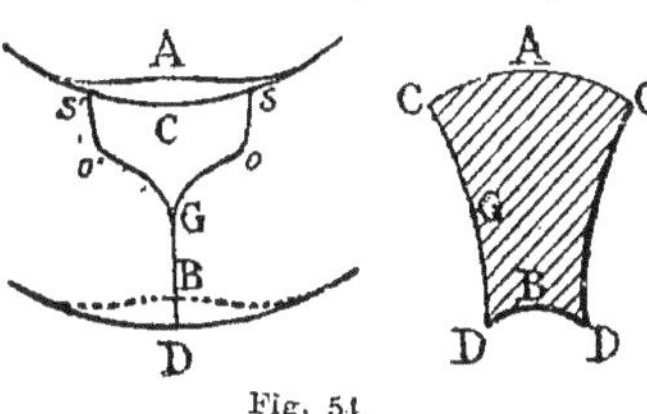

Fig. 51.

n'existe que dans les pièces très sensiblement déformées transversalement et dont la forme est intimement liée à celle des déformations transversales.

Lorsqu'un prisme, hexagonal par exemple, est comprimé sur deux de ses faces latérales ABA', EDD' (fig. 55), les arêtes libres telles que FG sont dilatées. Or, en chaque point de ces arêtes il n'y a qu'une force principale, cette force est donc une traction, nulle aux extrémités F, G et maxima en M, dans le plan transversal de symétrie. Voilà un exemple de simple traction développée par compression.

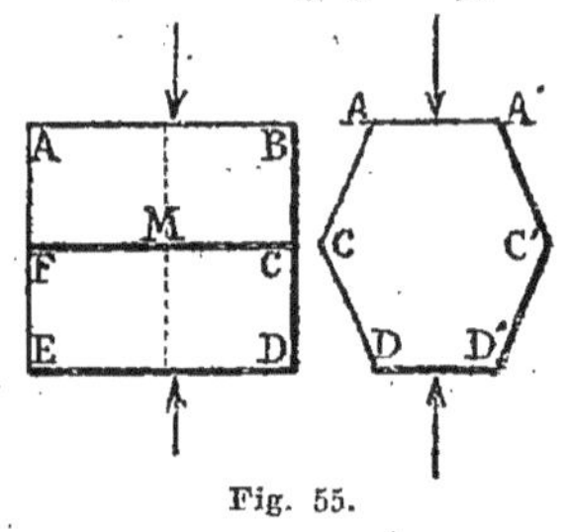

Fig. 55.

De tout ce que nous avons dit sur la déformation des prismes, il résulte qu'un *allongement par simple traction* peut être produit de bien des façons différentes: par torsion, flexion, compression aussi bien que par traction directe, pourvu que le corps déformé ait une arête saillante libre. — Mais les circonstances dans lesquelles se produit cet allongement ne sont pas toujours identiques. Dans certains cas, les éléments plans sollicités normalement par la simple tension développée en même temps que l'allongement, sont invariables dans le corps ; ce sont toujours les mêmes éléments qui sont tirés normalement; c'est ce qui arrive dans la flexion et en certains points des arêtes libres des prismes étirés ou comprimés. Mais, dans d'autres circonstances, dans les prismes tordus, par exemple, et aussi en presque tous les points des prismes étirés ou comprimés, les éléments sollicités normalement varient à chaque instant. C'est ce qui explique pourquoi l'*allongement extrême des arêtes*, l'allongement correspondant à la rupture, n'est pas toujours le même, n'est pas une constante spécifique de la matière déformée.

§ 26. — Déformations des corps fibreux et cristallins.

Tout ce que nous avons dit jusqu'ici, dans ce chapitre, ne s'applique qu'aux corps homogènes et de résistance égale en tous sens, aux corps constitués de telle manière que la déformation d'un élément cubique sollicité par un système d'efforts quelconques, soit indépendante de la position de son centre dans le corps et de l'orientation de ses faces.

Bon nombre de matériaux ne sont pas dans ce cas et offrent une résistance très variable aux efforts diversement dirigés ; les uns sont des produits naturels, comme les bois, les minéraux ; les autres sont les résultats de fabrications particulières, tels sont le bronze, le fer et l'acier corroyés.

Lorsque les surfaces de moindre résistance sont sensiblement parallèles à une droite, on dit que le corps est *fibreux* ; les *fibres* ont la forme de feuilles, de cylindres creux ou de prismes très allongés, limités par les surfaces de moindre résistance qui reçoivent le nom de *fils* dans le bois, de *mises* ou *soudures* dans le fer, de plans de *clivage* dans les ardoises et autres minéraux.

Les résultats des essais de traction, compression, flexion, etc., dépendent essentiellement de la direction des fibres dans l'éprouvette. Nous examinerons seulement le cas où les fibres sont sensiblement parallèles au grand axe de l'éprouvette.

Une barre de fer ou d'acier, produite par le laminage d'un *paquet*, se comporte, à la traction ou à la compression suivant les fibres, comme une barre de métal homogène ; seules, les cassures sont très différentes. La figure 56 représente une éprouvette de fer doux, fortement comprimée et plissée ; les cassures superficielles ne sont pas hélicoïdales, elles se produisent suivant les plans diamétraux qui séparent les mises, dans le voisinage du plan de symétrie normal à l'axe, au centre de la surface, où la tension transversale qui accompagne la pression longitudinale est maxima ; la rupture commence au moment où cette tension b devient égale à la cohésion de la soudure.

La cassure d'une barre d'acier puddlé doux est formée

de parties coniques et de parties hélicoïdales, comme celles d'un acier homogène, mais présente, de plus, des fentes longitudinales séparant les mises ; ces cassures secondaires ne se produisent qu'à l'intérieur, aux points où les tensions transversales, b ou c, deviennent égales à la cohésion de la soudure. — A l'extérieur, les mises apparaissent aussi, souvent, non plus sous la forme de fentes, mais au contraire en légères

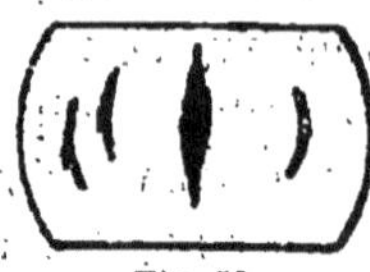

Fig. 56.

saillies longitudinales ; ces lignes, généralement noirâtres, ne sont autre chose que les scories comprises entre les mises et chassées par la compression transversale b.

Les bois secs ne peuvent, sans se rompre, acquérir des déformations permanentes considérables. A la compression suivant les fibres, les bois durs se comportent comme des corps très raides, la rupture se produit suivant des surfaces planes, plus ou moins inclinées sur les sections droites, mais traversant franchement les fibres, comme le montrent les figures ci-jointes, qui représentent des cylindres de buis (fig. 57) et de cormier (fig. 58) de 50 millimètres de diamètre sur 60 millimètres de hauteur, rompus sous une pression de 5 kil. par millimètre carré. Nous avons obtenu des cassures analogues en comprimant des cylindres d'acajou du Paraguay et de gayac

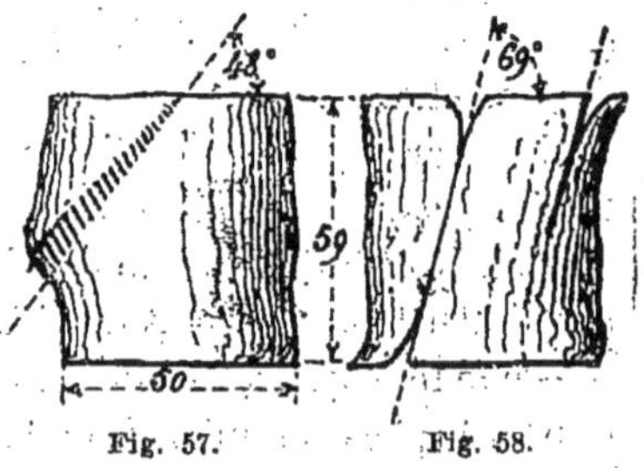

Fig. 57.   Fig. 58.

sous des efforts de 6 kil. et 7kg,9 par millimètre carré de superficie.

Par la flexion, ces bois durs se brisent en *sifflets* ; les cassures sont des surfaces inclinées sur les fibres et sur la direction de la force principale longitudinale a ; telle est la cassure du cormier représentée par le figure 59. La rupture des bois tendres, du bois blanc, par exemple (*fig.* 60), se produit tout différemment; dès que les couches les plus tendues sont rompues, les fibres se séparent en éclats divergents; dans ce cas, les forces transversales *c* sont supé-

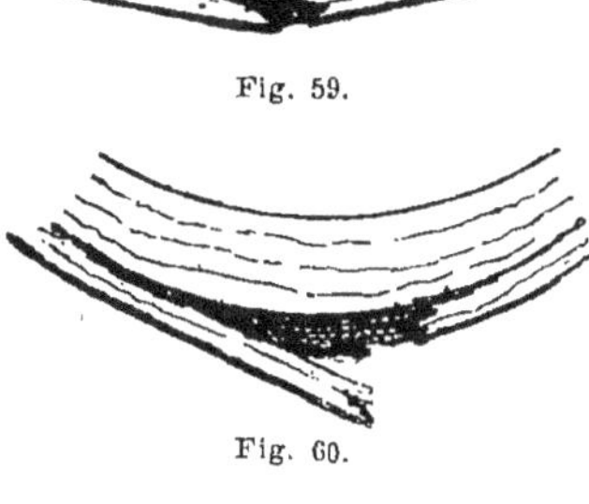

Fig. 59.

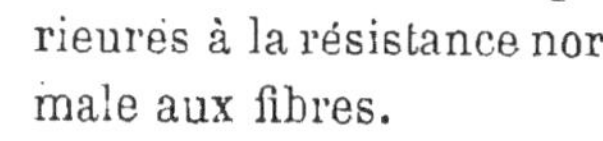

Fig. 60.

rieures à la résistance normale aux fibres.

Les fers à mises, dits *fers à nerf*, se brisent de la même manière.

Lorsque les surfaces de moindre résistance ont des directions diverses, on dit que le corps est *cristallin*; un grand nombre de métaux fondus appartiennent

à cette catégorie; tels sont, en général, le bronze, le zinc, le plomb. Les plus grands glissements se produisant dans des directions qui dépendent à la fois de la direction des efforts extérieurs et de celle des *clivages,* il en résulte des déformations très irrégulières. C'est ainsi que la surface des éprouvettes de traction de certains bronzes se sillonne de

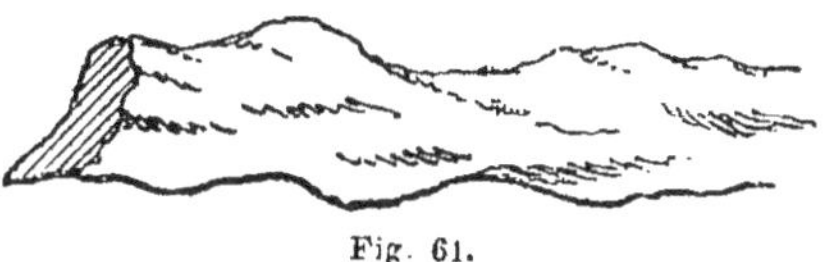

Fig. 61.

dépressions longitudinales séparées par des bosses; l'éprouvette, primitivement ronde, présente, après la traction, des ventres et des nœuds et ressemble à un tissu musculaire (fig. 61). — La

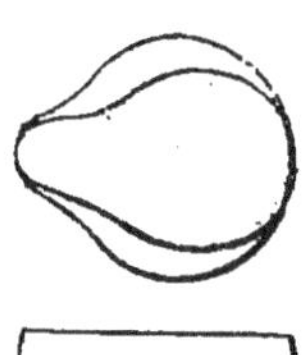

Fig. 62.

figure 62 représente un cylindre de bronze fortement comprimé et montre que les déformations produites par la compression ne sont pas plus régulières que celles des éprouvettes de traction.

Lorsque la matière est assez douce, la surface latérale se plisse sur le plan des bases, et les cassures, à la suite de ces grandes compressions, se produisent dans les couches superficielles, suivant des surfaces hélicoïdales aussi nettes que celles des matières homogènes rompues dans les mêmes conditions, malgré l'irrégularité si prononcée des déformations ; la figure 63 représente les déformations et les cassures d'un cylindre de zinc comprimé.

Les cassures du bronze sont analogues. A la traction, le bronze cristallin se brise suivant les surfaces de moindre résistance, les clivages ; la cassure est généralement en sifflet.

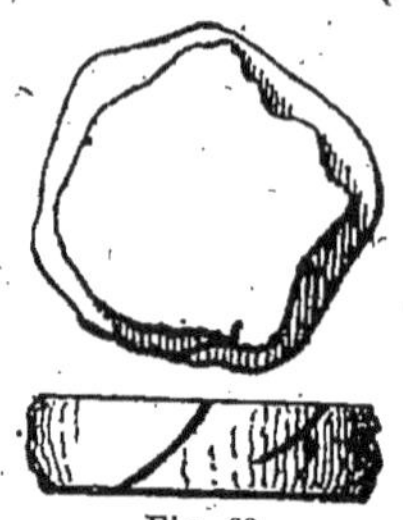

Fig. 63.

Nous citerons, en terminant le paragraphe consacré aux déformations des corps hétérogènes, une expérience assez curieuse qui peut conduire à certaines conséquences intéressant les déformations en général. Voici le résultat de cette expérience : un cylindre de bronze cristallin ayant été déformé par la traction, a repris sa forme circulaire en même temps que ses dimensions primitives, par une compression longitudinale ; l'effort de compression nécessaire à redonner à l'éprouvette sa forme et ses dimensions initiales est bien supérieur à l'effort de traction qui a produit la déformation primitive. Ce dernier fait s'explique par la raison que, dans la traction, la section transversale décroît à mesure que l'effort augmente, tandis que, dans la compression, c'est l'inverse qui a lieu ; mais, de l'ensemble des phénomènes observés, il est permis de conclure que les mêmes glissements, suivant les mêmes éléments, sont produits par des forces très différentes suivant le sens de la composante normale qui sollicite ces éléments, suivant que cette composante est une traction ou une compression.

§ 27. — Compression dissymétrique des barres longues.

Un prisme droit comprimé normalement à ses bases peut être en équilibre mathématique d'une infinité de manières ; il peut rester prismatique, se courber ou se déformer symétriquement sans conserver la forme prismatique ; mais, en général, il n'y a qu'une seule déformation stable, celle qui correspond, à chaque instant, au rapprochement maximum des bases.

Les déformations varient surtout avec les dimensions relatives du prisme et l'état des surfaces d'appuis. Que la barre comprimée soit plus ou moins longue, que ses bases se déplacent ou demeurent fixes dans leur plan, elle reste toujours symétrique par rapport à un plan perpendiculaire aux surfaces d'appuis ; il suffit, pour se rendre compte des déformations (au moins des déformations principales), d'étudier les variations de forme et de position des éléments situés dans ce plan de symétrie longitudinale.

Comme nous l'avons expliqué au § 23, la déformation générale peut être considérée comme le résultat des glissements élémentaires suivant tous les plans perpendiculaires au plan de symétrie. Si ces glissements sont, en tous points, dirigés de l'intérieur vers l'extérieur, la compression est *symétrique* ; elle est *simple*, si les glissements sont les mêmes en tous les points, et dans ce cas, les efforts sont uniformément répartis sur les sections droites qui restent planes et normales aux arêtes.

Lorsque les glissements ont partout la même direction générale, de gauche à droite par exemple, pour un observateur regardant le plan de symétrie longitudinal, la barre se courbe. Considérons le prisme ou le cylindre

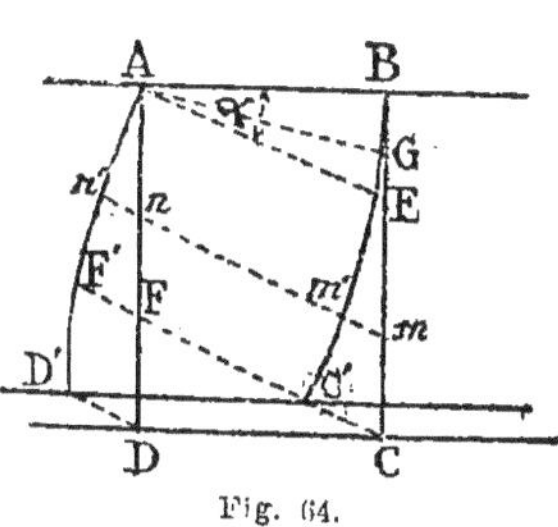
Fig. 64.

ABCD (fig. 64) : les glissements parallèles au plan mn normal au plan de symétrie ABCD, dans la direction de BC vers AD, amènent mn en $m'n'$, FC en F'C', CD en C'D', ABCD en ABC'D' ; on voit qu'ainsi le prisme se courbe, mais pour que cette déformation soit possible, il faut que l'une des bases au moins (CD) soit mobile dans son plan.

Tous les plans, tels que *mn*, inclinés sur les bases, sont primitivement sollicités par une pression oblique ou par une force tangentielle T, accompagnée d'une pression normale N. Il est bien clair qu'il n'y aura pas de glissements suivant les plans pour lesquels la force T est inférieure au produit fN, f étant le coefficient de frottement ; plans dont l'inclinaison sur les bases est plus petite que l'angle de frottement φ. Ainsi, le coin infiniment petit BK*h* (fig. 65) n'éprouvera aucune déformation dans le genre de compression qui nous occupe, et l'angle B restera droit. Mais il en sera tout autrement du coin parallèle ABH, de grandeur finie.

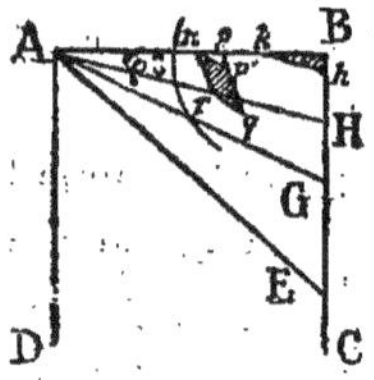

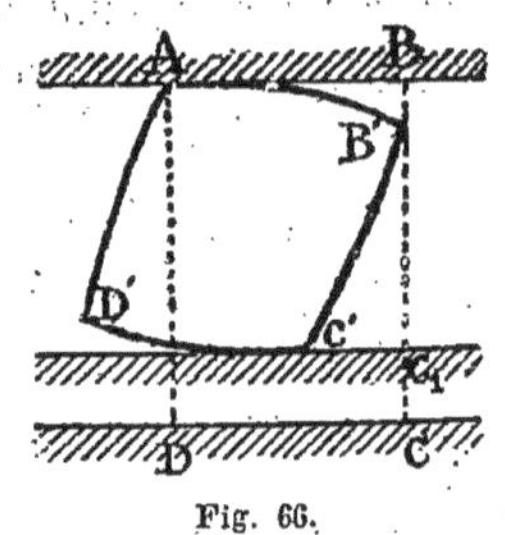

Fig. 65.

En effet, tout élément tel que *npqr* dont les faces ont sur les bases une inclinaison supérieure à φ, éprouvera un glissement dans la direction *pq* et deviendra *np'q'r*. Alors, de deux choses l'une : ou il y aura glissement dans toute direction *pq* et par suite *bâillement* entre les bases et les appuis ; ou la pression ne sera pas normale en tous les points des bases. En tous cas, la pression, dès que le prisme se courbera, cessera d'être uniformément répartie sur les sections droites ; elle sera maxima en A et minima en B où elle pourra être nulle s'il y a bâillement, ou négative, c'est-à-dire devenir une traction, si la base est liée à la surface d'appui. Lorsque le bâillement se produira, il commencera en B et s'étendra successivement de B en A, comme si la base AB tournait autour de A. Ainsi

Fig. 66.

le prisme ou le cylindre prend la forme AB'C'D' (fig. 66).

Dans quelles conditions se produira ce genre de déformation ? Lorsque l'une des bases au moins étánt mobile dans son plan, le raccourcissement général CC_1 (fig. 66), résultat de cette déformation, sera plus grand que celui qui résulterait de toute autre déformation produite par le même effort, de la compression symétrique, par exemple..

Les glissements, nuls pour toute direction comprise entre AB et AH, croissent d'abord avec l'inclinaison de leur direction AG, décroissent ensuite et deviennent nuls suivant AD (fig. 65); ils sont donc maxima suivant une certaine direction AE. Si le prisme ABCD (fig. 67) est plus long que BE, des glissements considérables de BC vers AC pourront se produire dans la partie AECD, à la condition que les bases soient mobiles dans leur plan. Dans ces conditions, les bases glisseront sur les appuis et le prisme se courbera. Au contraire, si le prisme ABC_1D_1 est notablement plus court que BE, les grands glissements, sous l'inclinaison EAB, ne pourront se produire dans une direction unique; ils se produiront en tous sens, et la compression sera symétrique.

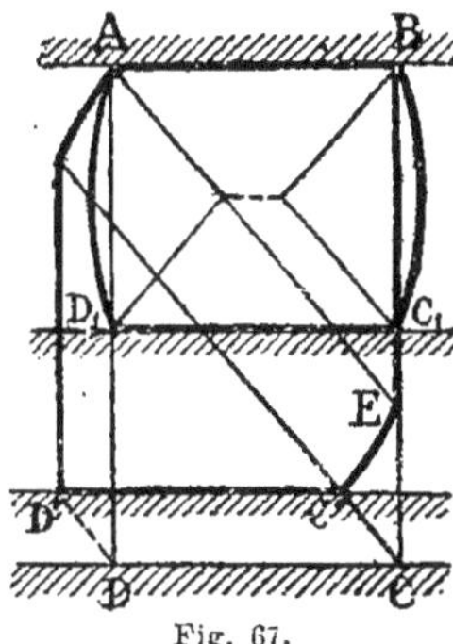

Fig. 67.

L'expérience prouve que les cylindres métalliques ayant une hauteur un peu plus grande que le diamètre se déforment symétriquement par rapport à l'axe, tandis que les cylindres plus longs se courbent en même temps que les bases se déplacent. Nous en concluons que l'angle BAE est un peu plus grand que 45°, et que les *plus grands glissements* se produisent, comme les cassures, sous un angle voi-

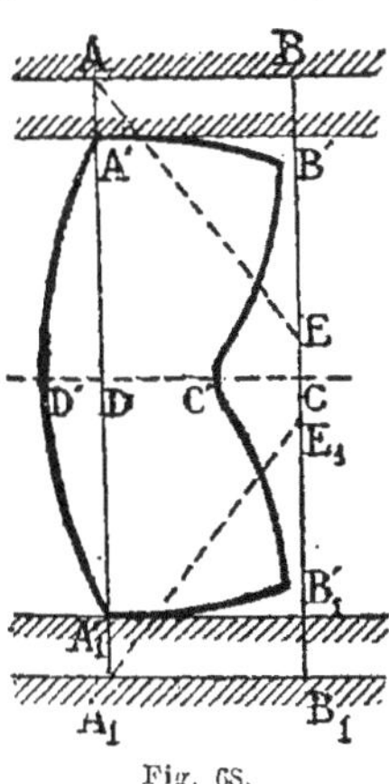

Fig. 68.

sin de $\left(45 + \dfrac{\varphi}{2}\right)$ pour lequel $(T — fN)$

est maximum. Lorsque le prisme comprimé $A'BA_1B_1$ (fig. 68) est plus long que le double de BE, il peut être considéré comme formé par la réunion de deux prismes, ABCD, A_1B_1CD, plus longs que BE, ayant une base commune CD mobile dans le plan de symétrie. Cela suffit à expliquer ce fait d'expérience, qu'un tel prisme se courbe toujours sous l'action d'une pression longitudinale assez forte, et cela, que ses bases AB, A_1B_1 se déplacent ou restent fixes dans leur plan. Des bâillements pourront se produire en B' et B_1', mais non en D'; en ce point, la pression est beaucoup plus faible qu'en C', et peut même devenir une traction.

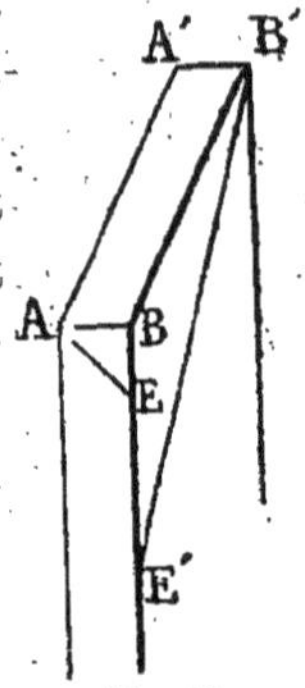

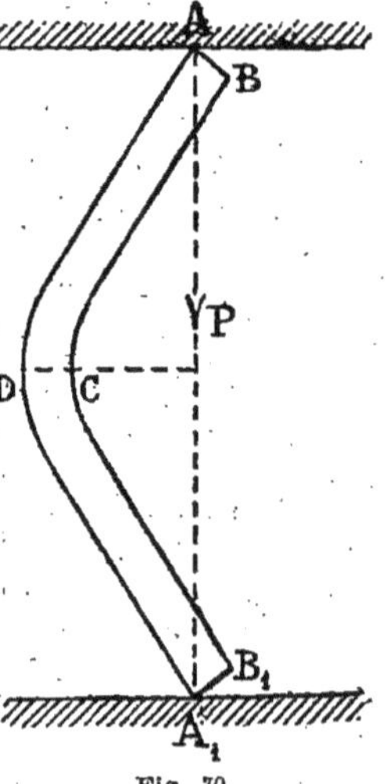

Fig. 69.

La longueur BE est un peu plus grande que AB, on peut la considérer comme égale à AB. $\mathrm{tg}\left(45 + \dfrac{\varphi}{2}\right)$. Il résulte de là qu'un prisme rectangle se courbera lorsque sa longueur sera un peu plus grande que le double du plus petit côté (fig. 69) et, dans la déformation, les bases tourneront toujours autour du plus grand côté qui restera fixe sur les appuis.

Lorsque le prisme est très long relativement au petit côté, la déformation générale peut être considérée comme une *simple flexion*, accompagnée d'une faible compression longitudinale ; c'est un fait d'expérience que, dans ces conditions, les sections droites du prisme restent planes. Les forces élastiques normales au plan de symétrie CD (fig. 70) doivent être

Fig. 70.

telles que leur somme algébrique soit égale à la pression extérieure P, et que la somme de leurs moments autour d'un axe quelconque soit égale au moment de la force P [1].

Sous une pression relativement faible, la distance de DC à la ligne AA₁ qui joint les appuis, peut être considérable si le prisme a une grande longueur; il y aura par suite une grande tension développée en D, la rupture commencera en ce point et la cassure sera du genre des cassures par flexion transversale.

Les choses se passent tout autrement lorsque la barre est courte; il y a peu ou point de tension en D (fig. 71), et la rupture est le résultat de la compression très considérable développée en C. La cassure commence par deux éléments plans symétriques, Cm, Cn, inclinés à $\left(45 + \dfrac{\varphi}{2}\right)$ sur CD et s'étend vers les bases ; elle se compose de deux surfaces lisses et brillantes, ne différant des cassures par compression simple que par leur courbure. Telles sont les cassures des aciers un peu raides qui se produisent successivement et lentement de C vers A.

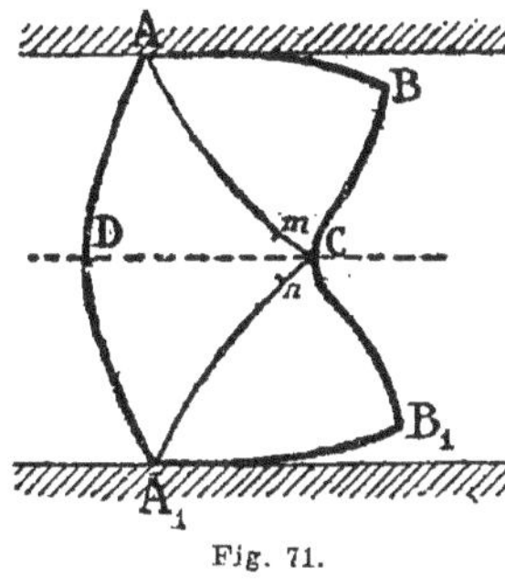

Fig. 71.

Les déformations des matières douces comprimées sont si considérables, qu'il est généralement impossible d'obtenir autre chose que des cassures superficielles par leur compression en cylindres ayant trois ou quatre diamètres de longueur ; il se produit, non seulement un *plissement dissymétrique* de la surface latérale dans le plan des bases, mais encore un *plissement de la surface latérale sur elle-même,* dans le voisinage de la concavité C [2]. Indépendamment des cassures qui quadrillent la surface extérieure, des cassures telles que Cm

[1] Duguet, *Déformations des corps solides,* Iʳᵉ partie, nᵒ 44.
[2] *Ibid.* Iʳᵉ partie, nᵒ 27 (fig. 40).

— Cn peuvent se produire sans se propager jusqu'aux bases, et cela à cause des plissements dont nous venons de parler.

En tous cas, on obtiendra une courbure bien plus grande en *comprimant* une barre suivant sa longueur, qu'en la *fléchissant* normalement à sa plus grande dimension ; car la tension développée dans la partie la plus convexe par la compression longitudinale est bien plus faible que la tension produite par la flexion transversale ; la différence est d'autant plus grande que le prisme est plus court. Cette remarque a son importance au point de vue pratique, car elle explique en quoi consiste l'adresse des ouvriers réputés habiles à courber les barres sans les briser et permet à l'ingénieur d'obtenir de telles déformations, au moyen d'une presse quelconque, sans avoir recours à la science occulte du forgeron. Elle permettra encore aux experts et jurés de reconnaître de quelle façon a été courbée la barre soumise à leur examen ; l'origine de cassures situées dans la partie concave, qu'on dévoilera par un lavage à l'eau acidulée d'une section longitudinale bien polie, montrera que la barre a été courbée par compression longitudinale et non par flexion transversale.

CHAPITRE VII.

§ 28. — Petites déformations élastiques.
Forces principales.

Lorsqu'un cylindre creux, de révolution, est soumis à l'action de pressions normales uniformément réparties, soit sur sa surface extérieure, soit sur sa surface intérieure, les plans diamétraux sont des plans de symétrie, sollicités, par conséquent, par des forces normales. En chaque point du plan de symétrie perpendiculaire à l'axe du cylindre, les éléments plans *principaux*, c'est-à-dire les éléments sollicités par des *forces principales* ou normales, sont situés : les deux premiers, dans les deux plans de symétrie passant au point considéré, et le troisième, dans le plan perpendiculaire aux deux autres : les *surfaces principales* sont donc :

Le plan diamétral ;

Le plan de symétrie normal à l'axe ou section droite du cylindre ;

La surface cylindrique de révolution autour de l'axe.

Et les trois *forces principales a, b, c*, sont dirigées :

a, suivant la normale à la surface cylindrique, ou suivant le rayon de la section droite ;

b, suivant la normale au plan diamétral ;

c, parallèlement à l'axe.

Le cylindre étant en équilibre, considérons un élément solide demi-cylindrique, ABC, A′B′C′ (fig. 72), limité par des surfaces principales ; deux sections droites distantes de dz, deux surfaces cylindriques ABC — A′B′C′ de rayons ρ et $\rho + d\rho$, et un plan diamétral AA′ — C′C.

La condition que la somme des projections, sur un plan perpendiculaire à l'axe, de toutes les forces qui sollicitent cet élément, soit nulle, donne immédiatement une relation entre les forces principales a et b et la variation de a avec le rayon ρ.

En effet, a et $a + da$ étant les forces normales aux surfaces ABC, A'B'C' de rayons ρ et $\rho + d\rho$, et b la tension ou pression qui sollicite les éléments AA' — CC', on a :

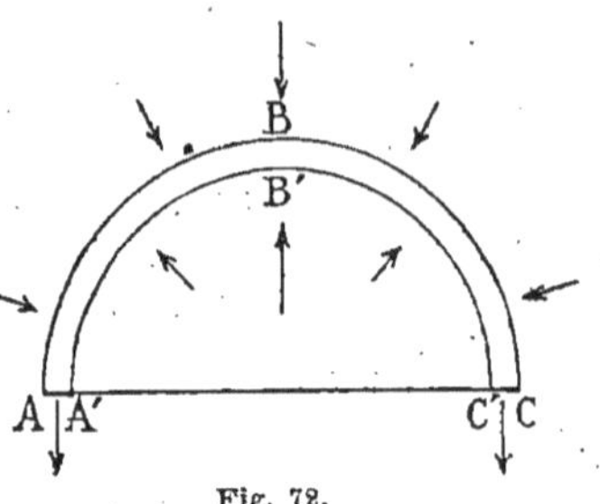

Fig. 72.

$$a.\text{A'C'}.dr - (a + da).\text{AC}.dr + b\,(\text{AA'} + \text{CC'})\,dr = 0$$

ou

$$2.\rho.a - 2\,(\rho + d\rho)\,(a + da) + 2.b.d\rho = 0$$

ou

$$b.d\rho = a.d\rho + \rho da$$

en négligeant les infiniment petits d'ordre supérieur au premier et enfin :

$$(1) \qquad (a - b)\,d\rho = - \rho.da$$

Remarquons que b est ici considéré comme une force de même signe que a, comme une pression ; si la valeur de b est négative, $(-b)$ représentera une traction.

Les forces a et b, si elles agissaient séparément, produiraient des dilatations ou contractions Ka, Kb, dans le sens de l'axe ; agissant simultanément, elles produiront une dilatation $K(a + b)$, si l'on admet l'indépendance de leurs actions.

Comme nous ne considérons ici que le cas idéal d'un cylindre de longueur infini, toutes les sections droites peuvent être regardées comme étant et restant, dans la déformation, plans de symétrie ; il résulte de là que la déformation longitudinale, parallèle à l'axe, est la même en tous les points. — Or, cette déformation a pour expression :

$$\pm\, \mathrm{E}.c + \mathrm{K}\,(a + b)$$

D'où l'on conclut que la quantité $\mathrm{K}(a+b)$ est constante, indépendante de ρ et de r, dans le cas où la force principale longitudinale c est nulle ou uniformément répartie sur les sections droites. Nous ne nous occuperons pas davantage de cette force c et nous poserons :

$$(2) \qquad\qquad (a + b) = h$$

Cette condition, jointe à l'équation (1), donne, par l'élimination de b, la relation suivante :

$$(2a - h)\, d\rho = -\, \rho.da$$

ou :

$$\frac{da}{\left(a - \dfrac{h}{2}\right)} = -\, \frac{2d\rho}{\rho}$$

ou en intégrant :

$$l.\left(a - \frac{h}{2}\right) = -\, 2l\,(\rho) + l\,(\mathrm{C}) = l\left(\frac{\mathrm{C}}{\rho^{2}}\right)$$

En remarquant que $a - \dfrac{h}{2} = \dfrac{a - b}{2}$, on peut définitivement remplacer les équations (1) et (2) par les suivantes :

$$\begin{cases} a + b = h \\ (a - b)\,\rho^{2} = \mathrm{H} \end{cases}$$

h et H étant des constantes indépendantes de ρ et qui seront déterminées en fonction des dimensions du cylindre et des forces qui le sollicitent.

Telles sont les équations d'équilibre établies par le colonel Virgile et implicitement comprises dans les équations générales du § 19. Il ne faut pas oublier qu'elles ne sont vraies que dans le cas d'un cylindre de révolution de longueur infinie, soumis longitudinalement à une force nulle ou uniformément répartie sur les sections droites, et n'éprouvant qu'une déformation élastique assez petite pour que les actions des différentes forces puissent être considérées comme proportionnelles aux intensités et indépendantes les unes des autres.

Soit R_0 et R_1 les rayons des surfaces intérieure et extérieure du cylindre, et p_0 et p_1 les pressions qui agissent sur ces surfaces ; les tensions intérieure et extérieure t_0 et t_1 développées normalement aux plans diamétraux, ainsi que les forces principales p et t développées en un point quelconque, seront données par les relations ci-dessus établies, dans lesquelles on remplacera ρ par R_0 ou R_1, a par p_0 ou p_1, — b par t_0, t, ou t_1

$$\begin{cases} p_0 - t_0 = p_1 - t_1 = p - t = h \\ (p_0 + t_0)\, R_0{}^2 = (p_1 + t_1)\, R_1{}^2 = (p + t)\, \rho^2 = H \end{cases}$$

Dans ces équations, p et t sont positives, mais p représente une pression et t une tension.

Si la surface extérieure R_1 est libre, $p_1 = 0$ et les équations deviennent :

$$\begin{cases} p_0 - t_0 = - t_1 \\ (p_0 + t_0)\, R_0{}^2 = t_1 R_1{}^2 = - (p_0 - t_0)\, R_1{}^2 \end{cases}$$

ou

$$p_0 = t_0 \frac{R_1{}^2 - R_0{}^2}{R_1{}^2 + R_0{}^2}$$

qui montre que : dans un cylindre soumis seulement à une pression intérieure p_0, la tension intérieure t_0 est toujours plus grande que la pression, et d'autant plus grande que le cylindre est moins épais à égalité de diamètre, ou d'un plus grand diamètre, à égalité d'épaisseur. La tension ne devient égale à la pression normale, comme cela arrive dans la torsion, que dans un cylindre d'épaisseur infinie, pour lequel $R_1 = \infty$ ou $\dfrac{R_0}{R_1} = 0$. Cette équation montre encore que la résistance élastique d'un cylindre ne dépend que de ses dimensions relatives, c'est-à-dire du rapport des rayons $\dfrac{R_1}{R_0}$ ou du rapport de l'épaisseur au calibre $\dfrac{R_1 - R_0}{2R_0}$. Cette remarque a son importance ; jointe aux précédentes, elle fait pressentir les grandes difficultés que présente la construction des grosses pièces d'artillerie, à côté de celle des petits cylindres, tuyaux ou canons de fusil, auxquels il suffit, pour résister, d'une faible épaisseur.

Les constantes h et H ont pour valeur :

$$h = -t_1 \qquad H = t_1 \, R_1^2$$

et la tension extérieure, en fonction de p_0, R_0, R_1 :

$$t_1 = p_0 \frac{2 R_0^2}{R_1^2 - R_0^2}$$

Les forces principales développées à une distance ρ de l'axe sont :

$$\begin{cases} p = t_1 \dfrac{R_1^2 - \rho^2}{2 \cdot \rho^2} = p_0 \dfrac{R_0^2}{\rho^2} \dfrac{R_1^2 - \rho^2}{R_1^2 - R_0^2} \\[2ex] t = t_1 \dfrac{R_1^2 + \rho^2}{2 \cdot \rho^2} = p_0 \dfrac{R_0^2}{\rho^2} \dfrac{R_1^2 + \rho^2}{R_1^2 - R_0^2} \end{cases}$$

Ces équations montrent qu'en tous les points les plans diamétraux sont sollicités par des tensions, et les surfaces cylindriques principales par des pressions.

Il est facile de représenter géométriquement les tensions et les pressions développées aux différents points du cylindre. L'équation :

$$\left(t - \frac{t_1}{2} \right) \rho^2 = \frac{H}{2}$$

est celle d'une hyperbole du 3e degré ; elle indique immédiatement la forme générale de la courbe A'm'B' (fig. 73) qui, rapportée aux axes OB—OA" ou aux axes $O_1 B'$—$O_0 A$", représente, en fonction du rayon ρ, soit les tensions t, soit les pressions p.

$$\begin{cases} OA = R_0 & OB = R_1 & Om = \rho \\ AA' = t_0 & BB' = t_1 & mm' = t \\ A_0 A' = p_0 & (p_1 = 0) & m_1 m' = p \end{cases}$$

La condition générale d'équilibre des cylindres de rayon ρ et R_1, ou R_0 et R_1

$$p \cdot \rho = \int_\rho^{R_1} t \, d\rho \qquad p_0 \, R_0 = \int_{R_0}^{R_1} t \, d\rho$$

s'exprime géométriquement par les égalités de surfaces suivantes :

$$\text{Surf. } (o_1 \, m_1 \, m' \, m'') = \text{Surf. } (m \, m' \, BB')$$
$$\text{Surf. } (O_1 \, A_1 \, A' \, A'') = \text{Surf. } (A \, A' \, BB')$$

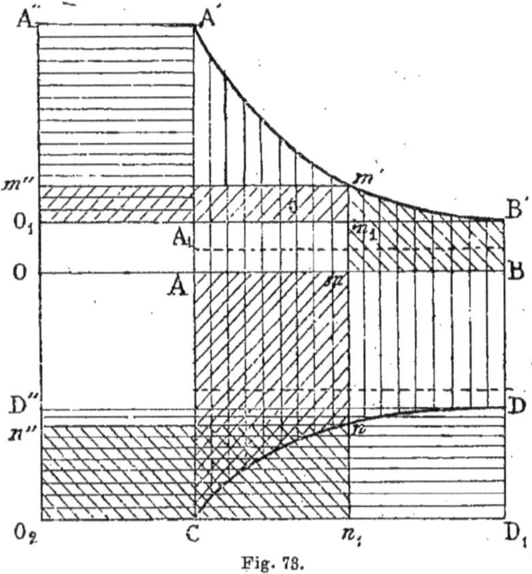

Fig. 73.

Dans le cas où le cylindre est uniquement soumis à l'action d'une pression extérieure p_1, la pression intérieure p_0 étant nulle, les équations d'équilibre deviennent :

$$p_0 = 0 \left\{ \begin{array}{l} - t_0 = p_1 - t_1 = p - t \\ t_0 \, R_0{}^2 = (p_1 + t_1) \, R_1{}^2 = (p + t) \rho^2 \end{array} \right.$$
$$- t_1 = p_1 \frac{R_1{}^2 + R_0{}^2}{R_1{}^2 - R_0{}^2}$$

t_1 est alors négative et supérieure à p_1, il en est de même de t_0 ; nous représenterons, dans ce cas, ces pressions

$(-t_0, -t, -t_1)$ normales aux plans diamétraux par b_0, b, b_1; leurs valeurs sont les suivantes :

$$b_1 = p_1 \frac{R_1^2 + R_0^2}{R_1^2 - R_0^2}$$

$$b_0 = p_1 + b_1 = p_1 \frac{2R_1^2}{R_1^2 - R_0^2} \qquad p_0 = 0$$

$$b = p_1 \frac{R_1^2}{\rho^2} \frac{\rho^2 + R_0^2}{R_1^2 - R_0^2} \qquad p = p_1 \frac{R_1^2}{\rho^2} \frac{\rho^2 - R_0^2}{R_1^2 - R_0^2}$$

La courbe CnD (fig. 73) représentera les pressions b ou p, suivant qu'on la rapportera à l'axe OB ou OD$_1$. On aura :

$$\begin{cases} OA = R_0 & OB = R_1 & Om = \rho \\ AC = -t_0 = b_0 & BD = -t_1 = b_1 & mn = -t = b \\ (p_0 = 0) & DD_1 = p_1 & nn_1 = p (= b_0 - b = AC - mn) \end{cases}$$

$$\begin{cases} p \cdot \rho = \int_{R_0}^{?} b \cdot d\rho = \text{Surf. } (O_2\, n_1\, n\, n'') = \text{Surf. } (A mn G) \\ p_1 R_1 = \int_{R_0}^{R_1} b \cdot d\rho = \text{Surf. } (O_2\, D_1\, D\, D'') = \text{Surf. } (ABDC) \end{cases}$$

(Les courbes de la figure 73 représentent les tensions et compressions développées dans un cylindre ayant un calibre d'épaisseur.)

§ 29. — Frettage.

Soit deux cylindres ayant pour rayons, l'un R_0 et r, l'autre r' et R_1; le rayon intérieur (r') du plus grand étant légèrement inférieur au rayon extérieur (r) du plus petit : si, par un procédé quelconque, on parvient à les faire entrer l'un dans l'autre, le plus grand ($r'R_1$) se trouvera, de ce fait, dilaté, soumis à une pression intérieure ; l'autre (r_0R), au contraire, sera comprimé par une pression extérieure.

On dit alors que le cylindre ou tube intérieur ($R_0 r$) est *fretté* ; et l'on donne le nom de *frette* au cylindre extérieur ($r'R_1$); le *frettage* consiste en la pose de la frette, opération qu'on effectue généralement en chauffant un peu la frette pour la dilater. Après le refroidissement, les deux cylindres ont une surface de contact de rayon ρ compris entre r et r' ; on appelle *serrage absolu,* la différence $(r - r')$ et *serrage relatif* le rapport $\dfrac{r - r'}{\rho}$.

Les tensions et compressions développées dans les deux cylindres, par le frettage, seront représentées par les courbes $m'B'$, Cn (fig. 74), comme nous l'avons indiqué dans le paragraphe précédent.

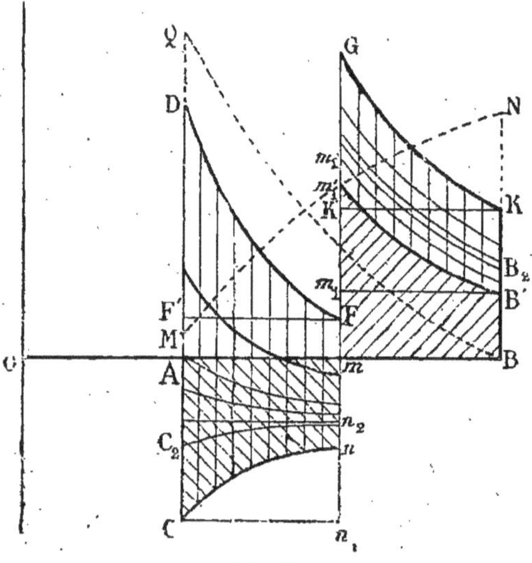

Fig. 74.

$$\begin{cases} OA = R_0 & Om = \rho & OB = R_1 \\ AC = b_0 & mn = b_1 \quad mm' = t & BB' = t_1 \\ (p_0 = 0) & nn_1 = m_1 m' = p & (p_1 = 0) \end{cases}$$

L'ensemble du tube et de la frette n'étant soumis à l'action d'aucune force extérieure, il faut que la somme de pression développée dans le tube Am soit égale à celle des tensions de la frette mB, ou que :

$$\text{Surf. } (ACnm) = \text{Surf. } (m'm\,BB')$$

Supposons maintenant que le tube soit soumis à une pression intérieure p_0 ; l'équilibre étant établi :

Si $p_0 < p$, si la pression exercée est inférieure à la réaction actuelle de la frette, le cylindre intérieur sera toujours comprimé, et les courbes qui représentent le développement des forces élastiques seront $n_2 C_2$, $B_2 m_2$, avec la condition :

$$p_0 R_0 = \text{Surf. } (mm_2 B_2 B) - \text{Surf. } (A mn_2 C_2) =$$
$$= \text{Surf. } (m' m_2 B_2 B') + \text{Surf. } (C' C_2 n_2 n)$$

Si $p_0 = p$, la frette sera dilatée et le tube comprimé par deux pressions égales, rectangulaires, agissant, l'une suivant le rayon, l'autre normalement aux plans diamétraux :

$$b_0 = b_1 = p_0 = p$$

Enfin, si $p_0 > p$ et, de plus, assez élevé, le tube et la frette seront dilatés et les courbes des tensions seront FD, KG, avec la condition :

$$p_0 R_0 = \text{Surf. } (ADFm) + \text{Surf. } (mGKB) =$$
$$= \text{Surf. } (CDn F) + \text{Surf. } (m' B' KG)$$

La figure 74 représente deux séries de courbes indiquant les tensions et compressions développées tant dans le tube que dans la frette et correspondant à sept pressions différentes.

Les conditions générales d'équilibre du tube et de la frette seront :

$$\begin{cases} p_0 - t_0 = p - t \\ (p_0 + t_0) R_0^2 = (p + t) \rho^2 \end{cases} \qquad \begin{cases} p - t' = - t_1 \\ (p + t') \rho^2 = t_1 R_1^2 \end{cases}$$

La pression p exercée par le cylindre intérieur sur la frette est égale à la réaction de la frette, agissant comme pression extérieure sur le tube, mais les tensions (t et t') développées sur ces deux surfaces en contact sont bien différentes :

$$t = mF \qquad t' = mG$$

C'est ainsi que, dans l'ensemble du système, le développement de forces élastiques est tout autre que celui qui serait produit sur un cylindre non fretté. Nous allons montrer que, par contre, les variations des forces élastiques, avec la pression intérieure (p_0), sont absolument les mêmes, que le tube soit ou non fretté, pourvu que les dimensions soient identiques, et que les coefficients d'élasticité de la frette et du tube soient les mêmes.

La pression intérieure p_o variant de Δp_o, les tensions et pressions correspondantes t_o, p, t, etc., deviennent $t_o + \Delta t_o$, $p + \Delta p$, $t + \Delta t$, etc. ; les rayons R_o, ρ, R_i varient bien aussi, mais leurs variations sont si faibles, qu'on peut les considérer comme constants. Dès lors, les nouvelles équations d'équilibre prennent la forme :

$$\begin{cases} (p_o + \Delta p_o) - (t_o + \Delta t_o) = (p + \Delta p) - (t + \Delta t) \\ \left\{ (p_o + \Delta p_o) + (t_o + \Delta t_o) \right\} R_o^2 = \left\{ (p + \Delta p) + (t + \Delta t) \right\} \rho^2 \end{cases}$$

D'où l'on déduit les relations suivantes entre les variations Δ :

$$\begin{cases} \Delta p_o - \Delta t_o = \Delta p - \Delta t \\ (\Delta p + \Delta t) R_o^2 = (\Delta p + \Delta t) \rho^2 \end{cases} \qquad \begin{cases} \Delta p - \Delta t' = - \Delta t_i \\ (\Delta p - \Delta t') \rho^2 = \Delta t_i . R_i^2 \end{cases}$$

Les accroissements de pression Δp et Δt produisent à la surface extérieure du tube une dilatation $\dfrac{\Delta t + K \Delta p}{E}$; de même, à l'intérieur de la frette, les variations Δp et $\Delta t'$ correspondent à une dilatation $\dfrac{\Delta t' + K' \Delta p}{E'}$.

Ces deux surfaces restant en contact, la déformation doit être la même pour l'une et l'autre ; on a donc :

$$\frac{\Delta t + K \, \Delta p}{E} = \frac{\Delta t' + K' \Delta p}{E'}$$

et dans le cas où les coefficients d'élasticité E, E', K, K' sont les mêmes pour le tube et la frette :

$$\Delta t = \Delta t'$$

Les équations d'équilibre deviennent alors :

$$\begin{cases} \Delta p_o - \Delta t_o = \Delta p - \Delta t = - \Delta t_i \\ (\Delta p_o + \Delta t_o) R_o^2 = (\Delta p + \Delta t) \rho^2 = \Delta t_i R_i^2 \end{cases}$$

elles sont identiques à celles des cylindres non frettés. Ainsi donc :

Dans un cylindre fretté, composé d'ailleurs d'un nombre quelconque de couches superposées avec un serrage quelconque, mais ayant toutes mêmes coefficients d'élasticité, les forces élastiques *varient* avec la pression intérieure comme dans un cylindre non fretté.

Il est facile, d'après cela, d'exprimer la valeur de la tension maxima développée dans un cylindre fretté, d'une manière quelconque, par une pression intérieure p_0. En effet, sous la simple action du frettage, la compression intérieure est b_0 ; sous l'action combinée du frettage et d'une forte pression p_0, la couche intérieure est soumise à une tension t_0 ; c'est-à-dire qu'à une variation $\Delta p_0 = p_0$ correspond une variation de tension intérieure $\Delta t_0 = b_0 + t_0$; on a donc :

$$\begin{cases} p_0 - (b_0 + t_0) = - \Delta t_1 \\ (p_0 + b_0 + t_0)\, R_0^2 = \Delta t_1\, R_1^2 \end{cases}$$

et par suite :

$$p_0 = (b_0 + t_0)\, \frac{R_1^2 - R_0^2}{R_1^2 + R_0^2}$$

c'est-à-dire que : la pression intérieure p_0 qui développe dans l'intérieur d'un cylindre fretté une tension t_0, développerait dans un cylindre non fretté, de mêmes dimensions, une tension $(t_0 + b_0)$ égale à la somme de la tension t_0, effectivement développée dans le tube fretté, et de la compression initiale b_0 produite par le frettage.

Quant à cette compression initiale, il faut, pour la calculer, connaître les conditions du frettage, c'est-à-dire le nombre des couches, les serrages, les coefficients d'élasticité, et avoir recours aux équations générales qui donnent la valeur des tensions et compressions développées.

Dans le cas où le cylindre est composé d'un tube et d'une frette, la contraction produite à la surface extérieure du tube par la compression b et la pression normale p est :

$$\frac{r - \rho}{\rho} = \frac{b - Kp}{E}$$

la dilatation correspondante de la surface intérieure de la frette est :

$$\frac{\rho - r'}{\rho} = \frac{t' + Kp}{E}$$

et le serrage relatif a pour valeur :

$$s = \frac{r - r'}{\rho} = \frac{b + t'}{E}$$

Si l'on veut produire par le frettage une certaine compression initiale b_0, on calculera le serrage par la formule précédente dans laquelle on remplacera b et t' par leurs valeurs tirées des équations générales et qui sont :

$$b = b_0 - p = b_0 \frac{\rho^2 - R_0^2}{2\rho^2}$$

$$t' = p \frac{R_1^2 + \rho^2}{R_1^2 - \rho^2} = b_0 \frac{\rho^2 - R_0^2}{2\rho^2} \frac{R_1^2 + \rho^2}{R_1^2 - \rho^2}$$

$$b + t' = b_0 \frac{R_1^2}{\rho^2} \frac{\rho^2 - R_0^2}{R_1^2 - \rho^2}$$

Dans la figure 74, la longueur $m'n = mm' + mn = b + t$ représente le serrage.

Les variations de tension à la surface $\rho = om$ étant les mêmes dans le tube et la frette, on a :

$$m'G = nF \qquad FG = m'n$$

Les pressions p exercées par la frette sur le tube sont représentées par $m_1 m' = mm' - BD'$ et par $K'G = mG - KB$;

La différence $p_0 - p = t_0 - t = AD - mF$, par DF' et enfin la pression intérieure $p_0 = p + DF'$, par $(DF' + K'G)$.

§ 30. — Nouvelle forme des équations d'équilibre. — Forces tangentielles maxima.

En chaque point d'un cylindre soumis à une pression intérieure, il n'y a que deux forces principales p et t ; l'ellipsoïde d'élasticité se réduit à une ellipse située dans le plan de la section droite, qui n'est sollicitée par aucune force, et dans le cas particulier où $p = t$, à une circonférence absolument comme dans un cylindre tordu.

D'après ce que nous avons établi au § 2, tout élément plan parallèle à l'axe du cylindre et incliné à 45° sur les forces principales p et t, ou, ce qui revient au même, sur le rayon ρ qui passe au point considéré, est sollicité par une *force tangentielle maxima*

$$T = \frac{t + p}{2}$$

et par une composante normale

$$N = \frac{t - p}{2}$$

On a par suite :

$$T - N = p \qquad T + N = t$$

Les relations précédemment établies entre les forces principales p et t, développées dans un cylindre en équilibre sous l'action d'une pression intérieure, montrent immédiatement que la composante normale N est constante et que la composante tangentielle maxima T est inversement proportionnelle au carré du rayon ρ. Les équations d'équilibre du cylindre non fretté peuvent donc s'écrire sous la forme suivante :

$$\begin{cases} N_0 = N = N_1 \\ T_0\,R_0^2 = T\rho^2 = T_1\,R_1^2 \end{cases}$$

$$N_1 = T_1 = \frac{t_1}{2}$$

$$T_0\,R_0^2 = T_1\,R_1^2 = N_1\,R_1^2 = N_0\,R_1^2 = (T_0 - p_0)\,R_1^2$$

$$p_0 = T_0\,\frac{R_1^2 - R_0^2}{R_1^2}$$

et celles du cylindre fretté sous cette autre forme :

$$\begin{cases} N_0 = N \\ T_0\,R_0^2 = T\rho^2 \end{cases} \qquad \begin{cases} N' = N_1 \\ T'\rho^2 = T_1\,R_1^2 \end{cases}$$

$$T - N = T' - N' = p \qquad N_1 = T_1 = \frac{t_1}{2}$$

Quant à la pression intérieure p_0, en fonction des composantes tangentielles maxima T_0 et T' développées dans le tube et dans la frette, elle a pour valeur :

$$p_0 = T_0\,\frac{\rho^2 - R_0^2}{\rho^2} + T'\,\frac{R_1^2 - \rho^2}{R_1^2}$$

Ainsi : Toute surface telle que AB dans le tube, ou BC

dans la frette (fig. 75), parallèle à l'axe et coupant les plans diamétraux sous un angle de 45°, est sollicitée par une force normale constante et une force tangentielle maxima inversement proportionnelle au carré de la distance à l'axe. En chaque point, passent deux surfaces ABC; elles sont symétriques relativement au plan diamétral.

Aux points B de la surface de contact, la différence des deux composantes normale et tangentielle est la même, soit dans le tube, soit dans la frette; à la surface libre C, les deux composantes sont égales.

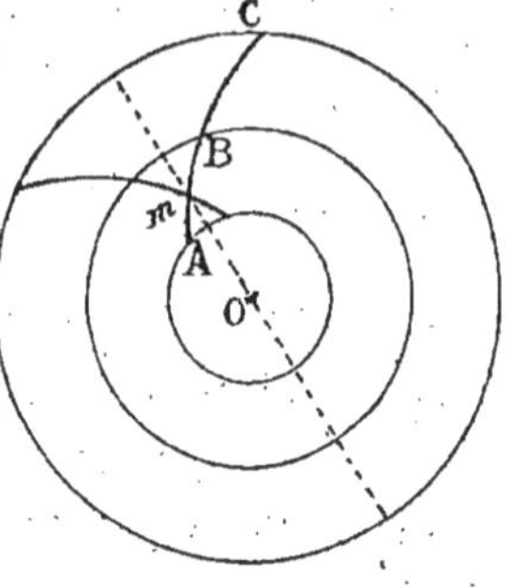

Fig. 75.

Dans un cylindre non fretté, la composante normale est toujours une traction, la tension principale t étant en chaque point supérieure à la pression correspondante. Dans un cylindre fretté, la composante N peut être positive ou négative; elle sera une compression tant que t_o sera inférieure à p_0 et inversement.

§ 31. — Limite d'élasticité ou résistance élastique des tubes.

La pression qui agit dans l'intérieur d'un cylindre creux peut produire, suivant son intensité, des déformations élastiques ou des déformations permanentes. On appelle *limite d'élasticité* ou *résistance élastique* d'un tube, la plus grande pression intérieure que peut supporter ce tube sans prendre de déformations permanentes. Cette limite varie avec la matière et les dimensions du cylindre.

Tous les auteurs qui ont traité la question de la résistance des cylindres ont admis, sans penser qu'il pût jamais s'élever à ce sujet la moindre contestation, que la pression limite d'élasticité ($p_0 = \mathscr{F}$) correspondait à un développement de tension égale à la *limite d'élasticité de simple trac-*

tion ($t_0 = \mathcal{L}$). Or, cette hypothèse est non seulement gratuite, mais absolument inexacte. La limite élastique dépend à la fois de la pression et de la tension développées.

Considérons, par exemple, l'équilibre d'un cylindre infiniment épais : en chaque point, la tension développée est égale à la pression correspondante ; en chaque point, l'ellipsoïde d'élasticité se réduit à une circonférence comme dans le cas de la torsion et les éléments parallèles à l'axe et à 45° sur le rayon sont uniquement sollicités par une force tangentielle égale en intensité à la tension et à la pression développées au même point. La limite d'élasticité sera dépassée, il y aura déformation permanente dès qu'en un point du cylindre, la tension, pression ou force tangentielle dépassera la limite d'élasticité de glissement, et, comme les forces les plus grandes sont développées à l'intérieur, il en résulte que : la résistance élastique d'un cylindre non fretté, quelles que soient d'ailleurs ses dimensions absolues ou relatives, est toujours inférieure à la *limite d'élasticité de simple glissement* et non à la limite de simple traction, ce qui est fort différent. Par exemple, un cylindre d'acier à 30 kil. de limite de traction ($\mathcal{L} = 30$ kil. par millimètre carré) et à 18 kil. de limite de glissement ($\mathcal{G} = 18$ kil. par millimètre carré) aura une résistance élastique inférieure non seulement à 3 000 atmosphères, mais encore à 1 800 atmosphères.

En général, la limite élastique en un point où la pression et la tension principales sont p et t, est déterminée par la condition :

$$\frac{p}{2}\,\mathrm{tg}\left(45 - \frac{\varphi}{2}\right) + \frac{t}{2}\,\mathrm{tg}\left(45 + \frac{\varphi}{2}\right) = \mathcal{G}$$

ou

$$m.p + n.t = \mathcal{G}$$

les coefficients m et n, relatifs aux métaux, ayant les valeurs suivantes :

$$m = 0{,}41 \qquad n = 0{,}59$$

La résistance élastique d'un tube de rayon $R_0 R_1$ sera déterminée par les conditions suivantes :

$$\begin{cases} m \mathscr{P}_0 + n.t_0 = G \\ t_0 = h.\mathscr{P}_0 \qquad h = \dfrac{R_1{}^2 + R_0{}^2}{R_1{}^2 - R_0{}^2} \end{cases}$$

ou

$$m \mathscr{P}_0 + nh \mathscr{P}_0 = G$$

et sera égale à

$$\mathscr{P}_0 = \frac{G}{m + nh} = \frac{n.\mathscr{L}}{m + nh} = \frac{\mathscr{L}}{h + \dfrac{m}{n}} = \frac{\mathscr{L}}{h + 0,7}$$

(au lieu de $\mathscr{P}_0' = \dfrac{\mathscr{L}}{h}$, suivant l'hypothèse inexacte universellement admise).

Voici quelques exemples des valeurs correspondantes de $\mathscr{P}_0$ et $\mathscr{P}_0'$ relatives à des cylindres de dimensions diverses, en acier doux caractérisé par :

$$\mathscr{L} = 30^k \qquad G = 18^k$$

$$R_1 = 2.R_0 \quad h = \frac{5}{3} \quad \mathscr{P}_0 = \frac{18}{1,39} < 1400 \text{ atm.} \left(\mathscr{P}_0' = \frac{3}{5} 30^k = 1800 \text{ atm.} \right)$$

$$R_1 = 3.R_0 \quad h = \frac{5}{4} \quad \mathscr{P}_0 = \frac{18}{1,15} < 1600 \text{ atm.} \left(\mathscr{P}_0' = \frac{4}{5} 30^k = 2400 \text{ atm.} \right)$$

Si le cylindre est fretté de façon que la compression initiale soit b_0, on aura :

$$\begin{cases} m \mathscr{P}_0 + nt_0 = G \\ t_0 + b_0 = h \mathscr{P}_0 \qquad h = \dfrac{R_1{}^2 + R_0{}^2}{R_1{}^2 - R_0{}^2} \end{cases}$$

ou

$$m \mathscr{P}_0 + nh \mathscr{P}_0 - nb_0 = G$$

et la résistance élastique sera :

$$\mathscr{P}_0 = \frac{G + nb_0}{m + nh} = \frac{n(\mathscr{L} + b_0)}{m + nh}$$

au lieu de

$$\mathscr{P}_0' = \frac{\mathscr{L} + b_0}{h}$$

Elle sera d'autant plus grande que la compression initiale sera plus intense ; mais, comme cette compression doit, elle-même, être toujours inférieure à la limite d'élasticité de compression $\mathcal{B} = \dfrac{G}{m} = \mathcal{L}\,\dfrac{n}{m}$, il en résulte que la résistance élastique maxima d'un tube fretté de rayons intérieur R_0 et extérieur R_1 a pour valeur :

$$\mathcal{P}_0 = \frac{G + n\mathcal{B}}{m + nh} = \mathcal{B}\,\frac{m + n}{m + nh} = \frac{n\,(\mathcal{L} + \mathcal{B})}{m + nh}$$

au lieu de $\mathcal{P}_0' = \dfrac{\mathcal{L} + \mathcal{B}}{h}$, et, d'après une seconde hypothèse gratuite, inexacte et généralement admise $\mathcal{L} = \mathcal{B} : \mathcal{P}_0' = \dfrac{2\mathcal{L}}{h}$.

La tension développée à l'intérieur par la pression limite $\mathcal{P}_0$ n'est pas égale à la limite de traction ; elle lui est toujours inférieure et peut même devenir nulle, lorsque le cylindre est extrêmement épais ; elle a pour valeur :

$$t_0 = \frac{G - m\,\mathcal{P}_0}{n} = \frac{G}{n} - \frac{m\mathcal{B}}{n}\,\frac{m + n}{m + nh} = \mathcal{L}\left(1 - \frac{m + n}{m + nh}\right)$$

si le cylindre est infiniment mince

$$R_0 = R_1 \qquad h = \infty \qquad t_0 = \mathcal{L} \qquad \mathcal{P}_0 = 0 \qquad (P_0' = 0 \quad t_0' = \mathcal{L})$$

si le cylindre est, au contraire, infiniment épais et fretté avec une compression $\mathcal{B}$

$$\frac{R_0}{R_1} = 0 \qquad h = 1 \qquad t_0 = 0 \qquad \mathcal{P}_0 = \mathcal{B} \qquad (\mathcal{P}_0' = \mathcal{B} + \mathcal{L} = 2\mathcal{L} \quad t_0' = \mathcal{L})$$

Dans le cas où le cylindre infini n'est pas fretté

$$t_0 = G \qquad \mathcal{P}_0 = G \qquad (\mathcal{P}_0' = \mathcal{L} \quad t_0' = \mathcal{L})$$

De tout cela, il résulte que :

La résistance élastique d'un cylindre non fretté ne peut dépasser la LIMITE D'ÉLASTICITÉ DE SIMPLE GLISSEMENT.

La résistance élastique d'un cylindre fretté ne peut dépasser la LIMITE D'ÉLASTICITÉ DE SIMPLE COMPRESSION.

La résistance élastique d'un cylindre de dimensions données est maxima lorsque la compression initiale est égale à la limite d'élasticité de compression.

Il est bien singulier que tous les auteurs qui se sont occupés de la question de la résistance des cylindres frettés, tout en reconnaissant que la compression, normale aux plans diamétraux, produite par le frettage, doit rester au-dessous de la limite d'élasticité de compression, aient accepté ce résultat de leurs théories, à savoir : que le cylindre peut supporter, suivant le rayon, et sans prendre de déformation permanente, une pression égale à la somme des limites d'élasticité de traction et de compression ou, suivant eux, au double de la limite de compression. Il est pourtant de toute évidence que si la matière homogène est déformée d'une façon permanente par une compression supérieure à $\mathcal{B}$ agissant sur les plans diamétraux, elle sera déformée de la même manière par le même effort agissant suivant le rayon ; que cet effort s'appelle *pression* ou *compression*. La limite d'élasticité des cylindres creux, soumis à une pression intérieure, ne peut être supérieure à la limite de compression ; cela résulte de la définition même des limites d'élasticité.

Voici quelques exemples numériques des résistances élastiques ($\mathcal{P}_0$) des cylindres, comparées aux résistances ($\mathcal{P}_0'$), calculées d'après l'ancienne théorie.

Acier doux :

$$\mathcal{G} = 18^k \qquad \mathcal{L} = 30^k \qquad \mathcal{B} = 45^k$$

Cylindre d'épaisseur infinie, fretté :

$$b_0 = \mathcal{B} = 45^k \qquad \mathcal{P}_0 = \mathcal{B} = 4\,500\,\text{atm.} \qquad (\mathcal{P}_0' = \mathcal{L} + \mathcal{B} = 7\,500\,\text{atm.})$$
$$b_0 = \mathcal{L} = 30^k \qquad \mathcal{P}_0 = 3\,600\,\text{atm.} \qquad (\mathcal{P}_0' = 2\mathcal{L} = 6\,000\,\text{atm.})$$
$$b_0 = 0 \qquad \mathcal{P}_0 = 1\,800\,\text{atm.} \qquad (\mathcal{P}_0' = \mathcal{L} = 3\,000\,\text{atm.})$$

Cylindre fretté d'un calibre d'épaisseur :

$$R_1 = 3R_0 \qquad h = \frac{5}{4} \qquad m + nh = 1,15 \qquad m + n = 1$$

$$b_0 = \mathcal{B} = 45^k \qquad \mathcal{P}_0 = 3\,900\,\text{atm.} \qquad (\mathcal{P}_0' = 6\,000\,\text{atm.})$$
$$b_0 = \mathcal{L} = 30^k \qquad \mathcal{P}_0 = 3\,100\,\text{atm.} \qquad (\mathcal{P}_0' = 4\,800\,\text{atm.})$$
$$b_0 = 20^k \qquad \mathcal{P}_0 = 2\,600\,\text{atm.} \qquad (\mathcal{P}_0' = 4\,000\,\text{atm.})$$
$$b_0 = 0 \qquad \mathcal{P}_0 < 1\,600\,\text{atm.} \qquad (\mathcal{P}_0' = 2\,400\,\text{atm.})$$

Quoique nous n'ayons en vue que la résistance des cylindres homogènes, nous dirons un mot de la question, en pratique très importante, des cylindres de *fonte* frettés d'acier. Si l'on se reporte à ce que nous avons dit des limites d'élasticité et des résistances en général, et en particulier de celles de la fonte (§ 14), si l'on remarque que la supériorité des limites et résistances à la compression, déjà très grande chez les corps homogènes, est encore beaucoup plus accentuée dans les fontes, on sera convaincu que les cylindres de fonte ne doivent éprouver que des tensions extrêmement faibles, tandis qu'ils peuvent être très avantageusement soumis à des compressions considérables, comparables à celles que supporte l'acier ; que, par suite, ces cylindres doivent être frettés et frettés très énergiquement. Cette question a été résolue industriellement par le capitaine Schultz, dans la construction de ses canons, dont la résistance est, à tous égards, si remarquable.

§ 32. — Considérations générales sur les solides d'égale résistance.

On sait que, dans la flexion élastique, les tensions développées varient d'une section à l'autre du solide fléchi, et d'un point à l'autre de chaque section ; il y a, en général, une *section dangereuse*, celle dans laquelle est développée la plus grande tension. On peut donner au corps une forme appropriée au genre d'efforts qu'il doit supporter et telle que la tension maxima soit la même dans chaque section ; cette forme est celle des *solides d'égale résistance*.

Dans un cylindre de révolution élastiquement déformé par une pression intérieure, les forces développées en tous les points situés à égale distance de l'axe sont les mêmes, mais elles varient très rapidement avec cette distance.

La définition des solides d'égale résistance, toute spéciale à la flexion dans laquelle il n'y a, en chaque point, qu'une seule force principale, ne s'applique pas, au moins immédiatement, aux cylindres creux soumis à des pressions intérieures. Il convient, non pas de changer cette définition, mais de la généraliser en lui donnant une interprétation plus large, plus compréhensive.

En réalité, en construisant un solide d'égale résistance, on s'est proposé d'obtenir, avec le moins de matière possible, une pièce ayant une résistance élastique donnée, ou, à égalité de matière, la pièce la plus résistante possible. Telle est la question pratique qui a conduit à l'établissement de la théorie des solides d'égale résistance, dans le cas spécial de la flexion simple. Nous connaissons la solution : donner à la pièce une forme telle que la tension maxima soit la même dans toutes les sections, telle que toutes les sections à la fois se déforment d'une façon permanente. Eh bien, pour généraliser les définitions de *section dangereuse* et de *solide d'égale résistance*, pour les rendre applicables à tous les cas possibles, quel que soit le nombre des forces principales développées, il nous suffit de remplacer l'expression de *tension* par celle de *limite d'élasticité*. Ainsi : *la section dangereuse sera la plus exposée aux déformations permanentes ; un solide sera d'égale résistance lorsqu'il n'aura pas de section dangereuse ou lorsque toutes les sections seront également dangereuses, ou enfin, lorsque, sous le genre d'efforts considéré, la limite d'élasticité sera dépassée à la fois dans toutes les sections.*

A ce compte, *un cylindre de révolution est un solide d'égale résistance* au même titre que toutes les pièces de flexion qui portent ce nom, car toutes les sections droites sont déformées de la même manière ; mais il n'en serait pas de même d'un cylindre ovale.

Dans ces solides d'égale résistance, les mêmes forces sont développées aux divers points de certaines surfaces et la limite d'élasticité est dépassée, tout d'abord, en tous les points d'une surface particulière que nous appellerons *couche dangereuse*, toute différente de la section dangereuse.

Des corps dans lesquels la limite d'élasticité serait atteinte à la fois en tous les points de toutes les couches, de toutes les sections, mériteraient, plus que tous les autres, le nom de solides d'égale résistance.

En général, les solides d'égale résistance mériteront d'autant mieux leur appellation et seront d'autant mieux construits que la couche dangereuse aura plus d'étendue. Ces considérations nous conduisent à distinguer des *solides simples*, d'une seule pièce, les *solides d'égale résistance composés*. Ces corps, comme les *ressorts à lames*, les *cylindres frettés*, sont composés de *solides simples d'égale résistance* ; et de plus, *la limite d'élasticité est dépassée à la fois dans tous les solides simples*, à la fois dans toutes les lames du ressort, à la fois dans toutes les frettes ou tubes du cylindre. La couche dangereuse du solide composé comprend les couches dangereuses de tous les solides simples ; plus les couches sont nombreuses, plus le corps se rapproche du *solide d'égale résistance parfait*, dans lequel la limite d'élasticité est simultanément dépassée en tous les points.

§ 33. — Cylindre d'égale résistance.

Quels que soient le nombre et les dimensions des frettes composant un cylindre d'égale résistance, les forces élastiques maxima développées dans chacune d'elles, sous la pression limite d'élasticité, seront liées par la relation suivante :

$$(3) \qquad mp + nt = \mathcal{G},$$

$\mathcal{G}$ étant la limite de simple glissement, que nous supposerons la même dans tout le cylindre.

A cette condition, les déformations permanentes se produiront à la fois dans toutes les frettes.

Plus le nombre des frettes sera grand, plus la compression initiale et, par conséquent, la résistance élastique du cylindre de dimensions données, seront grandes. La résistance la plus grande possible sera celle d'un cylindre composé d'un nombre infini de frettes infiniment minces, et serrées de telle manière qu'en chaque point les forces principales soient liées par la relation (3). Dans un semblable cylindre, et d'après cette relation (3), la tension croît en même temps que la pression décroît, c'est-à-dire croît de l'intérieur à l'extérieur, où elle devient égale à la limite de simple traction. Ainsi, la courbe des pressions aura une forme telle que QB (fig. 74), celle des tensions une forme analogue à MN.

$$BN = \mathcal{L}, \quad AQ \leq \mathcal{B}.$$

Pour obtenir la forme de ces courbes, c'est-à-dire calculer p et t en fonction de ρ, il suffit de joindre à la relation (3), l'équation différentielle (1) du § 28 qui a été établie sans aucune hypothèse sur la construction du cylindre :

$$(1) \qquad (p + t)\, d\rho = \rho\, dp,$$
$$(3) \qquad mp + nt = \mathcal{G}.$$

De ces deux équations, on tire :

$$(p + t) = \alpha \left(p + \frac{\mathcal{G}}{n - m} \right),$$

en posant :

$$\alpha = \frac{n - m}{n}$$

et ensuite :

$$-\alpha \frac{d\rho}{\rho} = \frac{d\left(p + \dfrac{\mathcal{G}}{n - m} \right)}{\left(p + \dfrac{\mathcal{G}}{n - m} \right)}$$

$$-\alpha l.\rho = l.\frac{1}{\rho^{\alpha}} = l\left(p + \frac{\mathcal{G}}{n - m} \right) - l.\mathrm{K}$$

$$\left(p + \frac{\mathcal{G}}{n - m} \right)\rho^{\alpha} = \mathrm{K}.$$

On obtiendra de même :

$$\left(-t + \frac{\mathcal{G}}{n - m} \right)\rho^{\alpha} = \mathrm{K}',$$

et, en retranchant cette équation de la précédente :

$$(p + t)\, \rho^{\alpha} = \mathrm{H}.$$

Les équations d'équilibre du cylindre d'égale résistance absolue sont donc :

$$\begin{cases} (p + t)\rho^{\alpha} = H, \\ mp + nt = G, \end{cases}$$

dans lesquelles H est une constante qui sera déterminée par les dimensions du cylindre, m, n, et α par la qualité de la matière. Pour les cylindres métalliques :

$$n = 0{,}59 \qquad m = 0{,}41 \qquad \alpha = \frac{n - m}{n} = \frac{18}{59} = 0{,}3.$$

La résistance élastique $\mathcal{P}_0$ du cylindre de rayon $R_0 R_1$ sera déterminée en introduisant dans les équations précédentes les conditions :

$$\begin{aligned} \rho &= R_0 & p &= \mathcal{P}_0 \\ \rho &= R_1 & p &= 0, \end{aligned}$$

ce qui conduit à la relation suivante :

$$\left(\mathcal{P}_0 + \frac{G}{n - m} \right) R_0^{\alpha} = \frac{G}{n - m} R_1^{\alpha},$$

ou

$$\mathcal{P}_0 = \frac{G}{n - m} \frac{R_1^{\alpha} - R_0^{\alpha}}{R_0^{\alpha}} = \frac{G}{n - m} \left\{ \left(\frac{R_1}{R_0} \right)^{\alpha} - 1 \right\}.$$

D'après cette équation, $\mathcal{P}_0$ augmente indéfiniment avec $\left(\dfrac{R_1}{R_0} \right)$; mais la compression initiale b_0 croît en même temps et au delà de toute limite. Or, nous savons que b_0 ne peut dépasser la limite d'élasticité de compression $\mathcal{B}_0$ et que, pour cette raison, la résistance élastique a pour limite :

$$(\S\,31) \qquad \mathcal{P}_0 = \mathcal{B} \frac{m + n}{m + nh} = \frac{G}{m} \frac{m + n}{m + nh}.$$

En égalant les deux valeurs précédentes de $\mathcal{P}_0$, on obtient :

$$\left(\frac{R_1}{R_0} \right)^{\alpha} - 1 = \frac{n - m}{m} \frac{m + n}{m + nh}.$$

Cette relation, dans laquelle

$$h = \frac{R_1^2 + R_0^2}{R_1^2 - R_0^2} = \frac{\left(\dfrac{R_1}{R_0} \right)^2 + 1}{\left(\dfrac{R_1}{R_0} \right)^2 - 1}$$

détermine la valeur du rapport $\dfrac{R_1}{R_0} = \beta$, montre qu'il n'existe qu'un seul cylindre dans lequel, la compression initiale étant égale à la limite de compression, la limite d'élasticité est dépassée en tous les points à la fois, sous l'action d'une pression intérieure.

Si $\dfrac{R_1}{R_0} < \beta$, le cylindre pourra être d'égale résistance, mais la compression initiale sera inférieure à $\mathcal{B}$ et la résistance élastique

$$\mathcal{R}_0 = \frac{\mathcal{G} + nb_0}{m + nh} < \mathcal{B}\,\frac{m + n}{m + nh}.$$

Il en sera de même, à *fortiori*, de tous les cylindres de mêmes dimensions construits autrement.

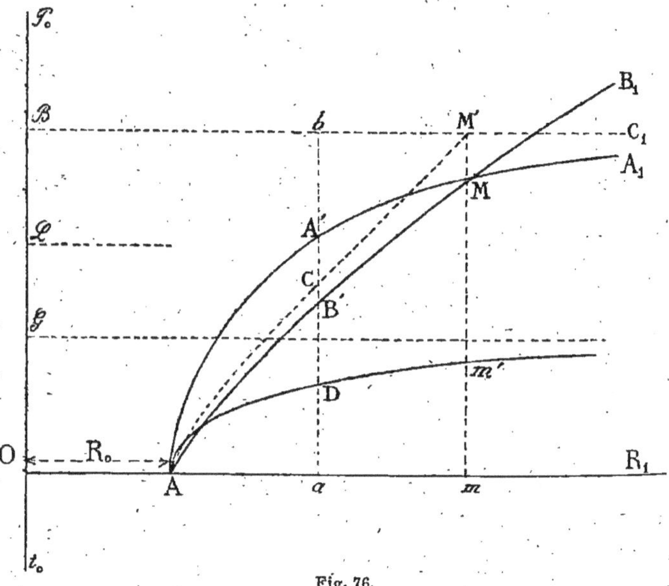

Fig. 76.

Si $\dfrac{R_1}{R_0} > \beta$, on pourra arriver, par diverses constructions, à une compression initiale $\mathcal{B}$; mais le cylindre ne sera pas d'égale résistance absolue.

Pour les tubes métalliques, β diffère très peu de 3, $R_1 = 3R_0$; l'épaisseur du cylindre en question est égale à un calibre : $R_1 - R_0 = 2 R_0$.

Nous avons représenté (fig. 76) les différentes valeurs de $\mathcal{P}_0$ en fonction de R_1. Sur l'axe des abscisses OR_1, $OA = R_0$ représente le rayon intérieur du cylindre, et sur l'axe des ordonnées $O\mathcal{P}_0$, les longueurs $O\mathcal{G}$, $O\mathcal{L}$, $O\mathcal{B}$ représentent les trois limites d'élasticité de glissement, de traction et de compression simple. La courbe $AA'MA_1$ représente les valeurs des résistances élastiques des cylindres frettés avec une compression initiale ($b_0 = \mathcal{B}$) égale à la limite de compression. La courbe $ABMB_1$ représente les résistances des cylindres d'*égale résistance absolue*. Ces deux courbes se coupent au point M dont l'abscisse Om rapportée à la longueur $OA = R_0$ détermine le coefficient β :

$$\frac{Om}{OA} = \frac{R_1}{R_0} = \beta.$$

D'après ce que nous avons dit, la partie MB_1 est relative aux cylindres dans lesquels la compression initiale est supérieure à $\mathcal{B}$; au contraire, la partie $AA'M$ se rapporte aux cylindres trop minces pour pouvoir être frettés avec une compression initiale $\mathcal{B}$. La courbe qui représente les plus grandes résistances élastiques des cylindres de rayons R_0R_1, se compose donc de deux branches $AB'M$ et MA_1. La courbe $ACM' - M'C_1$ représente les compressions initiales correspondantes. Nous avons représenté, à côté de ces courbes, celles des résistances des cylindres non frettés de mêmes dimensions et de même matière (AD).

La figure 76, à l'échelle de 1 millimètre pour 1 kil., se rapporte à un acier doux, caractérisé par une limite d'élasticité de traction de 30 kil. par millimètre carré :

$$O\mathcal{L} = \mathcal{L} = 30^k \qquad O\mathcal{G} = \mathcal{G} = 18^k \qquad O\mathcal{B} = \mathcal{B} = 45^k.$$

Le cylindre d'égale résistance absolue, avec compression initiale $\mathcal{B}$, a un calibre d'épaisseur : $Am = 2 . OA = 2R_0$; sa résistance élastique est de 39 kil. par millimètre, soit environ 3900 atmosphères ; le cylindre non fretté de mêmes dimensions et de même métal n'a que 1 500 atmosphères de résistance.

Le cylindre de rayon extérieur $R_1 = Oa = 2OA$, soit un demi-calibre d'épaisseur, ne peut être fretté avec une compression initiale $\mathcal{B} = 45$ kil. La plus grande compression initiale possible est $aC = 26$ kil. ; c'est celle du cylindre d'égale résistance absolue, pouvant résister élastiquement à une pression intérieure de 2 200 atmosphères. Le cylindre non fretté de même dimension n'aurait que 1 200 atmosphères de résistance.

La courbe AB'M peut encore indiquer les tensions extérieures, rapportées alors aux axes $\mathcal{B}M'C_1$ et $\mathcal{B}Ot_0$. En effet, on a :

$$m\mathcal{P}_0 + nt_0 = \mathcal{G},$$

ou

$$\frac{n}{m} t_0 = \frac{\mathcal{G}}{m} - \mathcal{P}_0 = \mathcal{B} - \mathcal{P}_0.$$

Pour

$$R_1 = Oa \qquad a\mathcal{B}' = \mathcal{P}_0 \qquad ab = \mathcal{B} \qquad b\mathcal{B}' = ab - a\mathcal{B} = \mathcal{B} - \mathcal{P}_0 = \frac{n}{m} t_0.$$

Les ordonnées, telles que bB', de la courbe AB'M, représentent donc les tensions intérieures, mais à une échelle différente ($1^{mm},44$ pour 1 kil.).

L'industrie est arrivée empiriquement à la construction de cylindres très résistants et qui se rapprochent beaucoup du cylindre idéal d'égale résistance absolue. Le frettage du capitaine Schultz, en fils d'acier de petit diamètre enroulés sous une tension constante et très élevée, est probablement très près de la perfection. Mais il est une autre solution totalement différente de la même question, solution ayant un caractère de généralité séduisant et dont nous nous occuperons longuement par la suite. Disons seulement que, dans ce procédé de construction, on emploie un métal doux et l'on donne au cylindre une légère déformation initiale au moyen d'une forte pression intérieure.

§ 34. — Calcul de la résistance élastique d'un cylindre composé d'un nombre donné de frettes et des éléments de la construction.

D'après notre théorie, la limite d'élasticité est dépassée en un point, lorsque le maximum de $(T' \pm fN')$ est supérieur à la limite de simple glissement $\mathcal{G}$, T' et N' étant les composantes tangentielle et normale qui sollicitent un élément plan quelconque passant au point considéré.

D'autre part, nous avons vu que les éléments inclinés à 45° sur les forces principales sont sollicités par la composante tangentielle maxima et par une composante normale, dont les valeurs sont :

$$T = \frac{p+t}{2}; \qquad N = \frac{p-t}{2},$$

p et t étant la pression et la tension principales au point considéré.

Les éléments sollicités par la composante T', N' et correspondant au maximum de $(T' \pm fN')$ qui détermine la limite d'élasticité, ne se confondent jamais avec les éléments à 45° sur lesquels agit la composante tangentielle maxima ; ils sont inclinés à $\left(45 \pm \dfrac{\varphi}{2}\right)$ sur les forces principales. Quoi qu'il en soit, lorsque la valeur fN' aura une très petite valeur relative, lorsque la différence $(p - t)$ sera assez petite relativement à la somme $(p + t)$, le maximum de $(T' \pm fN')$ différera fort peu du maximum T, et dans ce cas on pourra, pour faciliter la solution de certaines questions, admettre, au moins provisoirement, que la limite d'élasticité est déterminée par la condition

$$T = \mathcal{G},$$

sauf à examiner ensuite la grandeur des erreurs commises. Nous allons montrer que, dans nombre de cas, qui se rencontrent souvent dans les constructions industrielles, ces erreurs sont complètement négligeables. Mais il ne faut pas oublier que ces considérations, qui vont un instant nous occuper, n'ont aucune généralité et ne s'appliquent qu'à des cas spéciaux ; l'hypothèse $T = \mathcal{G}$, sur laquelle elles sont fondées, mal appliquée, conduirait à l'égalité des limites d'élasticité de simple traction, de simple glissement et de simple compression.

Ces restrictions entendues, appliquons notre hypothèse au cas d'un cylindre non fretté. Les équations du § 30 nous donnent immédiatement pour résistance élastique :

$$\mathcal{P}_0 = T_0 \frac{R_1{}^2 - R_0{}^2}{R_1{}^2} = \mathcal{G} \frac{R_1{}^2 - R_0{}^2}{R_1{}^2} = \mathcal{G} - \mathcal{G} \left(\frac{R_0}{R_1}\right)^2.$$

Si

$$\mathcal{G} = 18^k,$$

$$R_1 = 2R_0 \qquad \mathcal{P}_0 = \frac{3}{4} \mathcal{G} = 13^k,5$$

$$R_1 = 3R_0 \qquad \mathcal{P}_0 = \frac{8}{9} \mathcal{G} = 16^k.$$

Les vraies valeurs de $\mathcal{P}_0$, représentées par $\dfrac{\mathcal{G}}{m + nh}$, sont dans les mêmes cas, 13 kil. et $15^k,8$; l'une diffère de 5 p. 100, et l'autre de 2 p. 100 des valeurs approchées.

L'équation d'équilibre des cylindres frettés étant

$$p_0 = T_0 \frac{\rho^2 - R_0{}^2}{\rho^2} + T_1 \frac{R_1{}^2 - \rho^2}{R_1{}^2},$$

ou en général, le nombre des frettes étant quelconque,

$$p_0 = \Sigma T_n \frac{R^2{}_{n+1} - R_n{}^2}{R^2{}_{n+1}} ;$$

la résistance élastique totale sera la somme des résistances élastiques de toutes les frettes :

$$\mathcal{P}_0 = \Sigma \mathcal{G}_n \frac{R^2{}_{n+1} - R_n{}^2}{R_n{}^2{}_{+1}} = \Sigma \mathcal{G}_n - \Sigma \mathcal{G}_n \left(\frac{R_n}{R_{n+1}}\right)^2.$$

Le produit de tous les termes $\mathcal{G}_n \left(\dfrac{R_n}{R_{n+1}} \right)^2$ a pour valeur

$\mathcal{G}_0 \mathcal{G}_1 \cdots \mathcal{G}_n \left(\dfrac{R_0}{R_1} \right)^2 \left(\dfrac{R_1}{R_2} \right)^2 \cdots \left(\dfrac{R_n}{R_{n+1}} \right)^2$; il ne dépend que des limites d'élasticité des matériaux employés à la construction et des rayons intérieur et extérieur du cylindre total ; il ne dépend pas des dimensions des frettes. Les dimensions extrêmes du cylindre et les matériaux de construction étant donnés, ce produit est constant et, par suite, la somme $\Sigma \mathcal{G}_n \left(\dfrac{R_n}{R_{n+1}} \right)^2$ est minima lorsque tous ses termes sont égaux, lorsque les conditions suivantes sont remplies :

$$\mathcal{G}_n \left(\dfrac{R_n}{R_{n+1}} \right)^2 = \mathcal{G}_0 \left(\dfrac{R_0}{R_1} \right)^2 = \mathcal{G}_1 \left(\dfrac{R_1}{R_2} \right)^2 = \text{etc.},$$

ou

$$R_1^2 = R_0 R_2 \sqrt{\dfrac{\mathcal{G}_0}{\mathcal{G}_1}} \qquad R_2^2 = R_1 R_3 \sqrt{\dfrac{\mathcal{G}_1}{\mathcal{G}_2}} \text{ etc.;}$$

et si

$$\mathcal{G}_0 = \mathcal{G}_1 = \mathcal{G}_n,$$
$$R_1 = \sqrt{R_2 R_0} \quad R_3 = \sqrt{R_3 R_1}, \text{ etc. ;}$$

et, dans ce cas, la résistance élastique devient

$$\mathcal{P}_0 = K \mathcal{G} \dfrac{R_{n+1} - R_n}{R_{n+1}},$$

(K étant le nombre des frettes), c'est-à-dire égale à la résistance d'une des frettes multipliée par leur nombre.

Dans le cas d'un cylindre formé d'un tube et d'un rang de frettes :

$$\mathcal{P}_0 = 2\mathcal{G} \dfrac{R_2^2 - R_1^2}{R_2^2} = 2\mathcal{G} \dfrac{R_2^2 - R_2 R_0}{R_2^2} = 2\mathcal{G} \dfrac{R_2 - R_0}{R_2}.$$

Apprécions l'approximation de ce résultat ; soit, par exemple :

$$\mathcal{G} = \mathcal{G}_1 = 18^k, \qquad \mathcal{B} = 15^k, \qquad R_2 = 3R_0.$$

L'équation précédente donne :

$$\mathcal{P}^0 = \dfrac{4}{3} \mathcal{G} = 24^k,$$

et la réaction de la frette de rayon $R_1 = \sqrt{R_2 R_0} = R_0\sqrt{3} = 1,7\,R_0$ est :

$$\mathcal{P}_1 = \frac{2}{3}\,\mathcal{G} = 12^k.$$

La véritable valeur de $\mathcal{P}_1$ est :

$$\mathcal{P}_1 = \frac{\mathcal{G}}{m + nh} = \frac{\mathcal{G}}{m + 2n} = 11^k,3.$$

Pour calculer la valeur réelle de $\mathcal{P}_0$, il faut recourir aux équations primitives :

$$\begin{cases} (t_0 + p_0)\,R_0^2 = (t'_1 + p_1)\,R_1^2 \\ t_0 - p_0 = t'_1 - p_1 \end{cases}$$

qui donnent, par l'élimination de t'_1 :

$$t_0 = p_0\,\frac{R_1^2 + R_0^2}{R_1^2 - R_0^2} - p_1\,\frac{2R_1^2}{R_1^2 - R_0^2}.$$

Cette équation, jointe à la condition

$$mp_0 + nt_0 = \mathcal{G},$$

donne :

$$\mathcal{P}_0\,\frac{m + nh}{n} = \frac{\mathcal{G}}{n} + \mathcal{P}_1\,\frac{2R_1^2}{R_1^2 - R_0^2}$$

Dans le cas qui nous occupe :

$$R_1^2 = R_2\,R_0 = 3R_0^2 \qquad h = 2 \qquad \mathcal{P}_1 = \frac{\mathcal{G}}{m + 2n}$$

$$\mathcal{P}_0 = 2,1 \qquad \mathcal{P}_1 = 23^k,4.$$

Ainsi, les valeurs approximatives diffèrent peu des vraies valeurs ; mais nous rappelons encore que cela n'a lieu que dans certains cas. On ne trouverait nullement la même concordance, si on appliquait ce mode de raisonnement à un cylindre composé d'un très grand nombre de frettes très minces.

Les tensions développées sous la pression $\mathcal{P}_0$, à l'intérieur du tube et à l'intérieur de la frette, sont respectivement égales à 14 kil. et 22 kil. ; il résulte de là que la composante normale $N = \dfrac{t - p}{2}$, qui agit sur les éléments à 45° des forces principales, est dans le tube une compression de 5 kil. et dans la frette une traction de 5 kil. environ par millimètre carré ; et que, par suite, la limite d'élasticité sera dépassée, dans la frette, lorsque la composante tangentielle sera égale, non à $\mathcal{G}_1$, mais à une valeur un peu plus faible $\mathcal{G}_1 - \varepsilon_1$; tandis que, dans le tube, elle ne sera atteinte que pour $T_0 = \mathcal{G}_0 + \varepsilon_0$. Le maximum de résistance correspond donc à :

$$R_1{}^2 = \sqrt{\frac{\mathcal{G}_0 + \varepsilon_0}{\mathcal{G}_1 - \varepsilon_1}}\, R_2\, R_0$$

et, dans le cas où la frette et le tube ont mêmes limites, à

$$R_1{}^2 = \sqrt{\frac{\mathcal{G} + \varepsilon_0}{\mathcal{G} - \varepsilon_1}}\, R_2\, R_0 > R_2\, R_0.$$

Le rayon de la surface de contact devra donc être un peu plus grand que la moyenne géométrique du plus grand et du plus petit rayon du cylindre ; on se placera généralement dans de bonnes conditions en prenant le rayon intermédiaire égal à la moyenne arithmétique des deux autres

$$R_1 = \frac{R_0 + R_2}{2},$$

c'est-à-dire en donnant au tube et à la frette la même épaisseur.

Dans le cas particulier qui nous a occupé, cas où $R_2 = 3R_0$, en prenant $R_1 = 2R_0$, on élève un peu la résistance élastique du cylindre ; cette résistance varie du reste très peu lorsque les éléments de la construction s'écartent peu des dimensions qui la rendent maxima. On trouve, en effet, comme vraies valeurs :

$$\mathcal{P}_1 = 9^k{,}3 \qquad \mathcal{P}_0 = 23^k{,}8$$
$$t_1 = 23^k{,}5 \qquad t_0 = 15^k \qquad t'_1 = t_0 - \mathcal{P}_0 + \mathcal{P}_1 = 0^k{,}5$$

la compression initiale est $b_0 = 15$ kil.

La dilatation de la frette est $2R_1 \left(\dfrac{t_1}{E} + \dfrac{\mathcal{P}_1}{K} \right)$, celle de la courbe extérieure du tube $2R_1 \left(\dfrac{t'_1}{E} + \dfrac{\mathcal{P}_1}{K} \right)$, et le serrage absolu, égal à la différence de ces deux dilatations :

$$s = 2R_1 \frac{t_1 - t_1{'}}{E} = 2R_1 \frac{23}{20000} = \frac{1,15}{1000} 2R_1,$$

soit $1^{mm},15$ par mètre de diamètre.

Si la frette a une limite d'élasticité supérieure à celle du tube, ce qui arrive généralement dans la construction des canons, il faut donner un peu plus de serrage. En supposant par exemple

$$\mathcal{G}_0 = 18^k \qquad \mathcal{G}_1 = 22^k$$

ou, ce qui revient au même,

$$\mathcal{L}_0 = 30^k \qquad \mathcal{L}_1 = 37^k,$$

on obtient, avec un cylindre $R_1 = 2R_0$ construit avec un serrage de $1^{mm},5$ par mètre, une résistance élastique de 26 kil. par millimètre carré ou de 2 600 atmosphères, avec une compression initiale de 20 kil.

En employant deux ou trois rangs de frettes au lieu d'un, on augmentera la compression initiale, et la résistance élastique s'approchera de plus en plus de la valeur extrême, 3 900 atmosphères, qu'elle peut atteindre dans un cylindre de telles dimensions dont l'intérieur a une limite de compression égale à 45 kil.

§ 35. — Déformations permanentes. Développement des forces élastiques.

Dans la dilatation d'un cylindre, comme dans toute déformation d'un solide non poreux, la densité varie très peu. Dès que les déformations sont considérables, les variations de volume sont incomparablement plus faibles que les variations linéaires, et l'on peut, sans erreur sensible, regarder le volume comme constant.

Considérons donc, dans un cylindre, le volume compris entre deux sections droites distantes de z et deux surfaces cylindriques de rayons R et ρ ; le volume de ce solide,

$$\pi (R^2 - \rho^2) z,$$

$$- 175 -$$

devient, après la déformation :

$$\pi \left\{ (R + \Delta R)^2 - (\rho + \Delta\rho) \right\} z,$$

en supposant la distance z invariable.

ΔR et $\Delta\rho$ sont les variations absolues des rayons R et ρ.

Le volume ne changeant pas, on a :

$$\pi (R^2 - \rho^2) z = \pi \left\{ (R + \Delta R)^2 - (\rho + \Delta\rho)^2 \right\} z,$$

ou

$$R^2 \left(\frac{\Delta R}{R} \right) - \rho^2 \left(\frac{\Delta\rho}{\rho} \right) = - \frac{1}{2} \left\{ R^2 \left(\frac{\Delta R}{R} \right)^2 - \rho^2 \left(\frac{\Delta\rho}{\rho} \right)^2 \right\}.$$

Dans le cas où les variations linéaires relatives $\left(\dfrac{\Delta R}{R} \right)$ et $\left(\dfrac{\Delta\rho}{\rho} \right)$, tout en étant incomparablement plus grandes que les variations de volume, sont cependant des fractions assez petites pour qu'on puisse négliger les termes qui contiennent les carrés de leurs valeurs, on a la relation suivante :

$$(1) \qquad R^2 \left(\frac{\Delta R}{R} \right) = \rho^2 \left(\frac{\Delta\rho}{\rho} \right).$$

Les dilatations relatives sont inversement proportionnelles aux carrés des rayons.

Lorsque les déformations seront très grandes, cette relation n'aura plus d'exactitude ; mais, en tout cas, les variations absolues $\Delta\rho$ décroîtront de l'intérieur à l'extérieur, puisque l'épaisseur totale diminue, et par suite les variations relatives $\left(\dfrac{\Delta\rho}{\rho} \right)$ décroîtront toujours très rapidement avec l'inverse du rayon, mais moins rapidement que l'inverse du carré $\left(\dfrac{1}{\rho^2} \right)$.

En effet, si R est $< \rho$, on aura $\Delta R > \Delta\rho$, $\Delta R^2 - \Delta\rho^2 > 0$, et

$$R^2 \left(\frac{\Delta R}{R} \right) < \rho^2 \left(\frac{\Delta\rho}{\rho} \right).$$

C'est de là relation approximative (1) qu'on a tiré la *Loi de Barlow* : « Les tensions développées sont inversement proportionnelles aux carrés des rayons : $t.\rho^2 = C$ », en supposant que les *dilatations* $\left(\dfrac{\Delta\rho}{\rho}\right)$ sont des *allongements* uniquement produits par les tensions t, et en admettant la proportionnalité des efforts aux déformations. Nous savons que les dilatations résultent des actions simultanées de la tension normale au plan diamétral et de la pression dirigée suivant le rayon ; aussi, pour les petites déformations élastiques, on a $(t + p)\rho^2 = C$ et non pas $t.\rho^2 = C$.

Dans le cas des déformations permanentes, la loi de Barlow, comme tous les raisonnements dans lesquels on confond les *dilatations* avec de simples *allongements* provenant uniquement de la tension développée, conduit à des résultats absolument inexacts : à celui-ci, par exemple, que la tension est constamment maximum à la surface intérieure. Or, c'est le contraire qui a lieu dès que la déformation est un peu grande ; la tension maxima est à la surface extérieure et la couche intérieure est peu tendue ; souvent même elle est comprimée en tous sens, et sa dilatation si considérable tient uniquement à l'intensité de la pression qu'elle supporte dans la direction du rayon.

Toute grande déformation peut être considérée comme résultant uniquement de glissements dans telle direction qu'on voudra (§ 18) ; la dilatation d'un cylindre, par exemple, peut être regardée comme résultant de glissements à 45° des plans diamétraux.

Considérons donc (fig. 77) une couche comprise entre deux surfaces cylindriques de rayon ρ et $\rho + d\rho$, et un élément de cette couche compris entre deux plans tels que AB parallèles à l'axe du cylindre et coupant les rayons sous un angle de 45°, ou bien encore la couche ABCD supposée développée. Les glissements à 45° des rayons transforment ABCD en ABC'D', le glissement relatif étant :

$$\gamma = \frac{CC'}{AH} = \frac{CC'.\sqrt{2}}{AC}.$$

Dans cette déformation, la circonférence AC devient AC' et sa dilatation relative est :

$$\left(\frac{\Delta\rho}{\rho}\right) = \frac{AC' - AC}{AC} = \frac{CF}{AC} = \frac{CC'}{AC.\sqrt{2}} = \frac{\gamma}{2}.$$

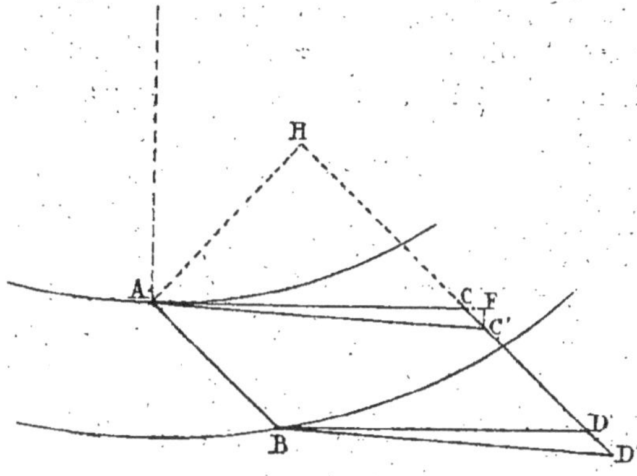

Fig. 77.

D'après la relation (1), on tire de là la loi suivante :

$$\gamma.\rho^2 = C,$$

les glissements à 45° sont inversement proportionnels aux carrés des rayons.

(Il est bien entendu qu'il est ici question de glissements et non de forces tangentielles ou forces de glissement.)

Ces glissements seront, par suite, représentés, en fonction des rayons, par une hyperbole équilatère A'B' (fig. 78). Si les déformations sont très grandes, on aura pour $\rho > R_0$:

$$\left(\frac{\Delta\rho}{\rho}\right)\rho^2 > \left(\frac{\Delta R_0}{R_0}\right) R_0^2,$$

et

$$\gamma.\rho^2 > \gamma_0 R_0^2.$$

En tout cas, les glissements seront représentés par une

courbe de la forme de l'hyperbole A'B' (fig. 78) et plus
ou moins rapprochée d'elle; ils diminueront très rapidement de l'intérieur à l'extérieur du cylindre. Il est, du
reste, facile de calculer les glissements exacts, qu'ils
soient plus ou moins grands, au moyen de l'équation :

$$\gamma \left(\frac{\rho}{\mathrm{R}_0}\right)^2 - \gamma_0 = \frac{1}{4}\left\{\gamma_0{}^2 - \left(\frac{\rho}{\mathrm{R}}\right)^2 \gamma^2\right\}.$$

La courbe A'B' (fig. 78) représente les glissements,
ainsi calculés, d'un cylindre OAB ayant primitivement
un calibre d'épaisseur (AB = 2.OA), et ayant subi une
dilatation de 45 p. 100, ou un glissement $\gamma = 0,90$ (OAB

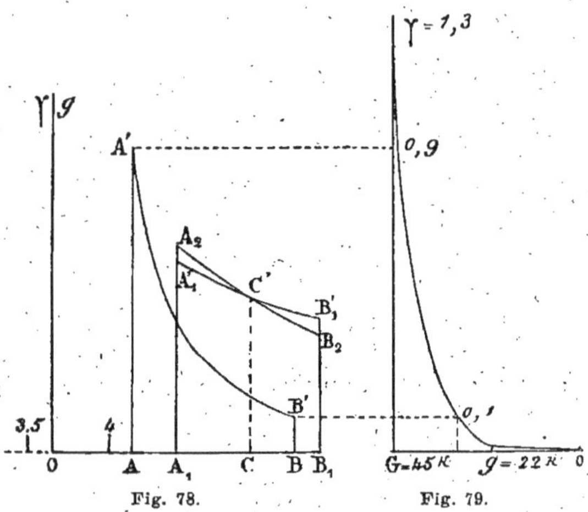

Fig. 78.   Fig. 79.

devient OA₁B₁). Malgré la grandeur de la déformation, la
courbe A'B' se confond très sensiblement avec l'hyperbole
$\gamma . \rho^2 = C$.

La courbe qui représente, en fonction des glissements
(γ), les forces tangentielles (g), se déduit de la courbe des
angles de torsion en fonction des moments de torsion [1].

La figure 79 représente une de ces courbes de glissement relative à un acier doux ayant pour limite d'élasticité
$g = 22^k$, pour résistance à la rupture G = 45^k par millimè-

<hr>

[1] Duguet, *Déformations des corps solides,* 1ʳᵉ partie, n° 53.

tre carré et pour glissement extérieur $\gamma = 1,3$ ou 130 p. 100.

Si les glissements à 45° des forces principales étaient des glissements simples, nous pourrions construire immédiatement la courbe des forces tangentielles maxima, en portant en chaque point de A_1B_1 (fig. 78) une ordonnée correspondant au glissement d'après la courbe (79); ainsi en A_1 et B_1 on porterait les longueurs $A_1A'_1$ et $B_1B'_1$, égales aux forces tangentielles correspondant aux glissements AA' et BB' : soit, dans le cas particulier figuré, $A_1A'_1 = 45^k$ et $B_1B'_1 = 30^k$ environ. Comme toutes les courbes de glissement des matières douces, les seules qui soient susceptibles des grandes déformations qui nous occupent dans ce paragraphe, ont une forme analogue à celle que nous représentons (fig. 79), comme les grands glissements croissent beaucoup plus rapidement que les efforts correspondants, à tel point que les glissements extrêmes, dans une notable partie de leur développement, se produisent sous une charge sensiblement constante, la courbe $A'_1B'_1$ (fig. 78), contrairement à la courbe $A'B'$, sera toujours très peu inclinée sur l'axe OAB.

Mais les glissements simples ne correspondent pas au développement maximum des forces tangentielles; ils ne se produisent qu'aux points où il y a à la fois pression et tension et suivant les éléments dont l'inclinaison sur les forces principales a pour tangente $\sqrt{\dfrac{p}{t}}$, inclinaison généralement différente de 45°, et d'autant plus que les quantités p et t diffèrent elles-mêmes davantage. Dans le cylindre déformé, les glissements à 45° seront donc, en général, accompagnés d'une force normale qui sera toujours une tension à l'extérieur et qui pourra être une pression ou une tension à l'intérieur. Dans le cas du cylindre OA_1B_1, représenté (fig. 78), la composante normale à l'intérieur est une compression, p_0 étant supérieur à t_0, comme nous le verrons par la suite.

Nous ne connaissons pas actuellement la courbe des glissements sous pression ou traction; mais il est permis de penser que la pression, à égalité de glissement, augmente la force tangentielle et qu'au contraire la traction la diminue. Sous des efforts très légèrement supérieurs aux limites d'élasticité de glissement $(\mathcal{G})$, de traction $(\mathcal{L})$ et de compression $(\mathcal{P})$, se produisent des déformations d'un même ordre de grandeur. Dans une barre étirée longitudinalement, les éléments à 45° sont, à l'instant où se produisent les premières déformations permanentes, sollicités par une force tangentielle et une tension normale égales à $\dfrac{\mathcal{L}}{2} = \dfrac{\mathcal{G}}{1,2}$, dans le cas des métaux. Dans une barre comprimée, ils sont sollicités par une force tangentielle et une force normale égales à $\dfrac{\mathcal{P}}{2} = \dfrac{\mathcal{G}}{0,8}$; tandis que, dans la torsion, ils ne sont soumis qu'à une force tangentielle $\mathcal{G}$.

Si donc on se rappelle que les déformations permanentes (allongements, raccourcissements, contractions, glissements, etc.) sont beaucoup plus grandes que les déformations élastiques, que ces déformations croissent beaucoup plus rapidement que les efforts, dès que la limite d'élasticité est dépassée, on comprendra qu'un petit glissement permanent, ayant telle valeur qu'on voudra (glissement petit, mais de l'ordre des glissements permanents, 1 p. 100 par exemple), correspondra, dans les trois cas de traction, compression, torsion, à des forces tangentielles différant très peu de $\dfrac{\mathcal{L}}{2} = \dfrac{\mathcal{G}}{1,2}$, $\dfrac{\mathcal{P}}{2} = \dfrac{\mathcal{G}}{0,8}$ et $\mathcal{G}$, et à des forces normales différant très peu de $\dfrac{\mathcal{G}}{1,2}$, $\dfrac{\mathcal{G}}{0,8}$ et zéro. Ainsi, le même glissement, produit par une force tangentielle unique $\mathcal{G}$, correspond à une force tangentielle plus petite $\dfrac{\mathcal{G}}{1,2}$, lorsque celle-ci est accompagnée d'une traction normale, et à une force

tangentielle plus grande $\dfrac{g}{0,8}$, lorsque la compósante normale est une compression. En supposant que, pour les
grandes déformations, les forces tangentielles varient à
peu près dans les mêmes proportions, la courbe $A'_1 C'B'_1$
(fig. 78) devra être remplacée par $A_2 C'B_2$ un peu plus inclinée sur l'axe OAB.

Quoi qu'il en soit, on peut être assuré que les forces tangentielles maxima T varient beaucoup moins rapidement
que les glissements. Si l'on se rappelle que $T = \dfrac{p + t}{2}$ et
que, dans les petites déformations élastiques, $(p + t)$ est
inversement proportionnel au carré du rayon; que, par
conséquent, suivant que les déformations sont très petites
ou grandes, $(p + t)$ est représenté par $A'B'$ ou A_2B_2, on
sera convaincu que cette somme $(p + t)$ diminue beaucoup
moins rapidement, de l'intérieur à l'extérieur, dans les
grandes déformations que dans les petites. Et, comme la
pression intérieure augmente avec les déformations, que
la pression extérieure est constamment nulle et que par
suite la pression décroît de plus en plus rapidement de
l'intérieur à l'extérieur, il faut que la tension croisse beaucoup moins vite ou même décroisse de l'intérieur à l'extérieur.

Pour nous rendre compte de ces variations, supposons
que T ou $(p + t)$ ne varie pas d'un point à l'autre ou que
la courbe A_2B_2 soit parallèle à l'axe des abscisses, sauf à
corriger ensuite les erreurs provenant de cette hypothèse.
La condition

$$p_0 + t_0 = p + t = t_1,$$

jointe à l'équation différentielle

$$(p + t)\, d\rho = - \rho.dp$$

établie (§ 28) sans le secours d'aucune supposition sur

lres, de rayon extérieur $R_1 = OB$, ayant à l'extérieur une tension $t_0 = OO'$. Rapportée aux axes $O'\rho$ et $O't$, elle représente les tensions intérieures t_0 des mêmes cylindres.

$$R_1 = OB, \qquad t_1 = O'O :$$

$$\text{Pour } R_0 = OA = \frac{R_1}{e} = \frac{R_1}{2,7}, \qquad p_0 = Aa = t_1, \qquad t_0 = 0;$$

$$\rho = OC > OA, \quad p = Cc, \quad t = C'c > 0, \quad p + t = CC' = t_1.$$

($\rho = OC$ représente, soit le rayon d'une couche du cylin-

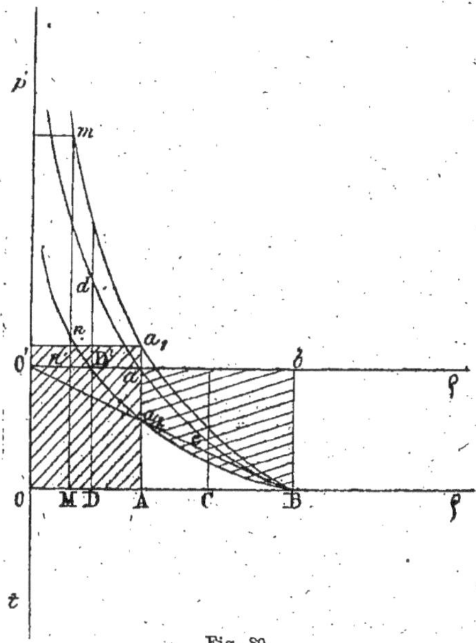

Fig. 80

dre $R_0 = OA$, $R_1 = OB$, soit le rayon intérieur du cylindre $R_0 = OC$, $R_1 = OB$.)

$$\text{Pour } R_0 = OD < OA, p_0 = Dd > t_1,$$
$$-t_0 = D'd < 0, p_0 + t_0 = Dd - D'd = t_1.$$

Ainsi, pour une tension et un rayon extérieurs donnés, la couche intérieure est d'autant plus pressée suivant le rayon, et d'autant moins tendue ou d'autant plus comprimée normalement aux plans diamétraux, que l'épaisseur est plus grande. Dans le cas particulier où l'épaisseur

tion serait incapable de supporter une telle pression, sa résistance à la compression étant seulement de 110 kil.; mais on conçoit très bien que, dans un cylindre construit avec un métal d'une qualité différente, il puisse arriver que la couche intérieure n'éprouve aucune tension, ou même soit comprimée normalement aux plans diamétraux et, dans ce cas, elle pourrait supporter une pression beaucoup plus forte.

Nous ferons remarquer en terminant qu'il doit y avoir égalité de superficie entre les surfaces aa_2Bb et $OAaO'$ $\left(p_0 R_0 = \int_{R_0}^{R_1} t d\rho \right)$, lorsqu'il y a tension en tous les points. Mais, lorsqu'il existera des couches comprimées normalement aux plans diamétraux, comme cela arriverait pour des cylindres OMB, le rectangle OMm sera seulement équivalent à la différence des surfaces D'Bb et D'nn'.

§ 36. — Résistance élastique d'un tube primitivement déformé.

Lorsqu'un tube a été suffisamment déformé par une pression intérieure p_0, la limite d'élasticité est dépassée en chacun de ses points. Si la pression cesse d'agir, le tube se détend, se contracte; mais, les déformations totales produites dans les différentes couches n'étant nullement proportionnelles aux forces élastiques qui les accompagnent, toutes ces forces ne peuvent s'évanouir à la fois; les couches extérieures restent tendues et exercent sur les couches intérieures une pression suivant le rayon; inversement, les couches intérieures réagissent sur les autres et sont comprimées normalement aux plans diamétraux, comme cela arrive dans les cylindres frettés. Dans ces conditions, une nouvelle pression inférieure à p_0 ne produira qu'une déformation élastique; au contraire, toute pression supérieure à p_0 donnera naissance à une nouvelle déformation permanente. La limite ou résistance élastique du tube primitivement déformé est donc égale à la pression p_0 qui a produit la déformation initiale.

Sous l'action nouvelle de la pression p_0, chaque couche éprouve une déformation correspondant à sa limite d'élasticité actuelle ; et, p et t étant la pression et la tension principales développées en un point quelconque, on aura en chaque point :

$$mp + nt = \mathcal{G}.$$

Seulement $\mathcal{G}$, qui dépend de la déformation initiale, varie d'un point à l'autre et diminue de l'extérieur à l'intérieur. A l'extérieur

$$p_1 = 0 \text{ et } \mathcal{G} = nt_1 ;$$

en tout autre point, $\mathcal{G}$ a une valeur moindre, et il résulte de là, d'après ce qui a été dit au § 33, que la résistance élastique du tube est en tout cas supérieure à h :

$$\mathcal{P}_0 = \frac{nt_1}{n-m}\left\{\left(\frac{R_1}{R_0}\right)^\alpha - 1\right\}$$

La pression intérieure capable de déformer le tube en amenant la couche extérieure tout juste à sa limite d'élasticité naturelle $\mathcal{L}$, est certainement supérieure à

$$\mathcal{P}_0 = \frac{n\mathcal{L}}{n-m}\left\{\left(\frac{R_1}{R_0}\right)^\alpha - 1\right\},$$

mais elle en diffère très peu ; car, en chaque point, même à l'intérieur, les déformations produites sont assez faibles pour que les forces élastiques développées soient très peu différentes de celles qui correspondent à la limite d'élasticité naturelle.

Prenons comme exemple un cylindre d'acier à 30 kil. de limite de simple traction, ayant un calibre d'épaisseur,

$$\mathcal{L} = 30^k, \qquad R_1 = 3\,R_0.$$

Sa résistance élastique naturelle est : $\mathcal{P}_0 = 1580$ atmosphères ; toute pression supérieure produira une déformation permanente. Une pression légèrement supérieure à

$$\mathfrak{P}_0 = \frac{n\,\mathcal{L}}{n-m}\left\{\left(\frac{R_i}{R_0}\right)^a - 1\right\} = \frac{18^k}{0,18}\left\{3^{\frac{3}{10}} - 1\right\} = 39^k,$$

soit environ 4000 atmosphères, produira des déformations permanentes en tous les points, et amènera la couche extérieure tout juste à sa limite d'élasticité naturelle, $\mathcal{L} = 30$ kil., en l'allongeant de

$$\frac{\mathcal{L}}{E} = \frac{30}{20\,000} = 0,15\ \%;$$

la couche intérieure éprouvera, sous la même action, une dilatation neuf fois plus grande, ou 1,35 p. 100.

Ainsi, par une simple dilatation initiale intérieure de 1,35 p. 100, produite *uniquement par une pression intérieure*, on augmentera la résistance élastique d'un tube d'acier doux de 1 calibre d'épaisseur de 1600 à 4000 atmosphères, et l'on obtiendra ainsi un cylindre plus résistant que tous les cylindres frettés de même matière et de mêmes dimensions en réalisant le *solide d'égale résistance parfait* dont il a été question au § 33.

En considérant la figure 76, dont la courbe AB'M représente les résistances des cylindres de différentes dimensions, et qui coupe la courbe AA'M, on voit que le point de rencontre M correspond à peu près à $R_i = 3R_0$, c'est-à-dire au cylindre de 1 calibre d'épaisseur ; cela veut dire que, dans ce cylindre au repos, la compression à l'intérieur est égale à la limite de compression $\mathcal{B}$; avec des cylindres plus épais, cette compression serait supérieure à la limite d'élasticité. Ainsi donc, dans un cylindre métallique de 1 calibre d'épaisseur, ayant subi une légère dilatation permanente, la couche intérieure sera comprimée à sa limite élastique, et lorsque le cylindre supportera de nouveau la pression $\mathfrak{P}_0$ égale à celle qui l'a déformée, c'est-à-dire une pression un peu inférieure à la limite de compression $\mathcal{B}$, la couche extérieure atteindra sa limite

élastique £ et, dans toutes les couches, la limite d'élasticité
sera légèrement dépassée. Évidemment, en augmentant la
déformation initiale, en prenant un cylindre plus épais,
on arrivera à une résistance élastique plus élevée, et, s'il
s'agissait d'employer les cylindres ainsi préparés à la
construction de presses hydrauliques, dans lesquelles la
pression serait constamment exercée, nous n'aurions rien
à ajouter. Mais de tels cylindres sont surtout destinés à
supporter les énormes pressions des gaz de la poudre et
les canons passent à chaque instant de l'action au repos.
Dans ces conditions, un cylindre très épais, ou très déformé, a ses différentes couches, particulièrement la couche
intérieure, soumises alternativement à des dilatations et à
des contractions bien supérieures à celles qui correspondent à la limite d'élasticité ; ces circonstances amèneront
fatalement un *énervement* rapide et, de ce fait, des ruptures. Avec le cylindre de 1 calibre d'épaisseur, légèrement dilaté initialement, la couche intérieure n'éprouvera
que des contractions élastiques au repos et, dans l'action,
toutes les couches ne seront tendues que très légèrement
au delà de la limite d'élasticité naturelle ; nous pensons
qu'un tel tube *durera* bien plus longtemps et l'expérience,
ou plutôt l'observation des faits, nous donne raison. Il y a
bien longtemps, en effet, que les ingénieurs militaires
ont adopté un calibre pour l'épaisseur au tonnerre des canons en bronze ; ces canons servaient indéfiniment ou, pour
parler plus exactement, leur service était limité par des dé-
gradations toutes spéciales, tels que *logements* produits par
les *battements* du boulet, érosions causées par le *vent* des gaz
passant entre la paroi et le projectile. C'est que les vieux
artilleurs étaient arrivés empiriquement à la solution que
la théorie nous indique comme la plus parfaite : un calibre
d'épaisseur, un métal doux et une légère déformation
initiale qui ne manquait pas de se produire aux premiers
coups du tir d'épreuve. Aujourd'hui, on produit systéma-
tiquement cette déformation, soit par un *tir de matage*, soit

limite d'élasticité que le tube. En employant des frettes
à limites plus élevées, on arrivera évidemment à une
compression initiale plus énergique et à une plus grande résistance. On pourra, par exemple, employer pour les frettes
le même métal que pour le tube, mais après lui avoir fait
subir une très forte déformation initiale ; et cela n'aura pas
d'inconvénient au point de vue de l'énervement, parce que
dans les couches extérieures, une fois en place, les variations de forces élastiques, pendant le tir, ont peu d'amplitude. Dans un cylindre ainsi fretté, il conviendra de su-
perposer les frettes dans l'ordre de leurs raideurs absolues.

Nous ne pousserons pas plus loin ces réflexions ; de plus
grands détails seraient ici déplacés. C'est au constructeur
de canons qu'il appartient de déterminer, dans chaque cas
particulier, quelles conditions sont les meilleures ; les
considérations théoriques et générales que nous venons
d'exposer pourront le guider dans ses études spéciales et
techniques.

§ 37. — Résistance d'un tube soumis à une dilatation croissante.

Après tout ce que nous avons dit sur les déformations
élastiques ou permanentes, il est facile de se rendre
compte des variations de pressions et de tensions dans un
cylindre de plus en plus dilaté. Pour examiner cette question avec la plus grande généralité possible, nous supposerons que le cylindre est primitivement très épais et se
dilate indéfiniment ; nous traiterons, un peu plus loin, de
la rupture.

Tant que la pression intérieure n'atteint pas la valeur
P_i, c'est-à-dire la résistance élastique naturelle, les pressions et tensions croissent avec la pression intérieure et,
à égalité de pression, décroissent rapidement de l'inté-

rieur à l'extérieur, comme l'indiquent la figure 73 et les équations suivantes :

$$\begin{cases} (p + t)\,\rho^2 = C, \\ t - p = K. \end{cases}$$

Les tensions, quelle que soit l'épaisseur primitive du tube, sont toujours inférieures à la limite élastique de simple traction $\mathcal{L}$.

Sous une pression très supérieure à P_1, la tension extérieure devient égale à $\mathcal{L}$; alors toutes les couches sont déformées un peu au delà de leur limite d'élasticité. Dans ce cylindre, légèrement déformé d'une façon permanente, les tensions décroissent de l'extérieur jusqu'à l'intérieur, où elles peuvent être des compressions si le cylindre est assez épais. La courbe AB'M (fig. 76) représente les pressions et les tensions intérieures des cylindres de différentes dimensions dont la couche extérieure est tendue à sa limite d'élasticité. Elle représente aussi les tensions et pressions aux différents points d'un cylindre de dimensions déterminées.

Les équations d'équilibre sont, dans ce cas :

$$\begin{cases} (p + t)\,\rho^n = H, \\ mp + nt = \mathcal{G}. \end{cases}$$

Une pression intermédiaire entre P_1 et P_2 déformera l'ensemble du cylindre d'une façon permanente; mais la limite d'élasticité ne sera dépassée que dans les couches intérieures; dans les couches extérieures seront développées des forces élastiques inférieures à la limite d'élasticité; isolées, ces couches reprendraient leurs dimensions primitives. Dans de telles circonstances, la tension pourra croître de l'intérieur jusqu'à une certaine zone de la paroi et décroître ensuite jusqu'à l'extérieur.

Lorsque la pression croît au delà de P_2, le cylindre se dilate de plus en plus et les pressions et les tensions ou compressions sont un peu supérieures à celles qui résultent des équations suivantes :

$$\begin{cases} p = t_1\, l.\,\dfrac{R_1}{\rho}, \\ p + t = t_1. \end{cases}$$

La dilatation croissant de plus en plus, le rayon intérieur augmente plus rapidement que le rayon extérieur ; l'épaisseur diminue en même temps que la tension extérieure s'élève. Lorsque la déformation aura atteint une certaine limite, la pression cessera de croître ; elle baissera après avoir passé par un maximum, et décroîtra indéfiniment avec l'épaisseur du tube. Quant à la tension intérieure, elle variera à peu près comme la différence de la tension extérieure à la pression intérieure ; après avoir augmenté rapidement, elle décroîtra et deviendra une compression croissante ; puis, la compression diminuera et redeviendra enfin une tension indéfiniment croissante. Quand le cylindre sera devenu extrêmement grand et mince, il faudra une énorme tension pour équilibrer une très petite pression.

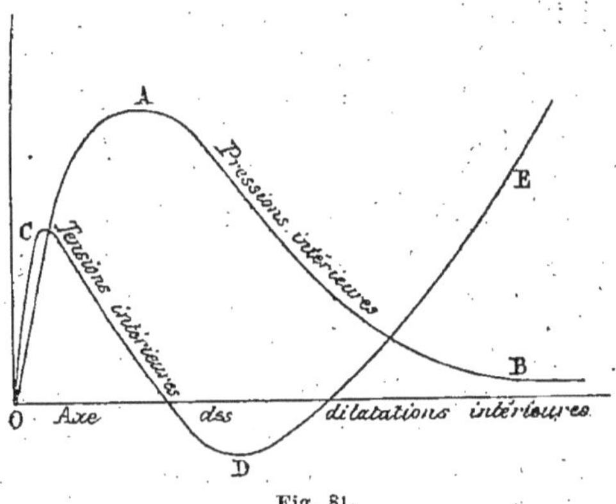

Fig. 81.

En prenant pour ordonnées les dilatations croissantes du cylindre, et pour abscisses les forces élastiques correspondantes, les pressions intérieures seront représentées

par une courbe telle que OAB et les tensions intérieures
par une courbe telle que OCDE (fig. 81). La forme de ces
courbes dépendra d'ailleurs de la qualité de la matière et
des dimensions primitives du cylindre.

§ 38. — Équilibre et résistance élastiques de la sphère creuse.

Avant d'aborder la question des fonds de cylindre, il
est nécessaire d'étudier les conditions d'équilibre d'une
sphère creuse.

En chaque point, le diamètre est un axe de symétrie et,
par suite, l'ellipsoïde d'élasticité est de révolution. Sous
l'action d'une pression intérieure, il y a donc en chaque
point pression suivant le rayon et tension normale dans
toute direction perpendiculaire au diamètre. C'est le rapport de l'une de ces tensions t à la pression correspondante p qu'il s'agit de déterminer en fonction de la pression intérieure p_0, des dimen-
sions de la sphère $R_0 R_1$ et de
la distance ρ du point considéré au centre.

Les conditions d'équilibre
d'une couche hémisphérique
(fig. 82) infiniment mince,
comprise entre deux sphères ρ
et $\rho + d\rho$, soumises aux pressions p et $p + dp$ et d'un an-
neau élémentaire situé dans un plan diamétral et sollicité
par une tension t, donnent une première équation, complètement indépendante de la grandeur des déformations :

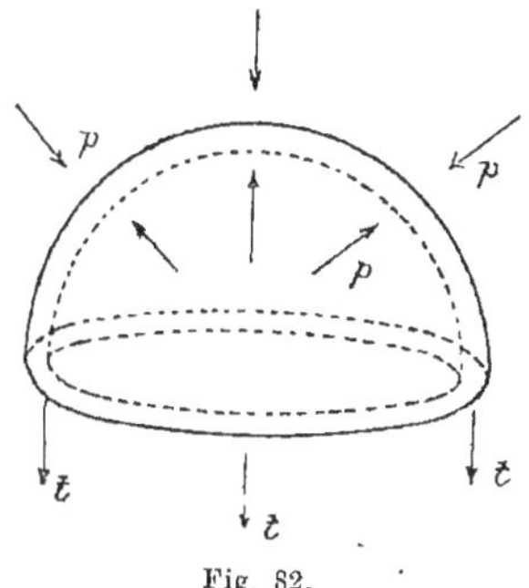

Fig. 82.

$$p \cdot \pi\rho^2 - (p + dp) \, \pi \, (\rho + d\rho)^2 = t \cdot 2 \, \pi\rho \, d\rho,$$

ou

$$(1) \qquad\qquad - \rho \, dp = 2 \, (t + p) \, d\rho.$$

Nous obtiendrons une seconde équation en écrivant que

la variation d'épaisseur $\Delta d\rho$ est égale à la différence des variations des rayons ρ et $\rho + d\rho$, condition de continuité:

$$\Delta\, d\rho = \Delta\, (\rho + d\rho) - \Delta\rho, \text{ ou } d\,\Delta\rho.$$

Or,

$$\frac{2\,\pi\Delta\rho}{2\pi.\rho} = \frac{t}{E} - Kt + Kp,$$

ou

$$\Delta\rho = \rho \left\{ t\left(\frac{1}{E} - K\right) + Kp \right\},$$

d'où

$$d\,\Delta\rho = d\rho \left\{ t\left(\frac{1}{E} - K\right) + Kp \right\} + \rho \left\{ dt\left(\frac{1}{E} - K\right) + Kdp \right\}.$$

On a, d'un autre côté:

$$\frac{\Delta d\rho}{d\rho} = -\frac{p}{E} - 2\,Kt.$$

En égalant les deux valeurs $d\Delta\rho$ et $\Delta d\rho$, et en tenant compte de la relation (1), on arrive à:

$$\left(\frac{1}{E} - K\right)\left(2dt - dp\right) = 0,$$

ou

$$2t - p = A.$$

On peut maintenant éliminer t de l'équation (1) et obtenir la relation:

$$-\rho\, dp = (3p + A)\, d\rho,$$

qui peut s'écrire:

$$\frac{d\,(A + 3p)}{A + 3p} = -3\,\frac{d\rho}{\rho};$$

et qui conduit à:

$$l\,(A + 3p) = -3l.\rho = l\,\frac{1}{\rho^3};$$

et comme

$$A + 3p = 2\,(t + p),$$

on a enfin

$$t + p = \frac{B}{\rho^3}.$$

Toute question relative à l'équilibre de la sphère creuse est implicitement comprise dans les deux équations suivantes, analogues à celles du cylindre :

$$(2) \quad \begin{cases} (t + p)\, \rho^3 = B, \\ 2t - p = A. \end{cases}$$

La variation de volume θ est la même en tous les points ; en effet,

$$\theta = i_x + i_y + i_z = \frac{2\Delta\rho}{\rho} + \frac{\Delta d\rho}{d\rho} = \left(\frac{1}{E} - 2K\right)\left(2t - p\right) = A\left(\frac{1}{E} - 2K\right).$$

Si nous supposons la sphère, de rayons $R_0 R_1$, soumise à deux pressions, l'une intérieure p_0, plus grande que la pression extérieure p_1, les relations entre ces pressions et les tensions t_0 et t_1 seront :

$$\begin{cases} (t_0 + p_0)\, R_0{}^3 = (t_1 + p_1)\, R_1{}^3, \\ 2t_0 - p_0 = 2t_1 - p_1. \end{cases}$$

La tension de la couche intérieure aura pour valeur :

$$t_0 = p_0 \frac{2\, R_0{}^3 + R_1{}^3}{2\,(R_1{}^3 - R_0{}^3)} - p_1 \frac{3\, R_1{}^3}{2\,(R_1{}^3 - R_0{}^3)} ;$$

t_0 sera une tension ou une compression suivant la valeur que présentera le rapport des pressions relativement aux dimensions :

$$t_0 > 0 \text{ correspond à l'inégalité } \frac{p_0}{p_1} > \frac{3\, R_1{}^3}{2\, R_0{}^3 + R_1{}^3} ;$$

$$\text{si } p_1 = p_0, \qquad t_0 = -p_0 ;$$

$$\text{si } p_1 = 0, \qquad t_0 = p_0 \frac{2\, R_0{}^3 + R_1{}^3}{2\,(R_1{}^3 - R_0{}^3)} = p_0 \frac{2 + h^3}{2\,(h^3 - 1)},$$

$$\text{en posant : } h = \frac{R_1}{R_0}.$$

On trouve que la tension développée dans une sphère est toujours inférieure à la moitié de celle que développe la même pression dans un cylindre ayant mêmes rayons et qui est donnée par la relation

$$t_0' = p_0 \frac{h^2 + 1}{h^2 - 1}.$$

La résistance élastique $\mathscr{P}_0$ d'une sphère, libre à l'extérieur, s'obtient par la condition :

$$G = mp_0 + nt_0 = \mathscr{P}_0 \left\{ m + n \, \frac{2 + h^3}{2 \, (h^3 - 1)} \right\}.$$

Pour $R_1 = 2R_0$, $\mathscr{P}_0 = 2\,100$ atm., et pour le cylindre de mêmes rayons $\mathscr{P}_0 = 1\,400$ atm.;

Pour $R_1 = 3R_0$, $\mathscr{P}_0 = 2\,400$ atm., et pour le cylindre de mêmes rayons $\mathscr{P}_0 = 1\,600$ atm.

Ces valeurs sont bien inférieures à celles qu'on obtient en remplaçant, suivant l'usage ordinaire, t_0 par la limite de simple traction $\mathscr{L}$, et qui sont, pour les valeurs $h = 2$ et $h = 3$, et pour $\mathscr{L} = 30$ kil. correspondant à $G = 18$ kil.:

$$\mathscr{P}_0 = \mathscr{L} \, \frac{2 \, (h^3 - 1)}{h^3 + 2} = 4\,200^{\text{atm}} \quad \text{et} \quad \mathscr{P}_0 = 5\,500^{\text{atm}}.$$

Le volume restant sensiblement constant dans les grandes déformations, on obtiendra une relation entre les dilatations et les rayons, en écrivant l'égalité des valeurs de la couche $(R_0 \rho)$ avant et après la dilatation :

$$\rho^3 - R_0^3 = (\rho + \Delta\rho)^3 - (R_0 + \Delta R_0)^3,$$

ce qui conduit à la relation approchée :

$$\rho^2 \, \Delta\rho = R_0^2 \, \Delta R_0,$$

ou

$$\rho^3 \left(\frac{\Delta\rho}{\rho} \right) = R_0^3 \left(\frac{\Delta R_0}{R_0} \right).$$

Les dilatations sont à peu près inversement proportionnelles aux cubes des distances au centre.

§ 39. — Fonds sphériques des chaudières. Formules relatives aux enveloppes de faible épaisseur.

Tout ce qui a été dit sur les cylindres creux s'applique au cas idéal d'un tube de longueur infinie. Dans la pratique, les cylindres sont forcément limités, quoiqu'ils puissent être très longs, comme les tuyaux de conduite. En général, leur longueur est très comparable aux dimensions transversales : tels sont les cas des chaudières, des presses hydrauliques, des frettes, des canons et des corps de pompe. Les cylindres, qu'ils soient destinés à des expériences ou à un emploi industriel, sont fermés aux deux bouts (chaudières), ouverts aux deux bouts (frettes) ou bien fermés à l'une des extrémités et ouverts à l'autre (canons). La pression est exercée soit par un solide, comme dans les opérations du frettage et du mandrinage, soit par un fluide (liquide, vapeur ou gaz), comme dans les presses hydrauliques, les chaudières et les canons.

Nous étudierons dans ce paragraphe les fonds de chaudières et, en général, les conditions d'équilibre des enveloppes sphérique et cylindrique de faible épaisseur.

La figure 83 représente un cylindre avec un fond ayant la forme d'une calotte sphérique. Les formules que nous avons établies, tant sur l'équilibre élastique du cylindre que sur celui de la sphère, sont pleinement suffisantes

pour permettre de calculer le rapport $\dfrac{R}{r}$ des rayons de la

sphère et du cylindre, de telle façon que la circonférence AA, commune au fond et au corps, éprouve une même dilatation, soit qu'elle appartienne à la sphère, soit qu'on la considère comme faisant partie du cylindre. Mais cette étude sera bien simplifiée, si on la limite au cas des enveloppes en tôle, telles que les chaudières, dont l'épaisseur est très petite relativement aux autres dimensions.

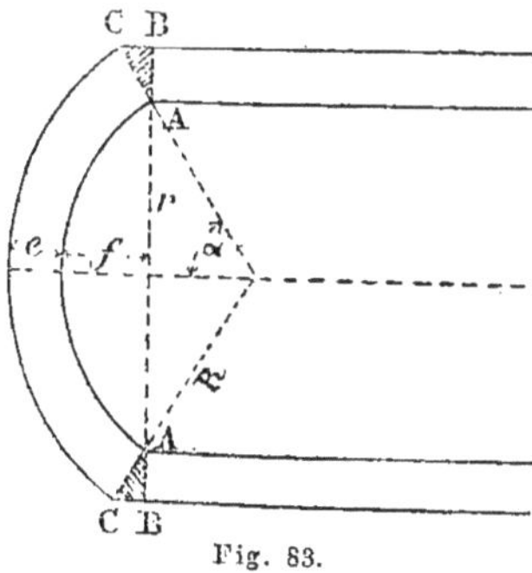

Fig. 83.

Ces enveloppes minces sont nécessairement destinées à supporter des pressions incomparablement plus faibles que les tensions qui seront développées dans la paroi. Par exemple, pour construire une chaudière dans laquelle la vapeur atteindra tout au plus 10 atmosphères, c'est-à-dire $0^k,1$ par millimètre carré, on emploiera de la tôle qui supportera, sans aucun danger, des tensions de 20 kil. et plus par millimètre carré ; le rapport $\dfrac{p_0}{t_0}$ sera égal à $\dfrac{1}{200}$. Dans ces conditions, la limite d'élasticité de l'enveloppe étant déterminée par l'équation

$$mp_0 + nt_0 = \mathcal{G},$$

on pourra négliger le premier terme et prendre :

$$nt_0 = \mathcal{G},$$

ou

$$t_0 = \mathcal{L}.$$

De plus, comme le rapport $\dfrac{R_1}{R_0}$ des rayons extérieur et intérieur est très voisin de l'unité, et qu'on a, soit pour le cylindre, soit pour la sphère :

$$(p + t)\,\rho^2 = C \quad \text{et} \quad (p + t)\,\rho^3 = B,$$

on pourra, sans erreur sensible, négliger p à côté de t, considérer ρ comme constant, et par conséquent la tension t comme uniformément répartie sur les sections droites de la paroi.

Les équations d'équilibre sont alors, pour le cylindre :

$$p \cdot 2r \cdot z = t \cdot 2e \cdot z,$$

ou

$$p = t\,\frac{e}{r} \; ;$$

et, pour la sphère :

$$p \cdot \pi R^2 = t\, 2\,\pi\, Re',$$

ou

$$p' = t'\,\frac{2e'}{R} \; ;$$

e, e', r, R, étant les épaisseurs et les rayons du cylindre et de la sphère.

Ainsi, dans les enveloppes minces de même rayon, la même pression développe dans le cylindre une tension double de celle de la sphère, si les épaisseurs sont les mêmes ; la tension développée est la même si, dans le cylindre, l'épaisseur est double, ou le rayon moitié moindre que dans la sphère.

Les résistances élastiques sont :

$$\mathscr{P}_0 = \mathscr{L}\,\frac{e}{r} \quad \text{et} \quad \mathscr{P}_0{}' = \mathscr{L}\,\frac{2e'}{R}.$$

Pour que le fond sphérique se dilate comme le cylindre, il faut donner à la sphère une épaisseur et un rayon convenables. La couche intérieure du cylindre, en négligeant l'effet de la très petite pression p, éprouve une dilatation $i = \dfrac{t}{E}$. Dans la sphère, la dilatation superficielle est la même dans tous les sens, et le petit cercle AA se dilate comme un grand cercle, c'est-à-dire, en négligeant la pression, sous l'action de tensions en tous sens, ou de deux tensions rectangulaires égales ; la dilatation relative de AA est donc :

$$i = \frac{t'}{E} - Kt'.$$

Il faut, par conséquent, que
$$t = t'\,(1 - KE),$$
ou, en admettant la valeur $K = \dfrac{1}{3E}$,
$$t = \frac{2}{3}\,t',$$

et comme
$$p = t\,\frac{e}{r} = t'\,\frac{2e'}{R},$$
$$\frac{R}{r} = 3\,\frac{e'}{e} ;$$

à égalité d'épaisseur,
$$R = 3r, \qquad \sin\alpha = \frac{r}{R} = \frac{1}{3}, \qquad \alpha = 20°,$$
$$f = R\,(1 - \cos\alpha) = 0{,}18\,r.$$

La résistance élastique de la chaudière sera déterminée par l'épaisseur et le rayon de la partie sphérique :

$$\mathscr{P}_0 = \mathscr{L}\,\frac{2e}{R} = \frac{2}{3}\,\mathscr{L}\,\frac{e}{r}.$$

Nous avons considéré le corps et le fond de la chaudière comme indépendants dans la dilatation ; mais, en réalité, ils sont reliés par l'anneau ABC (fig. 83), dont une des faces AC est soumise à une tension normale t' et l'autre AB à une tension T qui doit faire équilibre à la pression exercée sur le fond :

$$\mathrm{T} \cdot 2\pi\, r \cdot c = p\, \pi r^2,$$

ou

$$\mathrm{T} = p\,\frac{r}{2e} = \frac{t}{2}.$$

Cette tension longitudinale diminuera la dilatation du cylindre, et l'égalité de déformation du cylindre et de la sphère deviendra dans ces conditions :

$$\frac{t}{\mathrm{E}} - \mathrm{K}\frac{t}{2} = \frac{t'}{\mathrm{E}} - \mathrm{K}t',$$

ou

$$t\left(1 - \frac{\mathrm{K}}{2}\,\mathrm{E}\right) = t'\left(1 - \mathrm{KE}\right);$$

$$t = \frac{4}{5}t';$$

et, par suite,

$$\frac{\mathrm{R}}{r} = \frac{5}{2}\frac{e'}{e};$$

dans le cas des épaisseurs égales, il vient :

$$\mathrm{R} = \frac{5}{2}r;\ \text{d'où } \sin\alpha = \frac{2}{5}, \qquad \alpha = 24^\circ \text{ et } \cos\alpha = 0{,}91;$$

et enfin

$$f = \mathrm{R}\,(1 - \cos\alpha) = \frac{\mathrm{R}}{10} = \frac{r}{25}.$$

Le petit anneau ABC sera sollicité sur ses faces AB et AC par des tensions qui produiront une variation d'épaisseur et de diamètre. Cette dilatation sera-t-elle la même que celles du cylindre et de la sphère ? Tout se passera-t-il exactement suivant les indications de la théorie ? Évidemment non ; mais il n'y a guère à s'inquiéter de la présence de l'anneau ABC toujours très petit. Il y a d'ailleurs bien d'autres différences entre le cas abstrait traité théoriquement et la pratique. Si le fond et le cylindre proviennent d'un emboutissage (fig. 84 *a*), les épaisseurs, au raccordement, n'auront pas la constance que nous avons supposée. Le plus souvent, le fond est rivé au cylindre comme l'indiquent les figures 84 *b* et 84 *c,* ce qui diminuera beaucoup la dilatation de la sphère et du cylindre dans le voisinage du fond. Dans le cas représenté (figure 84 *c*), l'épaisseur est doublée, ce qui conduit, non pas à prendre :

$$\frac{R}{r} = \frac{5}{2}\frac{e'}{e} = \frac{5}{4},$$

mais à diminuer très sensiblement le rayon du fond; à prendre par exemple :

$$R = 2r.$$

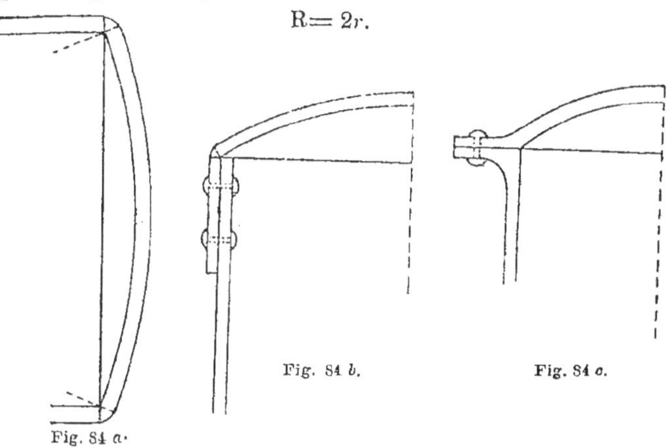

Fig. 84 *b*. Fig. 84 *o*.

Fig. 84 *a·*

§ 40. — **Fonds de cylindres épais.** — **Culasses.**

La figure 85 représente un type de fermeture, dont on doit chercher à se rapprocher autant que possible ; il est

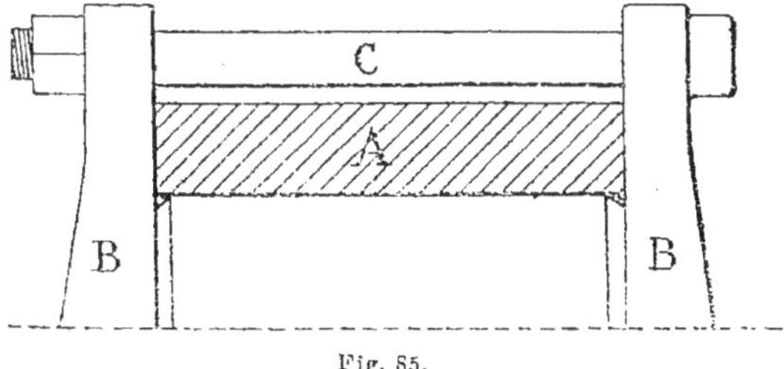

Fig. 85.

complètement réalisé dans le canon Schultz. Ce système se compose de fonds plats B *indépendants* du corps du cylindre A et reliés entre eux par des boulons extérieurs C. Pendant qu'agit la pression intérieure de l'eau ou des gaz, le frottement des fonds est considérablement diminué, autant du reste qu'on le veut, puisqu'il ne dépend que du serrage des boulons ; le cylindre se dilate librement et se comporte comme un cylindre de longueur infinie.

En général, les fonds des corps de pompe, presses hydrauliques, etc., sont boulonnés sur une couronne saillante faisant corps avec le cylindre. Cette couronne aura bien une certaine influence sur la déformation générale ; mais, comme elle est éloignée de la surface intérieure du cylindre, sa dilatation sera très faible et sa réaction peu sensible. Le corps de pompe restera sensiblement cylindrique. Il est bon de laisser aux boulons d'assemblage un petit jeu pour éviter les cisaillements, ou de les remplacer par des griffes (fig. 86).

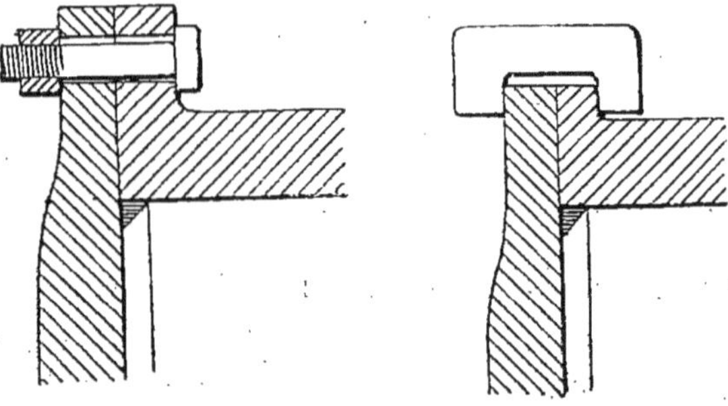

Fig. 86.

En tous cas, et quelles que soient les dispositions de détail, il y aura toujours un immense avantage à *attacher le fond d'un cylindre aux parties les plus extérieures possible*, c'est-à-dire aux parties qui subissent les déformations les plus petites. Rien n'empêchera, d'ailleurs, de pratiquer dans ce fond, un système de culasse mobile de forme appropriée à l'emploi du cylindre.

Lorsque le fond est fixé à l'intérieur du cylindre, la dilatation ne se fait plus librement et les génératrices intérieures peuvent subir, dans son voisinage, de grandes déformations relatives, de grandes variations de courbure, d'autant plus dangereuses qu'elles sont le plus souvent localisées dans une très petite zone et passent inaperçues jusqu'à ce que se produise un accident que rien ne faisait prévoir ([1]).

Sous l'action de la pression intérieure, la génératrice AC (fig. 87) deviendra AB'C'. La flèche CC' n'est certes jamais bien grande, mais elle a une certaine valeur, qu'il est du reste facile de calculer (dans les gros canons d'acier la dilatation absolue pendant le tir dépasse 1 millimètre) ; les dilatations longitudinales, aux différents points de la génératrice, peuvent varier beaucoup avec les courbures de AB'C',

Fig. 87.

c'est-à-dire avec la distance AC, la forme du fond, son mode d'attache et la grandeur de la flèche CC'.

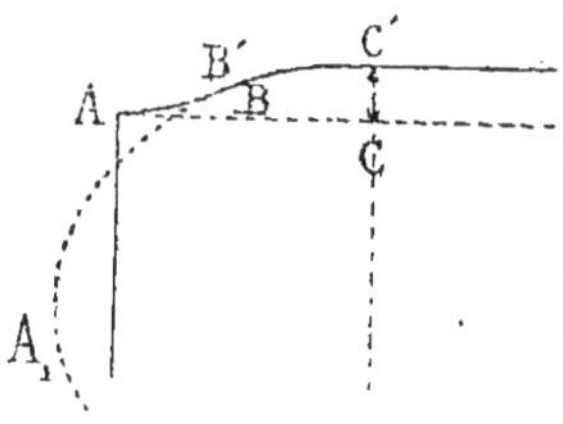

Les forces élastiques développées par ces déformations seront toutes différentes suivant que la pression agira ou non jusqu'au fond du cylindre. Dans les presses d'une seule pièce, dans les canons se chargeant par la bouche, la pression s'exerce jusqu'au fond et produit elle-même des dilatations aussi bien dans le sens longitudinal que dans le sens transversal ; de plus, le fond est arrondi, ce qui évite toute convexité dans la déformation des génératrices. Aussi, les tensions longitudinales ne sont pas à craindre. Mais il en est tout autrement des canons se chargeant par la culasse, dans lesquels la pression intérieure n'agit que jusqu'à l'obturateur C. Toute la surface AB'C', située entre l'obturateur et la zone d'attache A de la culasse, n'est soumise à aucune pression, et les déformations qui se produisent dans le voisinage du fond ne sont accompagnées que de forces, longitudinales et transversales, tangentes à la surface AB'C' elle-même. Ces

---

([1]) Dans les canons, ces déformations donnent quelquefois lieu à un peu de dureté dans le maniement de la culasse mobile.

forces, particulièrement les forces longitudinales dans les parties convexes, seront généralement des tensions qui pourront devenir très considérables lorsque la distance de l'obturateur à la zone d'attache sera très courte. Développées un grand nombre de fois pendant le tir, elles pourront amener énervement et rupture. C'est à elles que nous attribuons presque tous les accidents connus sous le nom de *déculassement par rupture transversale*.

Ces considérations générales suffisent à expliquer dans quels cas se développent ces dangereuses tensions et à indiquer les dispositions propres à les éviter.

Dans la fermeture à coin (fig. 88), très employée dans les artilleries étrangères, le coin A étant toujours très épais et s'appuyant nécessairement sur l'arrière de son logement, la distance *ab* du point d'appui à l'obturateur est très grande; de plus, il n'y a pas d'attache, à proprement parler, mais seulement pression du coin; le frottement seul s'oppose à la libre dilatation du canon. Dans de telles conditions, il n'y a pas à craindre de déculassement.

Le danger de ruptures transversales est, au contraire, un inconvénient de la fermeture à vis; inconvénient qu'il est d'ailleurs facile d'éviter par l'emploi de certaines dispositions spéciales dont l'utilité a été empiriquement reconnue par divers constructeurs.

La première de ces dispositions consiste à éloigner beaucoup l'obturateur du fond de la culasse, c'est-à-dire du premier filet de vis; l'artillerie de marine a appris par expérience à élargir le *fossé* AC, dont la réduction à la dimension d'un filet de l'écrou de culasse, ou un simple *fossé de dégagement* de l'outil de filetage, amène fatalement le déculassement des canons de fonte.

Un autre procédé consiste à diminuer la flèche de courbure, la dilatation CC'. La figure 89 montre qu'avec une vis DD_1, de diamètre bien plus grand que le logement de l'obturateur, les déformations dangereuses AB'C' seront

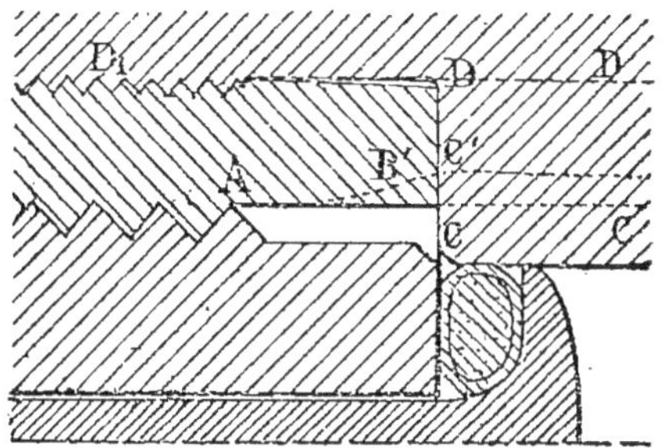

Fig. 89.

beaucoup diminuées ; les génératrices DD, étant plus éloignées de l'axe que les génératrices intérieures CC, sont bien moins déplacées pendant le tir. Comme la manœuvre peut être rendue difficile par l'augmentation du poids de la culasse, on pourra visser à poste fixe, à l'arrière du canon, une grosse *bague* DD, dans laquelle on taraudera l'écrou de la culasse mobile.

Enfin on pourra, comme nous l'avons indiqué au commencement de ce paragraphe, et comme l'a réalisé le capitaine Schultz, placer l'écrou de culasse dans un fond plat, épais, et fixé soit à une jaquette extérieure, soit aux tourillons par une couronne de boulons.

Inutile d'indiquer ici les avantages que présente, à divers points de vue, la substitution de l'acier à la fonte ou au bronze dans le système de fermeture.

De ce que nous venons de dire, il résulte qu'on augmenterait la résistance au déculassement de certains canons à fermeture à vis, en supprimant un filet de vis ou d'écrou et en approfondissant le fossé qui sépare la vis de l'obturateur, ce qui sera peut-être regardé comme un véritable paradoxe de construction.

§ 41. — Cylindres ouverts.

Un anneau, une frette, placé avec serrage sur un cylindre, est un tube ouvert aux deux bouts et soumis à une pression intérieure. Les génératrices des cylindres en contact resteront droites dans la plus grande partie de leur surface ; mais elles seront nécessairement courbées dans le voisinage des extrémités, si le cylindre intérieur déborde la frette ou est débordé par elle. Il suffit, pour s'en convaincre, de jeter les yeux sur la figure 90, qui repré-

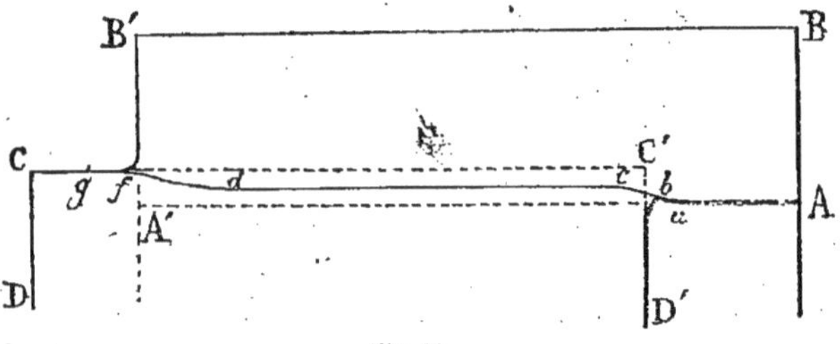

Fig. 90.

sente une frette débordant d'un côté le cylindre intérieur, débordée de l'autre.

AA'BB', CC'DD', représentent la frette et le cylindre intérieur avec leurs dimensions primitives, c'est-à-dire avant le frettage. La distance des deux génératrices AA' et CC' est la moitié du *serrage absolu*.

Les génératrices AA' et CC' deviennent, après le frettage, A$a\,bc\,df$ et C$g\,fd\,cb$. La surface de contact $fdcb$ est cylindrique dans toute l'étendue cd ; mais la surface intérieure de la frette et la surface extérieure du cylindre ont nécessairement des génératrices courbes abc—df, gfd—cb dans le voisinage des tranches B'A' et C'D'. En effet, en dehors et à une certaine distance de la surface de contact, de la partie frettée proprement dite, le cylindre et la frette conservent leurs dimensions primitives, et il faut absolument deux surfaces courbées avec inflexion (abc, dfg) pour raccorder la surface de contact cd avec les surfaces Aa et

Cg. Il résulte de là que la dilatation maximum A'*f* de la frette et la contraction maximum C'*b* du cylindre sont plus grandes que la dilatation et la contraction moyennes représentées par la distance de *dc* aux génératrices AA' et CC', et que les déformations dans le frettage sont différentes suivant que la frette déborde ou est débordée.

Les tranches C'D', A'B' du cylindre et de la frette restent planes et normales aux génératrices dans la majeure partie de leur étendue, mais elles se déforment légèrement au voisinage de la surface de contact ; ainsi, la partie plane *m*C' devient *mb* (fig. 91).

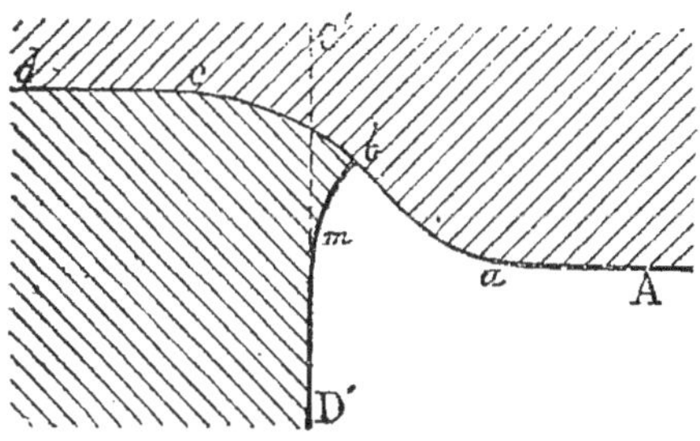

Fig. 91.

Examinons maintenant le développement des forces élastiques :

Dans la partie *dc* qui reste cylindrique, les sections droites de la frette et du cylindre restent planes et normales aux génératrices rectilignes. Il n'y a pas de force longitudinale, et les deux seules forces principales développées sont transversales : l'une, dirigée suivant le rayon, est une pression ; l'autre, normale aux plans diamétraux, est une tension dans la frette et une compression dans le cylindre.

Dans les surfaces *ab* et *gf*, il n'y a pas de pression transversale ; les deux forces principales développées sont tangentes à ces surfaces libres : l'une longitudinale, tangente à la méridienne *ab* ou *gf* ; l'autre transversale, normale au plan méridien. La surface *ab* de la frette étant dilatée en tous sens, toutes les forces élastiques, dans cette zone, doivent être des tensions. En *a* elles sont nulles, et croissent de *a* en *b*. En *fg*, les deux forces principales sont des pressions.

En *bc* et en *fd*, il y a trois forces principales ; dans la frette, les pressions transversales, nulles en *b* et *f*, croissent de *b* en *c* et de *f* en *d* ; les forces longitudinales décroissent au contraire et s'annulent en *c* et en *d*. Si l'on remarque que, de *c* à *b*, la frette est de moins en moins dilatée, tandis que le cylindre est de plus en plus comprimé, que la pression située dans le plan diamétral décroît de *c* en *b* où elle est nulle, que la section libre *mb* (fig. 91) n'est soumise à l'action d'aucune force, on en conclura que la pression normale au méridien, dans le cylindre, croît de *c* en *b* où elle atteint son maximum et est d'ailleurs la seule force développée. A l'autre extrémité, en *f*, sera développée, pour les mêmes raisons, la tension maxima, sollicitant la frette normalement aux plans méridiens.

Comme on le voit, il se passe dans le frettage des phénomènes analogues à ceux que nous avons signalés dans le voisinage du premier filet des vis-culasses.

Ces considérations, quoique n'intéressant que de très petites zones, n'en sont pas moins de la dernière importance. Dans le cas particulier qui nous occupe, elles montrent que, dans le frettage, les choses ne se passent pas de la même façon suivant que la frette déborde le cylindre intérieur ou est débordé par lui. Elles montrent, en général, comment se produisent certaines forces qu'on se contente trop souvent de qualifier de *tensions anormales* ; forces qui se développent très normalement au contraire, c'est-à-dire régulièrement et constamment, dans une construction déterminée. Il ne suffit pas de *donner un nom* à l'ensemble d'un phénomène, et de croire ou de laisser croire qu'ainsi on a donné une explication ; il faut observer, étudier en détail tous les faits, si petits qu'ils paraissent, et les décrire ; reconnaître les inconvénients de tel ou tel genre de construction et, en certains cas, avouer franchement son ignorance ; en tous cas, éviter les constructions dangereuses ou incomprises et signaler les dangers à l'industrie, qui n'attend pas les conseils de la théorie pour prendre son essor.

Les considérations de cette espèce peuvent seules rendre compte de certaines cassures dont nous parlerons un peu plus loin ; dans d'autres circonstances, elles mettront en garde contre certaines erreurs qu'il est fort aisé de commettre. En voici un exemple :

Dans les essais de frettes, la dilatation est produite au moyen d'un *mandrin* cylindrique qui représente le corps du canon. La frette, légèrement chauffée, est placée sur le mandrin, puis refroidie et laissée ainsi un certain temps. Avec un *serrage* donné, la frette ne doit pas se casser ; avec un serrage moindre, elle ne doit pas conserver de déformations après le *défrettage*. Il faut ainsi, à chaque essai, détruire le mandrin en le réduisant en copeaux au moyen d'un outil. Pour éviter cette opération, nous avions remplacé le cylindre d'une seule pièce par un mandrin composé de deux demi-cylindres A et B (fig. 92), séparés par

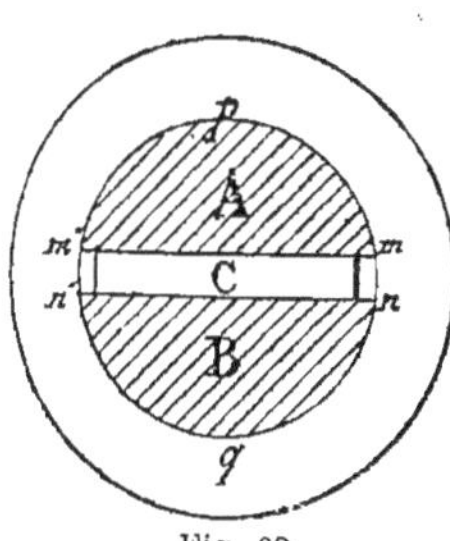

Fig. 92.

un coin C et assemblés par des boulons ; l'appareil peut être démonté pour le défrettage et servir indéfiniment. La frette est alésée à la demande du cylindre.

Dans ces conditions, la dilatation de la frette ne se produit plus de la même manière ; sans doute les parties mpm', nqn' sont pressées à peu près comme par le mandrin d'une seule pièce, mais les arcs $mn — m'n'$ ne sont soumis à aucune pression et sont simplement tendus. Absolument, le développement des forces élastiques sera tout différent suivant qu'on emploiera un mandrin simple ou un mandrin composé.

Les arcs *mn*, *m'n'* étant très petits, leurs déformations plus ou moins grandes, auront peu d'influence sur la déformation générale ; aussi, le mode d'épreuve avec cylindre composé ne présente-t-il pas d'inconvénients pour *l'essai à la résistance élastique*; mais, en ce qui concerne *l'essai à la rupture*, c'est tout différent. Les arcs *mn*, étant simplement tendus, seront bien plus exposés à se rompre que les autres segments de la frette dont la dilatation est en grande partie due à la pression transversale qu'ils supportent. Peu importe, dans ce cas, la dimension de ces *zones dangereuses*. L'essai des frettes à la résistance absolue doit donc être toujours fait avec un cylindre complet, un mandrin d'une seule pièce. L'essai avec le cylindre composé ne serait pas un essai de frettes, mais un essai à la rupture par simple traction.

On peut produire la dilatation des cylindres ouverts aux deux bouts au moyen de mandrins légèrement coniques :

Soit au moyen de *mandrins coniques courts*, constamment débordés, et destinés à dilater successivement et également les différentes parties d'un long tube. C'est ainsi que se pratique le *mandrinage* des canons en bronze Uchatius ;

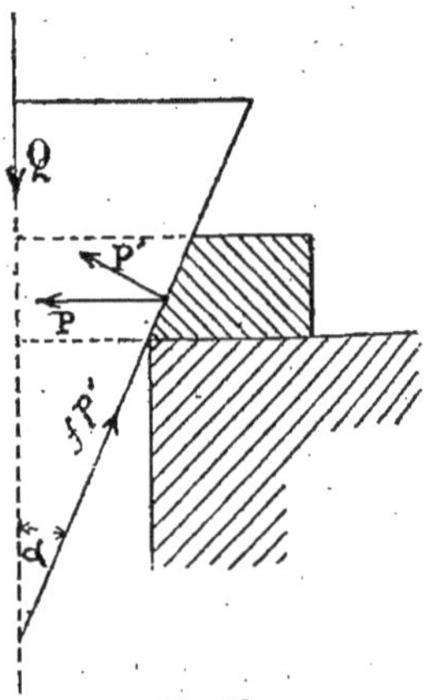

Soit au moyen d'un *mandrin conique long*, débordant l'anneau, qu'il dilate à la fois dans toutes ses parties et de plus en plus à mesure qu'on l'enfonce.

On peut calculer approximativement l'effort Q nécessaire pour enfoncer le coin, en fonction de la pression transversale P du cylindre dilaté et de l'angle du coin 2α (fig. 93).

Fig. 93.

En appelant f et φ le coefficient et l'angle de frottement,

P et P′ les pressions totales normales, l'une à l'axe, l'autre à la surface conique, on a :

$$Q = P' \sin \alpha + f P' \cos \alpha = P' (\sin \alpha + f \cos \alpha),$$
$$P = P' \cos \alpha - f P' \sin \alpha = P' (\cos \alpha - f \sin \alpha),$$

d'où

$$Q = P \frac{\sin \alpha + f \cos \alpha}{\cos \alpha - f \sin \alpha};$$

et, en remplaçant f par $\mathrm{tg}\ \varphi$,

$$Q = P \frac{\mathrm{tg}\ \alpha + \mathrm{tg}\ \varphi}{1 - \mathrm{tg}\alpha\ \mathrm{tg}\varphi} = P.\mathrm{tg}\ (\alpha + \varphi).$$

Pour arracher le coin, il faut un effort

$$Q_1 = P\ \mathrm{tg}\ (\alpha - \varphi).$$

Si $\alpha < \varphi$, $Q_1 < 0$; le coin sortira seul ; il faudra un effort $P\ \mathrm{tg}\ (\alpha - \varphi)$ pour résister à la réaction de l'anneau dilaté.

Comme nous l'avons dit, les pressions P et P′ sont les pressions totales, qu'elles soient ou non uniformément réparties sur les surfaces de contact. Les formules précédentes s'appliquent donc aussi bien aux mandrins courts employés dans le mandrinage qu'aux mandrins longs.

La forme conique entraîne avec elle des déformations longitudinales dont nous parlerons à l'occasion de la rupture. Les formules précédentes ne s'appliquent qu'aux cas où ces déformations sont très faibles.

D'après ce que nous avons dit au commencement de ce paragraphe, les forces longitudinales développées dans le mandrinage seront d'autant moins intenses que l'angle du cône sera plus faible. Il sera donc préférable d'employer des mandrins peu coniques et de remplacer une forte *passe* par des passes faibles et nombreuses. On se rapprochera ainsi du cas idéal de la dilatation absolument cylindrique.

§.42. — Grandes déformations longitudinales des cylindres.

Nous avons supposé, en étudiant les déformations transversales des cylindres creux, que les sections droites restaient planes et normales aux génératrices rectilignes, et qu'elles n'étaient sollicitées par aucune force ou qu'elles étaient soumises à l'action d'une traction ou d'une pression normale et uniformément répartie sur leur superficie. — Cela peut être admis lorsque les déformations sont assez petites pour que le tube conserve sensiblement la forme cylindrique, et, dans le cas des déformations élastiques, conduit immédiatement à la constance de la différence $t - p$ entre la tension et la pression rectangulaires développées en tous les points. Mais, lorsque les déformations sont très considérables, cette hypothèse s'éloigne trop de la réalité pour qu'on puisse négliger les erreurs qu'elle entraîne avec elle.

Dans ces grandes déformations, il y a, à l'extérieur du cylindre, de fortes tensions transversales qui seront, si rien ne s'y oppose, accompagnées de *contraction longitudinale*. A l'intérieur, il y a, dans le plan des sections droites, un développement de pressions bien plus grandes que les tensions ; d'où *dilatation longitudinale*. En sorte que la tranche, si elle est libre, prendra la forme ABC (fig. 94).

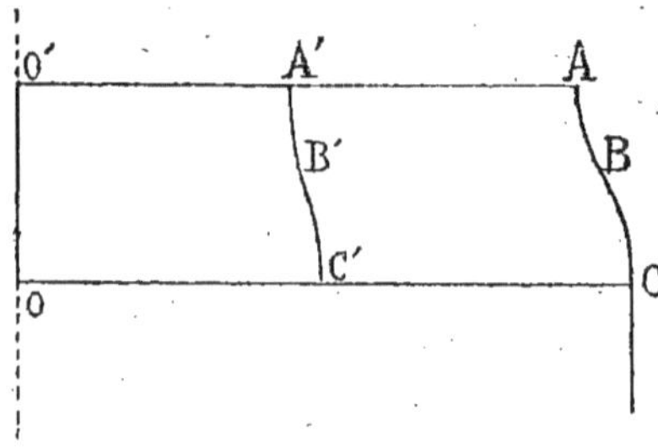

Fig. 94.

Toute section droite prendra une forme analogue A′ B′C′, mais d'autant moins accentuée qu'elle sera plus éloignée des extrémités. Seule, la section droite située dans le plan de symétrie normal à l'axe du cylindre, à égale distance des deux bouts, restera absolument plane et droite. La réaction des parties voisines produira sur cette section, et aussi, quoique moins énergiquement, sur toutes les autres, des *tensions longitudinales* à l'extérieur et des *compressions longitudinales* à l'intérieur. Ainsi il y aura, à la surface extérieure *deux tensions* principales, et à l'intérieur *deux pressions et une tension* ou *trois pressions*.

Si nous considérons maintenant ces nouvelles forces longitudinales, et si nous avons égard aux déformations transversales qu'elles entraînent avec elles, nous reconnaîtrons que, dans ces déformations considérables, elles produisent un accroissement de tension transversale à l'extérieur, et à l'intérieur au contraire un abaissement de tension.

Il y a lieu de distinguer deux cas dans les grandes déformations des cylindres:

Dans l'un, le cylindre dilaté par le passage d'un mandrin reste sensiblement cylindrique. Cela n'empêche pas les sections droites de se déformer; on s'en aperçoit bien à la tranche de la bouche des canons mandrinés, qui prend la forme ABC (fig. 94); les déformations longitudinales sont même augmentées par la conicité du mandrin qui donne naissance à une composante longitudinale appliquée à la surface intérieure. Dans ce cas, la dilatation est constante, mais la pression varie d'une section à l'autre, ce qui fait varier l'effort nécessaire pour faire passer le mandrin.

Dans l'autre cas, au contraire, la pression intérieure, qu'elle soit exercée par un liquide, par un semi-liquide ou par les gaz de la poudre (comme cela arrive dans les essais de tubes-éprouvettes), la pression est partout la même, mais la dilatation varie d'une section à l'autre. Les extrémités du tube étant nécessairement fermées et obturées, seront plus ou moins fixées par les fonds. Avec la plupart des fermetures, il y aura une partie immobile CD (fig. 95), qui ne subira aucune déformation, et, entre elle et l'obtura-

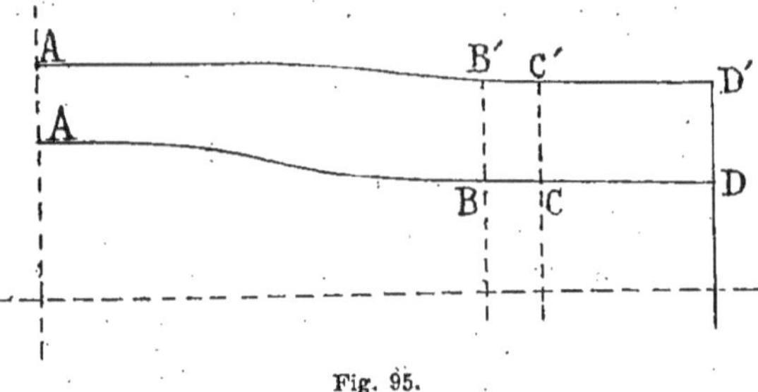

Fig. 95.

teur, une zone dangereuse BC dont nous avons déjà parlé (§ 40).

Dans ces conditions, le cylindre prendra une forme ovoïde telle que ABCD. Mais cette forme sera beaucoup plus accentuée à l'intérieur, où se produisent de grandes déformations sous l'action de puissantes pressions, qu'à l'extérieur où la dilatation, accompagnée de deux tensions rectangulaires, est nécessairement très limitée.

Il y aura donc deux zones dangereuses : la partie extérieure A′ du ventre de l'œuf et à l'intérieur la partie BC immédiatement en avant de la fermeture. Par laquelle des deux périra le cylindre suffisamment dilaté ? Cela dépendra de la qualité de la matière, de la construction des fonds et des dimensions relatives du cylindre.

§ 43. — Rupture et cassures des cylindres.

Lorsqu'un cylindre dilaté conserve la forme cylindrique et que les sections droites restent planes, normales à l'axe, étant seulement sollicitées par une force longitudinale faible ou nulle, les forces principales sont généralement une pression et une tension, situées dans le plan de la section droite, l'une dirigée suivant le rayon, l'autre normalement au plan diamétral ; la troisième est la force longitudinale qui agit sur les sections droites. Si la rupture vient à se produire dans ces conditions, la cassure sera dirigée suivant les éléments plans normaux aux sections droites et inclinés à $45° - \dfrac{\varphi}{2}$ sur les plans diamétraux, ou à $45° + \dfrac{\varphi}{2}$ sur la tension principale. Elle aura lieu aux points pour lesquels $mp + nt$ est maximum et lorsque cette somme $mp + nt$ sera devenue égale à la résistance au glissement simple G (§ 10-12).

$$mp + nt = G,$$

$$m = \frac{1}{2}\,\text{tg.}\left(45° - \frac{\varphi}{2}\right), \quad n = \frac{1}{2}\,\text{tg.}\left(45° + \frac{\varphi}{2}\right);$$

pour les métaux,

$$\varphi = 10°; \quad 45° - \frac{\varphi}{2} = 40°, \quad 45° + \frac{\varphi}{2} = 50°;$$

$$m = 0,41, \quad n = 0,59.$$

Nous avons vu (§ 35) qu'au moment où la limite d'élasticité est dépassée à l'extérieur du tube, la somme $mp + nt$ est à peu près la même en tous les points ; elle décroît légèrement de l'intérieur à l'extérieur. Avant cette période, $mp + nt$ décroît rapidement de l'intérieur à l'extérieur, puisque p et t décroissent à la fois. Il résulte de là que la *cassure commencera par l'intérieur*, toutes les fois que la rupture se produira sans déformations considérables de la surface extérieure, quelles que soient d'ailleurs les déformations intérieures ; et cela pourra arriver soit que la matière soit très raide, soit que le cylindre soit trop épais.

Il en sera tout autrement lorsque la rupture ne se produira qu'après de grandes déformations. Pour une très petite déformation permanente de l'extérieur, on a, à très peu près :

$$mp_0 + nt_0 = nT.$$

Pour des déformations plus grandes, la tension extérieure T croît en même temps que la pression intérieure p_0; mais la tension intérieure t_0 finit par décroître et peut même, en certains cas, devenir une pression. Les glissements doivent être considérables en tous les points de l'épaisseur du cylindre ; mais la matière est susceptible de glissements beaucoup plus grands sous les fortes pressions que sous les grandes tensions. Dans ces conditions, la *cassure commencera par l'extérieur* et sera inclinée à 45°

$+ \dfrac{\varphi}{2}$ sur la tension unique T normale aux plans diamétraux.

Comme il y aura presque toujours une tension longitudinale inférieure à T, la cassure passera par la direction de cette tension, c'est-à-dire qu'elle sera normale à la section droite et inclinée à $45° + \dfrac{\varphi}{2}$ sur les méridiens (fig. 96).

Ainsi la cassure sera, à son origine, une surface inclinée à $45° - \dfrac{\varphi}{2}$ soit sur les méridiens, soit sur les rayons des sections droites. Dès que la rupture aura commencé, les tensions développées dans le voisi-

Fig. 96.

nage du plan diamétral qui passe par son origine, seront plus fortes qu'ailleurs, par le fait seul de la réduction de section. Aussi la cassure pourra-t-elle être limitée dans une certaine zone et, dès lors, être à grains ou à facettes inclinées à $45° - \dfrac{\varphi}{2}$ sur les rayons. C'est ce qu'on observe dans la rupture des anneaux métalliques au moyen d'un coin conique. Lorsque la déformation est considérable, la cassure commence par l'extérieur et se compose généralement de grandes surfaces lisses inclinées à 40° sur les plans diamétraux et de grains brillants ; quelquefois il n'y a que des grains ou qu'une surface lisse qui occupe toute l'épaisseur.

Les tranches de l'anneau ne restant pas parfaitement planes, la tranche inférieure ABC (fig. 97) se courbe en entonnoir. La partie BC fait dès lors partie de la surface extérieure. Suivant l'arête CC′, qui peut être considérée aussi bien comme extérieure que comme intérieure, il n'y a qu'une simple tension, sans pression transversale. Aussi, cette arête se déchire-t-elle souvent ; mais généralement la cassure ainsi commencée ne se propage pas bien loin.

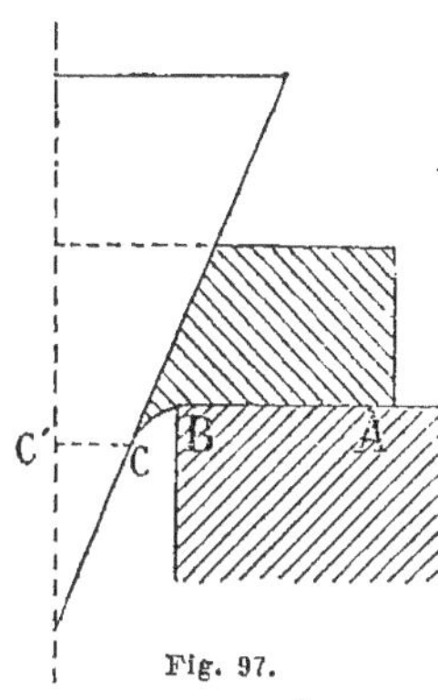

Fig. 97.

Nous avons examiné, à la fonderie de canons de Bourges, un tube d'acier doux, forgé et trempé à l'huile, ayant 80 et 165 millimètres de diamètres intérieur et extérieur, qui présentait, sur une longueur de 50 centimètres environ, une cassure dont nous donnons la section en grandeur naturelle (fig. 98). Elle se compose d'une grande surface inclinée à 50° $\left(45° + \dfrac{\varphi}{2}\right)$, et d'une plus petite à 40° $\left(45° - \dfrac{\varphi}{2}\right)$. Cette cassure, avec une telle forme, aussi intimement liée à la forme cylindrique du tube, n'a pu se produire pendant le forgeage ; c'est certainement une *tapure* à la trempe. Elle s'explique très bien dans notre théorie ; il suffit qu'il se soit développé, pendant la trempe, à l'extérieur des compressions et à l'intérieur des tensions normales aux plans diamétraux ; ce qui est fort possible, comme nous aurons occasion de l'expliquer.

Au point de vue de la résistance, il importe peu que la pression soit produite à l'intérieur du tube par un solide ou par un fluide ; mais il en est tout autrement en ce qui concerne la forme de la cassure. Nous voulons parler de la forme générale, de celle qu'on observe lorsqu'on a de-

vant les yeux les éclats du cylindre. Que le tube soit dilaté
par un mandrin, un liquide ou les gaz de la poudre, pourvu

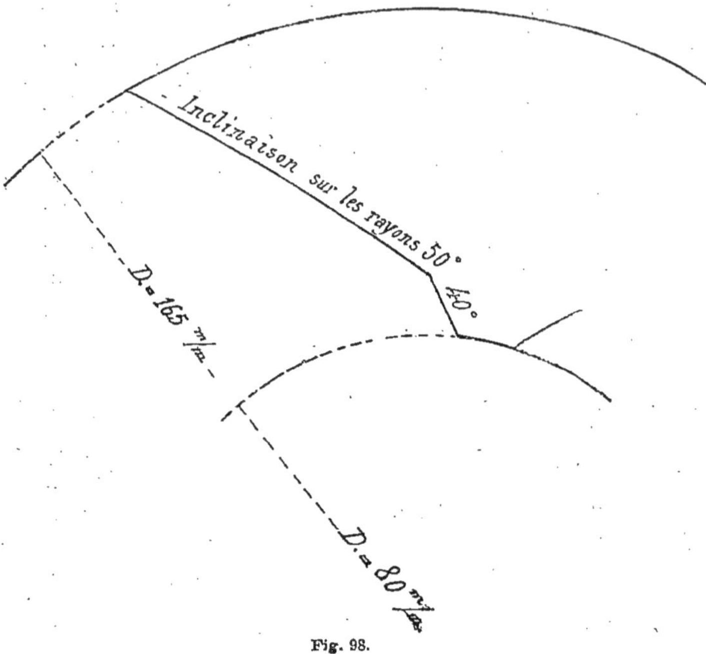

Fig. 98.

que les pressions soient identiques, la résistance sera la
même et les premiers éléments de la cassure ne différeront
en rien les uns des autres.
Mais, dès qu'il y aura un
commencement de cassure
à la surface intérieure, les
pressions cesseront d'être
appliquées de la même ma-
nière, suivant qu'elles seront produites par un fluide
ou par un mandrin soli-
de. Considérons, en effet,
un cylindre ayant une pe-
tite fente *aba'* à l'intérieur

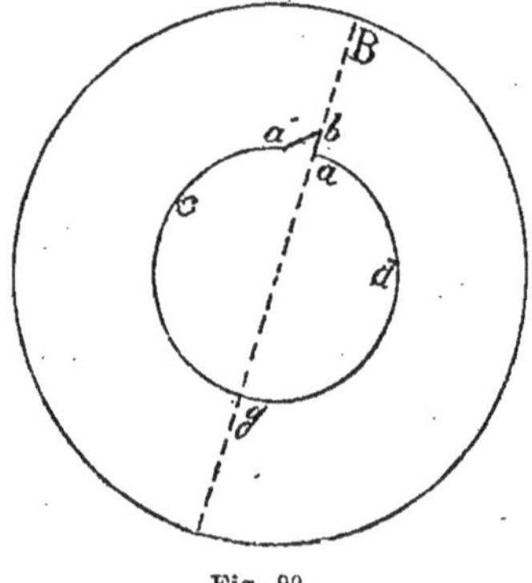

Fig. 99.

(fig. 99); le mandrin solide agira, en toutes circonstances, sur la seule surface $ca'ad$; tandis que le fluide exercera sa pression à la fois sur cette surface et sur les lèvres ab, $a'b$, de la cassure.

Il suit de là que les tensions développées dans le voisinage de la section Bb seront plus fortes que partout ailleurs, non seulement à cause de la diminution d'épaisseur ab, comme cela a lieu en tous cas, mais encore et surtout parce que la pression intérieure agira sur une surface plus grande (gab au lieu de ga).

La cassure produite par la pression d'un mandrin peut se localiser et être, par suite, à grains brillants dans certaines circonstances ; mais il arrivera bien souvent, pour ne pas dire toujours, que cette localisation aura lieu lorsque le tube sera rompu par un fluide. Dans un cylindre doux, mandriné, on peut impunément faire une entaille telle que aba' et continuer le mandrinage ; la rupture se produira par l'extérieur et l'entaille disparaîtra presque complètement sous la pression du mandrin lorsque l'épaisseur du tube sera assez grande (nous en avons fait l'expérience sur des anneaux d'acier à canon). Mais il en est tout autrement lorsque la pression est exercée par un fluide ; toute fente ou entaille longitudinale présente de grands dangers, et la cassure qu'elle entraîne est toujours limitée au voisinage du plan diamétral passant par cette fente originelle. C'est ainsi que les cassures des canons sont toujours à grains ; le bord intérieur seul est lisse en certains endroits. C'est là que l'accident a pris naissance.

Il nous reste à examiner le cas où il y a un grand développement de forces élastiques longitudinales. Lorsque ces forces sont des pressions, comme il arrive à l'intérieur des cylindres très déformés, ce développement n'offre aucun intérêt ; la matière, sous l'action de ces pressions en tous sens, se prêtant, comme on sait, aux grandes déformations. Le développement des grandes tensions longitudinales, qu'il ait lieu à l'intérieur vers les extrémités plus ou moins fixes, ou dans la zone moyenne extérieure, comme nous l'avons expliqué précédemment, ce développement est autrement intéressant par les dangers qu'il entraîne avec lui. Toute couche tirée en divers sens, et non comprimée, est fatalement destinée à se rompre dès qu'elle est forcée de subir une dilatation un peu sensible. Ces couches tendues sans être comprimées, nous ne saurions trop le répéter, sont des zones extrêmement dangereuses.

L'origine de la cassure passera par la plus petite tension et fera un angle de $45° + \frac{\varphi}{2}$ avec la plus grande. Si donc la plus grande tension est longitudinale, la cassure sera transversale ; elle aura pour trace une circonférence de section droite et sa surface conique sera inclinée à $45° + \frac{\varphi}{2}$ sur l'axe du cylindre. Localisé, l'ensemble se composera d'un liséré conique bordant une section droite tapissée de grains brillants inclinés sur elle à $45° - \frac{\varphi}{2}$. S'il n'y a qu'une seule tension, la cassure n'aura pas d'orientation absolument déterminée, et se composera de surfaces quelconques inclinées à $45° + \frac{\varphi}{2}$ sur l'axe ; elle sera toute à grains. Ces deux cas se présentent dans les déculassements de canons par rupture transversale.

Il pourra encore se produire, dans certaines circonstances, un développement de tension et de compression superficielles simultanées. Dans la *trempe*, par exemple, que le tube se courbe, pour une raison ou pour une autre, qu'il ait été mal chauffé ou mal forgé, qu'il se courbe pendant ce refroidissement rapide, il pourra naître, en certaines zones, des tensions longitudinales accompagnées de compressions transversales. La cassure, dans ce cas, inclinée à $45° + \frac{\varphi}{2}$ sur les génératrices et normale à la surface, aura la forme hélicoïdale ; certains maîtres de forge ont eu l'occasion de constater ce genre de cassure.

Nous ferons remarquer en finissant que les ruptures qui se produisent sans grandes déformations préalables, peuvent être attribuées à des causes très diverses. Les déformations relatives peuvent être à la fois très grandes et en même temps localisées dans de très petites zones, comme il arrive dans le voisinage des culasses de canon ; les déformations apparentes seules sont alors très petites. Dans d'autres circonstances, la cassure est le résultat de l'énervement (§ 16). Dans les canons frettés, par exemple, si les frettes sont très raides et très résistantes, le tube ne peut éprouver que de très petites déformations ; mais ces déformations élastiques, alternativement dans un sens et dans l'autre, se reproduisent à chaque coup, à chaque vibration et leur amplitude est augmentée de toute la compression initiale produite par le frettage. Dans ces conditions, le métal finira certainement par s'énerver et le canon périra si sa durée n'est limitée à un certain nombre de coups. (Dans l'état actuel de nos connaissances, cette limite ne peut être déterminée que par un empirisme grossier.)

Enfin, la rupture peut provenir d'un *défaut* ; il faut entendre par là que le commencement de rupture ou la diminution de résistance en certains points est le résultat d'une *fabrication* défectueuse et non d'un mauvais emploi.

CHAPITRE VIII.

CONSIDÉRATIONS SUR LE TRAVAIL MÉCANIQUE, L'EMPLOI ET LA RÉCEPTION DES MÉTAUX.

> « Quoique les notions théoriques ne puissent
> jamais dispenser des études pratiques, comme le
> rêve souvent l'orgueil scientifique, elles doivent
> toujours leur servir de base et même de guide. »
> Auguste Comte. *Catéchisme positiviste*,
> 2e édit., p. 247.

§ 44. — Métallurgie physique.

Il y a dans la métallurgie deux parties bien distinctes :

    la Métallurgie chimique,

    la Métallurgie physique,

à chacune desquelles correspond une division de l'usine métallurgique :

    la Fonderie,

    la Forge et les Ateliers.

Parallèlement à ces ateliers de fabrication et de construction, se trouvent les laboratoires destinés à la réception des matériaux et aux recherches relatives à la fabrication :

    le Laboratoire de chimie,

    le Cabinet des machines d'épreuve.

Nous ne nous occupons ici que de la *métallurgie physique,* ayant pour but les transformations qui s'opèrent sans changements dans la composition chimique (au moins dans la composition quantitative totale). — Cette question n'est traitée qu'accidentellement, et d'une façon tout à fait secondaire, dans les ouvrages de métallurgie, qui ne donnent guère à ce sujet que les descriptions des machines-outils et des engins de la Forge. C'est la partie anatomique, l'étude des *organes*. Reste celle des *fonctions*, la partie physiologique (qu'on nous passe l'expression), l'étude des transformations produites sur les métaux au moyen de ces engins et machines. Et son importance ne saurait être méconnue, car c'est elle qui relie la métallurgie proprement dite à la construction considérée au point de vue de la résistance des matériaux, c'est elle qui relie la fabrication à l'emploi par l'intermédiaire des épreuves de réception.

N'ayant pu obtenir que peu ou point de renseignements positifs sur les théories qui guident l'ingénieur et sur les règles suivies par les chefs d'atelier ou contre-maîtres dans le travail physique des métaux, nous avons été réduit à observer, à regarder, purement et simplement, les diverses transformations subies par le *lingot* dans les opérations successives auxquelles il est soumis. Comme il arrive toujours en pareilles circonstances, lorsque la simple observation d'un phénomène compliqué est privée des indications d'une *théorie préalable,* on ne sait ce qu'il faut regarder dans le fait qui se passe devant les yeux. La difficulté ne fait que s'accroître lorsque les phénomènes dépendent essentiellement de la volonté d'un ouvrier qui, le plus souvent, n'est guidé par aucune règle.

Nous avons donc suivi, avec le plus grand soin, et dans différentes usines, le forgeage des grosses pièces d'acier, observant minutieusement tous les détails de l'opération, ne sachant auquel attacher le plus d'importance, notant aussi bien le nombre des coups de pilon que les hauteurs de chute, la succession des faces (numérotées d'avance) frappées par le marteau, les couleurs, les durées des chaudes, les formes et les dimensions successives de la pièce de forge, et tout cela sans cesser d'interroger le maître pilonnier sur les raisons qui le guidaient dans la conduite de son travail.

Au risque de blesser certaines opinions, de détruire

quelques illusions, nous dirons qu'à la suite de cet examen consciencieux, dans lequel nous ne cherchions qu'à nous éclairer sur des choses que nous ignorions, nous dirons que le pilonnier, en dehors du soin qu'il apporte à enlever les crasses, de l'habileté qu'il met à éviter les plissages superficiels, n'a d'autre but que de *transformer une pièce d'une certaine forme en une autre de forme et de dimensions données*. Dans ses opérations, l'ouvrier n'est guidé par aucune considération physique. Et il en est de même dans tout le travail mécanique des métaux, qui se réduit à une pure question *géométrique*.

Le travail calorifique est dirigé par certaines théories qui ne sont en général que des règles déduites de quelques faits isolés. Elles se réduisent à :

1° *Chauffer* lentement et suffisamment la pièce, d'autant plus lentement qu'elle est plus grosse ;

2° La *transformer* au moyen des appareils mécaniques de la forge ;

3° La *tremper* ;

4° La soumettre à un *recuit* convenable, qui doit faire disparaître les mauvais effets des opérations précédentes, en conservant les bons (telles sont du moins les croyances actuelles).

Nous aurons l'occasion de nous occuper ailleurs des théories de la trempe, du refroidissement en général, et de la solidification, ébauchées par Rodman et par le colonel Caron, et des divers procédés de coulée en terre ou en lingotière, avec refroidissement rapide par l'extérieur ou par le noyau intérieur. Nous citerons ici la théorie très originale de M. Tchernoff, qui a l'avantage de contenir toutes les règles pratiques du travail calorifique que nous avons énoncées. Cet ingénieur russe compare le fer et l'acier à des dissolutions qui peuvent cristalliser régulièrement, en gros cristaux, ou ne pas cristalliser du tout, suivant la rapidité du chauffage ou du refroidissement, suivant la température de la chaude et la nuance du métal, et aussi suivant que la pièce reste en repos ou est *agitée* par le pilon pendant le refroidissement. Quel que soit son degré d'exactitude, cette théorie explique, réunit certains faits qui, avant elle, restaient isolés ; elle a donc une valeur réelle qu'elle conservera jusqu'à ce qu'une autre théorie vienne la remplacer. On ne peut en dire autant d'une foule d'explications spécieuses qui n'ont que l'apparence de théories. C'est ainsi, par exemple, qu'un ingénieur a cru expliquer l'utilité du recuit en comparant aux effets de la trempe les déformations permanentes quelconques produites par un travail mécanique. Ayant ainsi assimilé, gratuitement, des phénomènes en réalité fort différents, notre auteur ne dit plus « la pièce est *déformée* », il dit « la pièce est *trempée* par l'emboutissage, la flexion, le poinçonnage ; et, puisqu'on fait disparaître les effets de la trempe par le recuit, il faut recuire les pièces après le travail mécanique ». Or, les effets de la trempe et des déformations permanentes n'ont de commun que leur disparition par le recuit. Cette théorie repose tout entière sur la substitution sophistique du mot *trempée* au mot *déformée* ; elle n'explique nullement l'utilité du recuit, utilité que nous ne contestons pas, mais qui se déduit de l'expérience immédiate et non de raisonnements spécieux.

Bien nombreux sont encore ceux qui croient expliquer le recuit en disant qu'il fait disparaître les *tensions anormales,* ou qu'il détruit les mauvais *effets* de la trempe ou du travail mécanique, en conservant les bons. Quels sont ces *effets,* qu'entend-on par *tensions anormales,* et d'abord par tension normale ou régulière ? Dans tous les ouvrages de métallurgie il n'est question que d'*énervement,* d'*écrouissage,* de *fibres,* de *nerf,* en long ou en travers, de *molécules qui s'agrègent,* qui se soudent comme les pièces d'un paquet de corroyage ; partout on confond *grains, cris-*

taux, *particules*, *molécules* et même *points matériels*. La langue métallurgique est encore dans l'enfance métaphysique ; ses termes mal définis répondent à des faits mal connus ; on les emploie avec quelque raison en parlant des anciens matériaux de construction ; mais leur application aux matériaux modernes, homogènes, n'a plus de sens si elle n'est accompagnée d'explications ou de théories préalables.

On ne voit dans les cassures que *nerf*, *grains*, *arrachements* et *défauts*. Les défauts, loin d'être regardés comme des formes particulières de cassures, sont toujours considérés comme des solutions de continuité préexistant dans la matière, avant la rupture ; ce sont des *soufflures écrasées*, des *plissages*, des *tapures*, des *pailles*, des *crasses* ; mais en réalité on ignore le plus souvent l'origine des cassures. Pour être complètement édifié sur ce sujet, il suffit de lire les rapports des commissions chargées d'examiner et de rendre compte des circonstances dans lesquelles se sont produites les ruptures accidentelles de pièces métalliques, telles que chaudières, ponts, canons, etc. ; on verra sur quelles bases reposent les conclusions. On y parle beaucoup de l'opinion de personnes compétentes « dont la compétence en cette matière est indiscutable », mais on ne dit pas en quoi consiste cette compétence, on ne parle pas des théories sur lesquelles s'appuient leurs déductions. D'ailleurs on est en général très sobre de conclusions nettes, et le langage actuel de la métallurgie, dans lequel aucun mot n'est défini, se prête admirablement à la confection, qui serait sans cela fort embarrassante, de conclusions vagues et peu compromettantes. Les personnes compétentes devraient avouer neuf fois sur dix qu'elles ignorent absolument les causes de l'accident et montrer leur compétence en motivant leur avis. Au lieu de cela, on veut tout expliquer, et force est bien de se contenter d'explications sans valeur. Il nous suffira de rappeler ici la théorie de l'éclatement des cylindres creux par l'extérieur ou par l'intérieur, et appelant l'attention sur le rôle du mot *soutenues* appliqué aux couches intérieures, mot qui constitue à lui seul cette singulière explication.

C'est encore en vain qu'on chercherait les principes de métallurgie qui guident le constructeur dans la rédaction du *Cahier des charges,* ou l'ingénieur dans la fabrication, en ce qui touche la question si importante des poids et dimensions relatifs du lingot et de la pièce finie de forge. L'ingénieur, auquel son instruction fait sentir au moins une partie de ce qu'il ignore en cette matière (¹), consulte l'ouvrier qu'il croit doué d'une vue, d'un instinct particuliers. Il affirme, celui-là qui n'a pas appris à douter ; il communique sa confiance et la solution qu'il propose est adoptée sans discussion. Dans le cabinet du constructeur, c'est l'empirisme le plus vulgaire qui seul sert de guide ; les conditions imposées sont identiques, ou à peu près, à celles qui se trouvent dans les cahiers des charges antérieurs ou analogues.

Dans une fabrication courante, stationnaire, la *pratique,* pour ne pas dire la routine, suffit, sinon à faire mieux, du moins à faire bien ; on travaille aujourd'hui comme hier. Mais le progrès suit son cours, de nouveaux et plus puissants moyens de production sont inventés, le constructeur devient de jour en jour plus exigeant, il faut changer

---

(¹) Dans la crainte que ces paroles soient mal interprétées, je crois devoir rappeler que toutes mes observations se rapportent exclusivement à la métallurgie physique. MM. les ingénieurs métallurgistes, dont je suis le premier à admirer les travaux grandioses, ne s'offenseraient pas, je suppose, d'entendre dire qu'ils ne savent pas tremper les outils et que cet art est actuellement du domaine de l'ouvrier. Il y a encore dans presque toutes les usines des ouvriers qui ont un talent réel pour la trempe et qui refusent d'indiquer les circonstances dans lesquelles ils exécutent cette opération. Un jour viendra peut-être où les outils seront chauffés et trempés dans des conditions méthodiquement déterminées. Un essai de ce genre a, je crois, été tenté dans un établissement de la marine militaire, malgré la résistance des ouvriers. — Ces mêmes ingénieurs voudront bien reconnaître que le forgeage n'a aucun caractère scientifique et est encore un art aux mains de l'ouvrier. S'il est soumis à quelques règles, ces règles ne sont même pas écrites ; de plus, elles sont empiriques et ne sont pas toujours exactes. Je signalerai, par exemple, l'inexactitude de la croyance générale qu'un métal est d'autant meilleur qu'il est plus forgé, et qu'on ne forge jamais trop. C. D.

complètement le mode de fabrication. Alors la routine ne suffit plus. Il faudrait expérimenter, on tâtonne ; les expériences sont longues et coûteuses ; le temps manque, il faut produire quand même ; car le but, c'est le gain. Et l'on arrive à des résultats souvent merveilleux. Il faut bien le reconnaître, l'industrie devance la science, la pratique se passe de la théorie ; mais, tout en admirant les merveilles de l'industrie moderne, personne ne contestera la haute utilité de la théorie pour faire mieux et, comme le disait le professeur Bour, « pour maintenir les écarts inévitables de la pratique dans des limites non dangereuses pour le développement de la civilisation ».

Les grands progrès de la sidérurgie moderne consistent principalement dans :

1° La fabrication courante d'un métal homogène en lingots de poids énormes et des qualités les plus variées ;

2° L'installation d'appareils mécaniques et calorifiques servant à transformer le lingot en pièces de toutes formes et de toutes dimensions ;

3° L'emploi de machines d'épreuve, non seulement comme mode de réception, mais encore comme moyen d'expérimentation propre à dévoiler les meilleurs procédés de fabrication ;

4° L'emploi de plus en plus fréquent du recuit ;

5° L'application aux fers et aciers doux de trempes et recuits successifs, autrefois réservés aux outils, et appelés à remplacer, sinon en totalité, du moins en partie, le travail de la forge, la pièce étant alors coulée, non en lingot, mais plus ou moins près de sa forme définitive.

Les déformations produites par les *moyens industriels,* et qui constituent une grande partie de la *fabrication métallurgique,* méritent une étude spéciale aussi bien que *l'essai* qui sert à dévoiler les qualités, et que *l'emploi* qui est le but final.

Les moyens dont dispose l'industrie sont de deux espèces : la *chaleur* et les *forces mécaniques*, celles-ci étant produites soit par des *chocs*, soit par des *pressions statiques* analogues à l'action de la presse hydraulique. Ces moyens peuvent se classer de la manière suivante :

<table>
<tr><td colspan="2" align="center">TRAVAIL PHYSIQUE DES MÉTAUX.</td></tr>
<tr><td>Travail mécanique à une température déterminée . . . .</td><td>Travail statique.
Travail dynamique.</td></tr>
<tr><td>Travail calorifique . . .</td><td>Fusion.
Solidification par refroidissement { lent. / rapide.
Recuit, ou échauffement lent, suivi d'un refroidissement lent.
Trempe, ou refroidissement rapide.</td></tr>
<tr><td>Travail à la fois calorifique et mécanique. .</td><td>Chaude complète.
Solidification par refroidissement et compression simultanés (fabrication de l'acier comprimé liquide).</td></tr>
</table>

Nous n'envisageons ici la question du travail des métaux qu'au seul point de vue mécanique-statique ; mais les considérations auxquelles nous serons conduit par l'interprétation des phénomènes statiques ne s'appliquent pas seulement aux déformations produites *à froid* par des *pressions statiques*; elles s'étendent, dans une certaine mesure, au travail dynamique et même calorifique, comme nous allons le montrer.

D'Alembert, par la conception de son grand principe de mécanique, a ramené toute la dynamique à la statique. Grâce à la considération des *forces d'inertie*, tout état dynamique peut être regardé comme un état d'équilibre, et la *suite des états successifs*, qui constitue tout phénomène dynamique, peut être remplacée par une *série d'états d'équilibre*.

Dans la philosophie moderne, la comparaison des *séries zoologiques et sociologiques* avec les *phases du développement individuel et de l'évolution humaine* et, jusqu'à un certain point, la substitution de l'étude des unes à celle des autres constituent en partie la *méthode comparative,* presque uniquement employée dans les sciences supérieures de la vie et de l'humanité.

C'est évidemment dans le principe de d'Alembert qu'on trouve le type de cette comparaison entre les états statiques et les états dynamiques. — La justification de ce principe, en mécanique, est purement rationnelle ; elle résulte immédiatement de la définition des forces d'inertie. — En biologie et en sociologie, l'identité des deux séries résulte de ce que les divers types organiques et sociaux peuvent être considérés comme variant seulement par *degrés* (et non par essence), à la condition que ces types soient *comparés dans des états convenablement choisis de leur développement.*

Or, la plupart des phénomènes physiques (contrairement aux phénomènes chimiques) ont tout particulièrement ce caractère de ne différer entre eux que par degrés ; la pesanteur, la dilatation par la chaleur, l'élasticité, la résistance sont des propriétés communes à tous les corps. — Il résulte de là que la méthode comparative peut être étendue à l'étude de la physique, et qu'on peut *comparer* et, dans certaines limites, *substituer,* à tel point de vue qu'on voudra, *à la suite des états physiques différents d'un corps placé dans un milieu variable, une série de corps différents placés dans un milieu constant.* — Par exemple, comparer les diverses phases d'un corps échauffé ou refroidi de plus en plus, aux états de divers corps convenablement choisis, tous à la température de la glace fondante ; et cela, soit au point de vue de la conductibilité électrique ou calorifique et de la variation des coefficients de dilatation, soit, ce qui nous intéresse plus particulièrement, au point de vue de l'élasticité et de la résistance ; en un mot, remplacer par la *série thermo-statique,* la *série thermo-dynamique* (l'expression thermo-dynamique étant prise dans son sens philosophique général et non avec la signification spéciale de transformation mécanique de la chaleur qu'on lui attribue aujourd'hui).

Les propriétés physiques des corps dépendent essentiellement de leur *état physique,* et il faut entendre par *état,* non seulement l'état solide, liquide ou gazeux, mais encore, lorsque le corps est solide, tous les divers états qui varient avec le milieu dans lequel il est placé, particulièrement avec la température. — Dans toute comparaison, les corps doivent être considérés dans un milieu convenable et qui sera généralement spécial à chacun d'eux.

On ne trouvera évidemment aucune analogie physique entre l'iode et le chlore, qui ont pourtant une si grande ressemblance au point de vue chimique, si l'on compare ces deux corps à la température de la glace fondante ; il en sera tout autrement de la comparaison entre le chlore gazeux et la vapeur d'iode, à une haute température.

En général, les vapeurs suivent d'autant mieux les lois de Mariotte et de Gay-Lussac, qu'elles sont plus éloignées de leurs points de liquéfaction.

Les phénomènes que présentent les solides soumis à des pressions et à des températures variables sont toujours très compliqués ; les chaleurs spécifiques, les chaleurs latentes de dilatation, les coefficients de dilatation, spéciaux à chaque corps, varient avec le milieu. — La grande *loi des chaleurs atomiques* de Dulong et Petit, qui consiste, comme on sait, en la constance du produit du poids atomique par la chaleur spécifique du *corps à l'état solide,* n'est qu'une loi approximative ; et il ne peut en être autrement pour différentes raisons ; en particulier pour celle-ci que les chaleurs spécifiques des solides ne sont pas constantes et dépendent de la température à laquelle elles ont été mesurées. La loi des chaleurs atomiques serait sans doute bien plus exactement vérifiée, si ces coefficients résultaient d'expé-

riences à des températures convenables, dans des circonstances telles que les corps soient suffisamment éloignés de
l'état fluide.

Rappelons, à ce sujet, quels immenses progrès a faits la
biologie, lorsqu'à la comparaison des organismes à l'état
adulte (ce qui excluait d'ailleurs toute idée de continuité), on a substitué, à la suite d'études embryogéniques,
la comparaison des organes à des états convenablement
choisis de leur développement.

De ce que nous venons de dire, il résulte que les théories
ou doctrines qui relient les faits observés dans les déformations des corps solides à la température atmosphérique,
sont applicables aux déformations produites par le travail
mécanique, statique et dynamique, à froid ou à chaud,
mais à une température déterminée. Un acier au rouge,
au blanc, ou à toute autre température, pourra être comparé, au point de vue des déformations et des phénomènes
qui les accompagnent, soit au plomb, soit au cuivre, soit à
un acier de qualité différente, ces métaux étant considérés
à froid. Il est bien clair qu'en substituant un métal à un
autre on n'arrivera qu'à une *analyse qualitative* ; mais
quelle détermination numérique peut-on espérer faire
dans une telle étude, alors qu'on ne sait même pas mesurer les températures des corps que l'on observe ? Qu'on
songe d'ailleurs que, dans l'étude des déformations à froid,
nous avons le plus souvent été obligé de laisser de côté
toute question de nombres. Sans doute on détermine des
coefficients, on construit des courbes qui représentent numériquement certaines propriétés d'un métal ; il est vrai que
la courbe serait souvent très différente si l'éprouvette qui
sert à sa détermination était prise dans une autre zone de
la pièce et surtout dans une direction différente. Mais, ce
qu'il y a de plus important à considérer, c'est que ces
courbes, qu'elles puissent être complètement déterminées
expérimentalement, ou qu'elles soient seulement connues

dans leurs caractères généraux, représentent par leurs formes générales des propriétés communes à tous les corps et nous pouvons dire maintenant à tous les corps froids ou chauds.

Ceux qui s'attendraient à trouver ici une échelle de comparaison entre les fers, les aciers, les cuivres, les plombs et autres métaux de diverses compositions et provenances, se tromperaient grandement sur notre intention. Non pas que cette échelle soit impossible à construire, si l'on ne cherche pas un degré de précision incompatible avec un pareil sujet. Mais les propriétés physiques des métaux dépendent trop de la qualité des minerais et du mode de fabrication pour qu'on puisse établir rien de général en cette matière. Et puis notre but a été tout autre, en nous laissant aller à cette longue digression sur l'art d'observer et de raisonner. Lorsque nous disons qu'un acier au rouge-cerise est comparable à un cuivre à la température ordinaire de l'atmosphère, cela signifie que ces deux métaux éprouvent, dans les mêmes conditions de pression, des déformations de même espèce, d'un même ordre de grandeur, où inversement que les mêmes déformations sont accompagnées d'un même développement de forces élastiques, que l'acier chaud se brisera dans les mêmes circonstances que le cuivre froid. Nous avons eu pour but de montrer qu'à défaut de la méthode expérimentale directe, proprement dite, on peut employer, comme procédé d'investigation, la méthode comparative au lieu d'un empirisme grossier. Cette méthode, il faut l'apprendre à sa source, c'est-à-dire dans l'étude des êtres vivants, où elle acquiert son développement maximum. Dans une école d'ingénieurs, qui se pique d'être pratique, on a institué récemment un cours de biologie. Un tel cours remplacerait heureusement des cours d'un autre âge qu'on conserve par habitude dans certaines écoles. Quoi qu'il en soit, les ingénieurs qui auront quelques notions dans l'art de comparer et de classer, comprendront comment

l'étude d'un corps peut être substituée à celle d'un autre
corps, lorsque celle-ci ne peut être faite directement ; ils
comprendront, et c'est là le point important dans la question particulière qui nous occupe, que pour s'expliquer le
travail de la forge, il faut expérimenter sur les corps les
plus divers, depuis les aciers raides jusqu'aux cires molles, en passant par les métaux doux tels que les cuivres
et les plombs, et que c'est là le seul moyen scientifique
de remplacer l'étude directe, à peu près impossible, des
déformations des métaux chauffés à de hautes températures. Mais il faut pour cela que les ingénieurs ne dédai-
gnent pas d'expérimenter eux-mêmes.

Toutes les questions thermiques et dynamiques ne
peuvent pas être ramenées à la statique ; il en est d'un
ordre tout particulier qui exigent une étude spéciale.
Telles sont les questions relatives aux dilatations et contractions qui se produisent dans l'échauffement ou le
refroidissement, à la trempe et au recuit par exemple ;
les questions relatives, soit aux oscillations et autres
mouvements qui accompagnent les déformations, soit à la
propagation de la chaleur ou à la vitesse de transmission
des efforts, soit enfin à la transformation réciproque de la
chaleur et de la force vive.

L'examen des cassures exige de la part de l'observateur
une éducation spéciale, dont la base est évidemment
l'étude des cassures des métaux homogènes, rompus dans
des conditions déterminées. Lorsqu'on se sera rendu compte
du travail mécanique, on pourra s'expliquer les *défauts* ou
cassures irrégulières et chercher les moyens de les éviter ;
inversement, la production de certaines formes de cassures
donnera quelques indications sur le travail auquel le
métal a été soumis. Il sera très facile de reconnaître, en

bien des cas, par exemple, si une barre a été courbée par flexion transversale ou par compression longitudinale. Mais la question la plus difficile à résoudre, et aussi la plus importante en pratique, consiste en l'examen des *cassures accidentelles*, la rupture ayant pu se produire soit sous les efforts que la pièce devait supporter normalement, soit sous des efforts accidentellement très différents. De l'examen des diverses circonstances de l'accident, sorte d'*observation pathologique*, il sera souvent impossible de tirer des conclusions absolues ; mais, en tous cas, il est certaines règles, qu'on ne suit pas toujours, et desquelles il importe pourtant de ne pas s'écarter :

Examiner la forme de la cassure et sa position dans la pièce rompue ; si la cassure s'est produite dans une *zone dangereuse*, dans une zone particulière au point de vue de la *construction*, et n'ayant au contraire rien de particulier relativement à la *fabrication* du métal, c'est dans le *système de construction* et non dans la *qualité* de la matière qu'il faut chercher les causes de l'accident ; et inversement. Voici un exemple : dans le déculassement, ou rupture transversale de certains canons à fermeture à vis, la cassure passe toujours par le fond du dernier filet de l'écrou, et la zone dans laquelle elle se produit n'a rien de particulier relativement à la coulée, au forgeage, à la trempe et au recuit de la pièce. Dans ces conditions, il serait absurde de chercher la cause du déculassement dans la qualité du métal ; c'est le constructeur et non le fabricant qui est responsable de l'accident.

Cette recherche des causes des ruptures accidentelles présente presque toujours de très grandes difficultés, qu'augmente encore, dans bien des cas, la rapide propagation de la cassure qui occupe ainsi une grande étendue soit dans les éclats, soit dans les déchirures. Il est alors très difficile de reconnaître l'*âge* des différentes parties de la cassure et en particulier l'origine de la rupture.

Le juge, avant d'entendre une déposition, s'informe des

relations du témoin avec l'accusé ; de même, avant d'apprécier le rapport d'une commission chargée de rendre compte des circonstances d'un accident, devra-t-on s'informer des relations de camaraderie ou de famille, des relations scientifiques et industrielles des divers membres, et particulièrement du président et du rapporteur, soit avec le constructeur ou l'inventeur, soit avec le fabricant, soit encore avec leurs concurrents. Il conviendra également, lorsque l'accident se sera produit à la suite d'expériences instituées dans le but d'apprécier la valeur d'un engin, d'examiner, non seulement les circonstances immédiates de l'accident, mais encore les épreuves antérieures.

En ce qui concerne les *essais* mécaniques, nous dirons seulement que les conditions de réception doivent être réglées d'après l'*emploi* auquel la pièce est destinée. Les propriétés des métaux travaillés dépendent essentiellement de la position et de l'orientation de l'éprouvette ; il importe de choisir judicieusement l'emplacement de la prise d'essai, en même temps que le genre d'épreuve. Ce n'est pas dans les tourillons des canons qu'il faut aller chercher la qualité du métal, comme l'a fait un constructeur, d'ailleurs fort ingénieux. Les éprouvettes de traction et de flexion, dans les canons, doivent être prises en travers du corps et non en long ; et le sens de la flexion n'est pas indifférent. Toutes ces conditions doivent être clairement établies au cahier des charges ; au fabricant à les examiner avec soin, ce qu'il ne fait pas toujours, et à juger si elles sont acceptables, et si, dans l'état actuel de son industrie, il est capable de les remplir.

Avant d'entreprendre une étude détaillée du travail mécanique, il convient d'examiner les différents genres de travaux effectués dans les usines métallurgiques, de les classer, afin de choisir parmi eux quelques types auxquels tous les autres puissent être rattachés.

De toutes les opérations mécaniques la plus importante est sans contredit l'*étirage* des fers et aciers. Le tableau suivant indique ses divisions principales.

Étirage	Forgeage proprement dit ou étirage sous le marteau.		
	Laminage	en tôles.	
		en barres	droit.
			circulaire.
	Tréfilerie.		

L'ensemble des travaux mécaniques peut d'ailleurs se classer, d'après le but même de l'opération, comme l'indique le tableau ci-joint :

BUT DE L'OPÉRATION : Produire des objets :	NOMENCLATURE des principaux travaux mécaniques.
D'une forme déterminée.	Travail à l'outil : Poinçonnage, cisaillement, rabotage, tournage, perçage, fraisage, polissage, etc. Compression hydraulique ou au balancier : Étampage, emboutissage, chaudronnerie. Étirage.
D'une grande dureté . .	Fabrication de l'acier à outil.
D'une grande raideur . .	Fabrication des ressorts.
D'une grande résistance.	Étirage au marteau, au laminoir, à la filière. Mandrinage des cylindres creux.
Ayant certaines dimensions extrêmement petites.	Battage. Fabrication des fils de Wollaston et des feuilles de Faraday.

§ 45. — Procédés mécaniques. Marche du laminoir.

Presque tous les travaux métallurgiques sont le résultat de *compressions* directes. A cela, il y a deux raisons d'ordres différents :

1° Par la compression on obtient des déformations très grandes qu'il serait impossible d'obtenir autrement. Les dilatations produites par la traction, par exemple, sont très faibles si la matière est raide, très localisées dans la zone qui se déforme en fuseau, si la matière est douce.

Rappelons encore qu'on obtient des courbures beaucoup plus grandes en comprimant longitudinalement une barre, qu'en la fléchissant transversalement.

2° Les procédés généraux qu'emploie l'industrie pour produire de grands efforts : le choc, la presse hydraulique, le levier et ses dérivés (vis, laminoirs, etc.), donnent plus directement naissance à des pressions qu'à des tractions.

Ce qu'il faut pour obtenir de grandes déformations, c'est un grand effort relativement à la surface à laquelle il est appliqué, un grand effort par unité de superficie. Cela conduit à déformer *successivement* les différentes parties de la pièce, dès que celle-ci présente des dimensions un peu fortes. Cette succession d'efforts se fait de bien des manières différentes.

Dans le martelage, les coups de marteau se succèdent sur les mêmes parties, sur les différentes parties d'une même face, sur les différentes faces.

Dans le rabotage, la pression de l'outil qui s'exerce sur une très petite surface, agit successivement sur les diverses parties de la pièce ; d'abord sur les parties situées dans une certaine direction, la longueur par exemple, et ensuite sur les autres ; l'outil étant déplacé, à chaque passe, dans le sens de la largeur, et après une série de passes, dans le sens de l'épaisseur. Il y a ainsi des passes successives de deux espèces, des passes principales et des passes secondaires.

Dans le chaudronnage, on bat successivement les différentes parties de la surface ; au laminoir, à la filière, il y a des passes successives, et à chaque passe, les différentes parties de la barre ou du fil sont successivement déformées. L'emboutissage se fait généralement en plusieurs passes.

Il y a pourtant des travaux qui se font d'un seul coup ; l'étampage, le poinçonnage par exemple.

Quoique la répartition des efforts exercés par la frappe du marteau ou par le piston de la presse hydraulique sur la pièce travaillée présente une grande complication, on comprend aisément le mode d'action de la plupart des engins du travail mécanique, sinon dans le détail, au moins dans l'ensemble. L'action du laminoir, au contraire, présente une véritable difficulté de compréhension. C'est, au fond, la même question que celle du patinage de la locomotive. On s'est beaucoup occupé des phénomènes que présente la locomotive dans sa marche ; on a inventé un mot, *l'adhérence aux rails*, et l'on s'est généralement déclaré satisfait. On pourrait dire de même que la barre passe dans le laminoir parce qu'elle *adhère* aux cylindres ; mais un nom n'est pas une explication.

Lorsqu'un corps en mouvement, pressé contre un autre corps, frotte sur lui, il peut l'entraîner dans sa course ou glisser sur sa surface ; cela dépend de la pression que les deux corps exercent l'un sur l'autre, de la masse du corps à entraîner et en général de la résistance qu'il oppose au déplacement.

La courroie glisse sur la poulie ou la fait tourner ; la locomotive avance, entraînant à sa suite un train plus ou moins lourd, ou patine sur des rails plus ou moins glissants ; le laminoir lamine ou patine ; le mouvement produit étant, en tout cas, celui qui correspond au plus petit effort.

La marche de la locomotive est inverse de celle du laminoir, et les mouvements de l'une peuvent aider à comprendre ceux de l'autre. Considérons donc une locomotive attelée à un train assez lourd pour qu'elle ne puisse démarrer : elle patine ; ses roues tournent et glissent sur les rails sans pouvoir la faire avancer. Une force en sens inverse du mouvement, un frottement est exercé par le rail sur la jante de la roue, frottement d'autant plus fort que la locomotive est plus lourde, que la pression sur le rail est plus considérable. La locomotive n'avance pas parce que ce frottement de glissement est inférieur à la somme du frottement de roulement de tout le train (y compris la locomotive) et de la composante du poids du train parallèle à la rampe. La puissance de traction des locomotives dépend donc du poids porté par les roues motrices.

Le rail exerce un frottement sur la locomotive, inversement la jante exerce sur le rail un frottement dans le sens du mouvement ; cette force tangentielle exercée par la roue est capable de déplacer le rail auquel elle est appliquée, s'il est libre et si la pression et par suite le frottement de la roue sont assez puissants. Le rail alors se déplacera d'avant en arrière comme la barre qui passe au laminoir.

Lorsque le lamineur présente une barre entre les cylindres, il donne naissance à un frottement, d'autant plus fort que la pression de la barre est plus grande, et qui retarde le mouvement de rotation ; inversement, les cylindres frottent sur la barre comme la roue sur le rail et tendent à l'entraîner dans le sens de leur mouvement. Aussi, dans certaines limites, l'ouvrier n'a-t-il qu'à pousser suffisamment la barre pour la faire prendre entre les cylindres.

En somme, les mouvements du laminoir et de la locomotive sont tout à fait analogues ; la barre ou la tôle s'avance entre les cylindres comme la locomotive sur les rails ; l'un et l'autre patinent sur place suivant la pression du laminoir ou des roues motrices ; pression qui, dans la locomotive, dépend de la charge, et, dans le laminoir, de l'épaisseur de la barre, de la qualité et de la température du métal.

Si la locomotive était extrêmement lourde relativement aux dimensions des cylindres à vapeur, il pourrait arriver que les roues restent fixes, la vapeur n'ayant pas la force de les faire tourner. De même si la passe est trop forte, si la barre est trop froide, le laminoir peut être arrêté.

Nous avons vu le fait se produire, non sans une certaine émotion causée par la grandeur du spectacle. On laminait de grands fers à U pour les constructions maritimes. Le fer engagé commence à passer. Mais on demande au laminoir un travail au-dessus de ses forces ; le fer se refroidit et la résistance augmente ; le train tout entier se ralentit ; les machines motrices oscillent en mugissant ; la vapeur, dont la pression croît de plus en plus, s'échappe par les garnitures ; le volant cède tout ce qu'il a accumulé. Il reste encore quelques mètres à passer ; tout s'arrête. Il n'y a plus alors qu'à desserrer les cylindres du laminoir et à enlever l'énorme barre, trop longue pour être remise au four, trop courte pour être employée à la construction à laquelle elle était destinée.

Le rail et la roue de la locomotive n'éprouvent dans leur contact qu'une très petite déformation élastique ; la barre laminée, au contraire, conserve de son passage au laminoir une déformation permanente dont la production est le but même de l'opération du laminage. La section de la barre est réduite ; comme le métal ne change pas notablement de densité et que la quantité de métal qui sort du laminoir est égale à celle qui entre, il en résulte que les vitesses d'entrée et de sortie des pièces laminées sont dans le rapport inverse de la section primitive à la section finale. On ne peut pas en dire autant du rapport des sections droites aux vitesses dans la zone en prise avec les cylindres, parce que là, le déplacement ne se produit pas par tranches perpendiculaires au mouvement général ; les sections droites se déforment et les parties centrales n'ont pas les mêmes vitesses que les parties superficielles.

Si nous comparons entre elles les forces extérieures appliquées à la même pièce, soit dans le laminage, soit dans la tréfilerie, nous voyons que, en dehors des pressions transversales exercées par les cylindres ou la filière, il n'existe dans l'un des cas (fig. 100) que des forces tangentielles appliquées à la surface de la pièce dans le sens du mouvement, tandis que dans l'autre (fig. 101), les frotte-

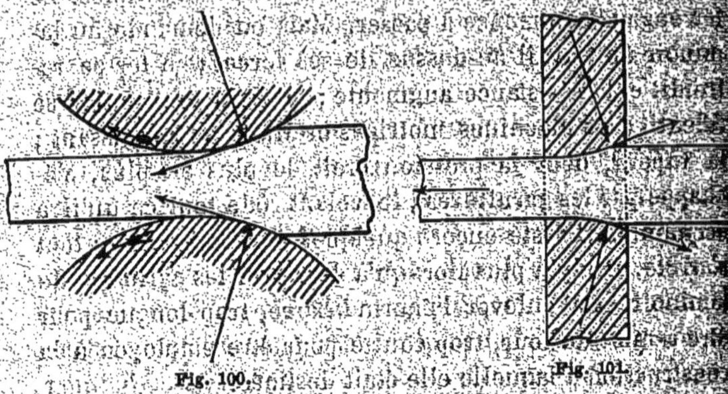

Fig. 100.Fig. 101.

ments superficiels sont dirigés en sens inverse du mouvement, le passage étant alors produit par une traction longitudinale.

Dans le laminage, la somme des projections longitudinales des forces tangentielles doit être égale à celle des projections des forces transversales ; dans la tréfilerie, ces projections sont toutes en sens inverse du mouvement et font équilibre à la force motrice appliquée au fil.

§ 46. — Poinçonnage.

A ce que nous avons déjà dit de la compression des prismes, des cylindres et des solides de révolution, nous avons à ajouter quelques mots sur le poinçonnage, qui n'est autre chose qu'une compression exercée seulement sur une faible partie de l'une des faces. La face opposée repose sur un appui qui la déborde de toutes parts, et qui la touche en tous les points, comme cela arrive dans la première partie de la fabrication des bandages de roue, ou bien, et c'est le cas ordinaire, est percé dans le prolongement du poinçon d'une ouverture destinée au passage de la *débouchure*.

Quoique la densité du métal ne change pas plus dans

cette opération que dans toutes les grandes déformations que nous avons déjà décrites, le volume de la débouchure est beaucoup plus petit que celui du trou qui résulte du passage du poinçon à travers la pièce. Rappelons que M. Tresca, après avoir observé ce phénomène, a fait une étude spéciale des déformations intérieures, en poinçonnant un paquet formé de nombreuses feuilles superposées, et a reconnu que certaines d'entre elles étaient réduites par cette opération à une épaisseur extraordinairement faible.

Soient M le poinçon, A'B'C'D' le bloc à poinçonner compris entre deux plaques A'B', C'D', percées d'ouvertures AB, CD (fig. 102). La partie libre AB n'est soumise à au-

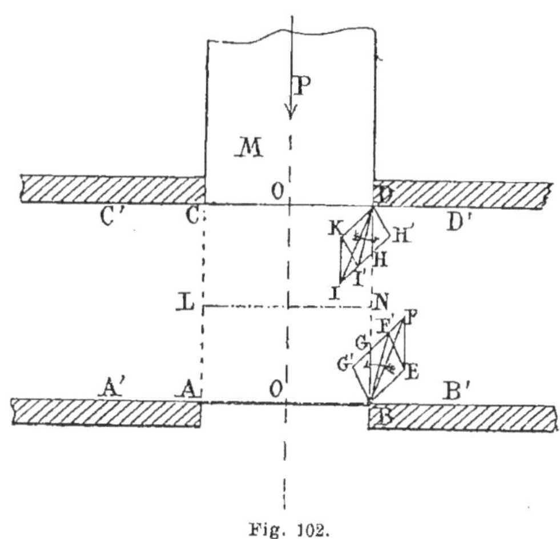

Fig. 102.

cune pression ; la plaque A'A BB' supporte des pressions dont la somme est égale à la pression P du poinçon.

L'expérience montre qu'au delà de certaines limites A', B', il n'y a pas de déformations sensibles. L'anneau élémentaire AA', BB' est donc seul comprimé dans la direction de P ; et, puisque le contour extérieur A'B' est invariable, il doit y avoir dilatation transversale dans le sens de

A′ vers A. Le disque élementaire AB, ainsi comprimé sur son bord, se dilatera dans la direction perpendiculaire, c'est-à-dire dans la direction de P ; il y aura, par suite, sortie de la matière par l'orifice AB.

En CD, c'est le contraire qui arrive : le disque élémentaire CD, fortement comprimé par le poinçon, s'amincit en se dilatant transversalement, la partie CC′, DD′ étant peu ou point comprimée dans la direction de P. Il en sera de même de tout disque situé à l'intérieur du bloc dans le prolongement du poinçon, pourvu qu'il soit suffisamment éloigné de AB. Ainsi s'explique la réduction de volume de la débouchure ; une notable partie de métal sortant, par le fait de la dilatation transversale, du cylindre ABCD.

Puisqu'il n'y a, en aucun point, changement de densité, les déformations se réduisent à des glissements (§ 18); tout élément parallélipipédique est, en effet, transformé en un parallélipipède équivalent, transformation qui peut toujours être considérée comme résultant de glissements dans la direction des arêtes. La déformation générale résulte ainsi des glissements élémentaires et du déplacement des éléments.

Considérons, au point B, un élément prismatique compris entre deux plans diamétraux infiniment voisins, et ayant pour base le parallélogramme BEFG. Vu la symétrie, il nous suffit d'examiner la déformation de cette base qui, par un glissement parallèle à EB, devient BEF′G′. De même, au point D, l'élément DKIH, devient DKI′H′. Ce qui montre que toute droite BF, ou DI, devient BF′, ou DI′, c'est-à-dire tourne autour de B ou de D dans le sens indiqué par les flèches.

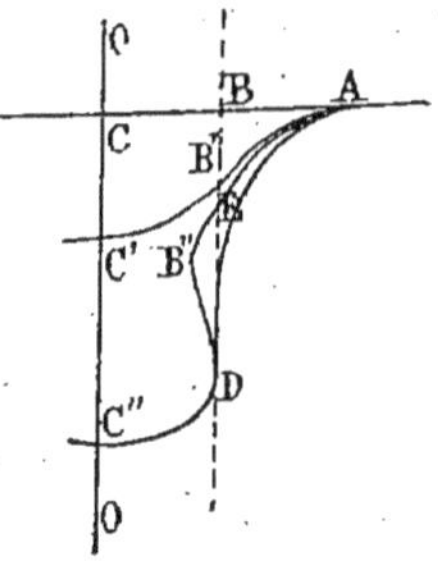

Fig. 103.

Ainsi toute section droite ABC (fig. 103) prendra une forme infléchie, telle que AB′C′, normale en C′ à l'axe de symétrie OO, et tangente à AB au point A, limite extrême des déformations. Il pourra même arriver que la surface supérieure prenne une forme telle que AB″DC″, à la condition que le mandrin soit suffisamment évidé. Avec un mandrin cylindrique BD, la partie EB″D ne peut exister; il y a alors plissement de la surface supérieure sur la surface du poinçon, analogue au plissement de la surface latérale des cylindres comprimés sur le prolongement des bases; dans l'un des cas, une surface cylindrique se transforme en un plan; dans l'autre, au contraire, c'est une surface plane qui devient cylindrique. Toutes les sections droites se transformeront d'une façon analogue. La surface de la débouchure ne sera autre chose que la surface inférieure du bloc; la surface du trou pratiqué par le poinçonnage sera la transformée de la surface supérieure. Si la pièce est primitivement divisée en feuilles superposées, chacune de ces feuilles sera transformée en un étui bordé par la partie restée plane et non déformée (fig. 104).

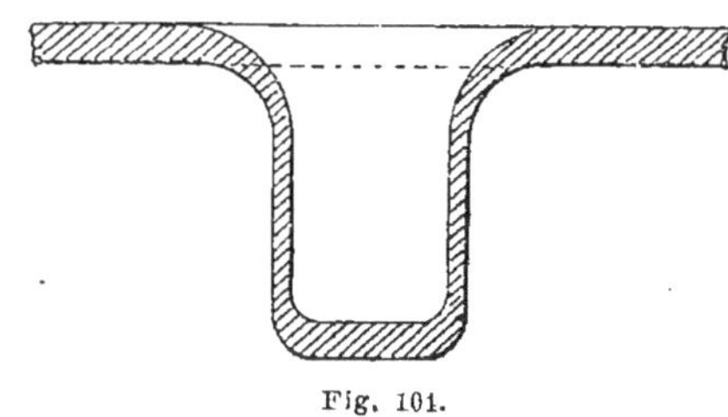

Fig. 104.

Quant aux *forces principales*, aux forces élastiques normales aux éléments plans sur lesquels elles agissent, nous savons qu'il y en a toujours trois développées en chaque point: l'une normale au plan diamétral passant par le point considéré, les deux autres situées dans ce plan. Les *surfaces de niveau*, c'est-à-dire les surfaces soumises en chacun de leurs points à des pressions ou tensions normales, se composent des plans diamétraux et de deux séries de surfaces de révolution, perpendiculaires entre elles et aux plans diamétraux.

Les surfaces de niveau d'une de ces séries, normales sur l'axe et horizontales en dehors de la zone des déformations, ont nécessairement des formes analogues aux transformées $AB'C^A$ (fig. 103) des sections droites ou des surfaces de joints, mais sans se confondre avec elles. Les surfaces de niveau changent, en effet, à chaque instant, et dans le corps, et dans l'espace, tandis que les sections droites et les surfaces de joints sont fixes dans le corps. Ces surfaces peuvent, en général, différer beaucoup les unes des autres ; mais, dans le cas particulier du poinçonnage, dans lequel les feuilles restent constamment en contact et ne glissent pas sensiblement les unes sur les autres, les surfaces de niveau diffèrent peu des transformées $AB'C'$ (fig. 103) ; et cela suffit à indiquer la direction des forces principales aux différents points.

§ 47. — Des grandes déformations.

Jusqu'ici nous ne nous sommes pas occupé spécialement de la grandeur des déformations ; nous avons surtout relié entre eux les faits intéressant la limite d'élasticité et la rupture. Nous nous proposons de rechercher ici, dans quelles circonstances se produisent les grandes déformations permanentes.

Les déformations élastiques *élémentaires* des métaux sont très petites. Leurs grandes déformations sont permanentes ; elles sont produites par des forces ou sont accompagnées d'un développement de forces élastiques, comprises entre la limite d'élasticité actuelle et la résistance à la rupture.

Les déformations *d'un corps* résultent des déformations élémentaires et du déplacement des éléments. Certaines dispositions de formes permettent d'obtenir, sous l'action de forces convenablement appliquées, des déformations élastiques considérables ; telles sont celles des *ressorts.*

La grandeur des déformations permanentes d'un corps varie aussi beaucoup avec la forme de la pièce, le genre et la disposition des efforts ; et, dans certaines conditions, ces déformations peuvent devenir extrêmement grandes.

Avant d'expliquer, non en détail, mais dans quelles circonstances générales se produisent ces grandes déformations, il est nécessaire de rappeler en quelques mots les résultats des théories qui ont été exposées précédemment.

En un point quelconque d'un corps déformé, il y a trois *forces principales*, c'est-à-dire qu'il existe en chaque point un élément cubique sollicité normalement sur toutes ses faces ; les forces principales peuvent, d'ailleurs, être des tensions ou des pressions normales ; elles peuvent être positives, nulles ou négatives. Un élément plan est, en général, sollicité par une force élastique oblique, ou simultanément par deux composantes, l'une tangentielle T, l'autre normale $\pm$ N.

Si le corps est homogène, la limite d'élasticité est dépassée, et la rupture a lieu aux points pour lesquels $T \pm fN$ est maximum, et lorsque $T \pm fN$ devient égal, soit à la limite d'élasticité $\mathcal{G}$, soit à la résistance G au simple glissement. Les cassures, et généralement les éléments pour lesquels $T \pm fN$ est maximum, sont inclinés

à 40° ou 50°, soit $45° \pm \dfrac{\varphi}{2}$ sur les forces principales.

($f = \mathrm{tg}\,\varphi$, $\varphi = 10°$, f est égal au coefficient de frottement.)

Lorsque pour tous les points, et pour tous les éléments, $T - fN$ est inférieur à zéro, et, par conséquent, à G et à $\mathcal{G}$, il n'y a pas de rupture possible, et les seules déformations produites, quelle que soit la grandeur de T et de N, sont de petites déformations élastiques. C'est ce qui arrive lorsque, les trois forces principales étant des pressions, la plus petite est au moins égale aux sept dixièmes de la plus grande.

Il y aura déformation permanente en tout point où un

élément plan sera sollicité par une force (T, N) telle que T $\pm$ fN soit compris entre $\mathcal{G}$ et G. La résistance G ne varie pas ; la limite élastique est au contraire essentiellement variable et dépend des déformations antécédentes.

La limite d'élasticité de glissement d'un élément, ayant été déjà soumis à l'action d'une force T, N telle que T $\pm$ fN > $\mathcal{G}$, devient $\mathcal{G}_1$ = T $\pm$ fN, dans la direction et le sens de T ; tel est le résultat de l'analyse, l'interprétation scientifique du phénomène connu sous le nom d'*écrouissage* (§ 15).

Ainsi, dans un corps ayant subi une déformation permanente, la limite d'élasticité de glissement $\mathcal{G}_1$ variera généralement avec la position et l'orientation des éléments. On conçoit, d'après cela, que les nouvelles déformations permanentes peuvent se produire de bien des manières différentes.

Il peut arriver que les forces principales et les éléments sur lesquels elles agissent conservent une direction fixe ; c'est ce qui a lieu dans la flexion et dans la traction, tant que l'éprouvette conserve sa forme cylindrique ; c'est aussi ce qui se passe au centre d'un cylindre court comprimé longitudinalement. ABC devient A'B'C' (fig. 105) ; OB vient en OB'. Mais, si la déformation n'est pas très grande, l'inclinaison des éléments varie peu. Dans ces conditions, le corps déjà déformé peut acquérir de nouvelles déformations

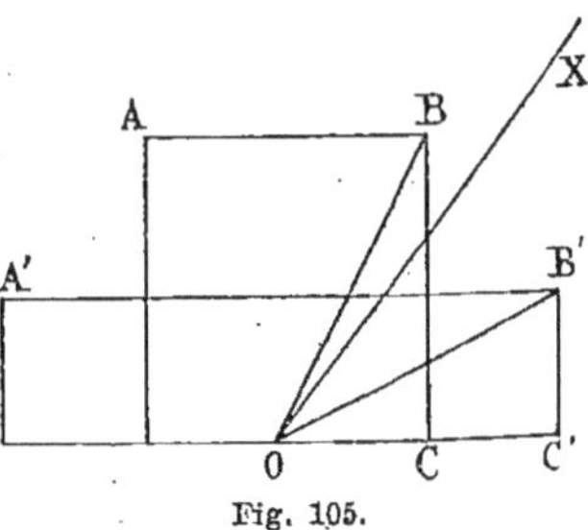

Fig. 105.

permanentes sous l'action de forces croissantes, d'abord parce que, T et N croissant, le maximum de T $\pm$ fN, relatif aux éléments inclinés à 45° $\pm$ $\dfrac{\varphi}{2}$ sur les forces principales, augmenté de plus en plus, et ensuite parce que la valeur de $T \pm fN$, relative à des éléments différemment inclinés, devient supérieure à g.

Les choses se passent tout autrement lorsque les déformations deviennent très grandes. Des éléments diversement inclinés viennent successivement dans le plan OX, à $45° \pm \frac{\varphi}{2}$ des forces principales ; et, de ce fait, la limite d'élasticité peut être de nouveau dépassée sans augmentation de $T \pm fN$; de nouvelles déformations permanentes peuvent être produites sans accroissement des forces élastiques.

C'est certainement dans cette remarque qu'il faut chercher l'explication du fait, si souvent constaté, que les grandes déformations se produisent sous des forces croissant de moins en moins rapidement, et même quelquefois sous l'action de forces constantes ou décroissantes. Il importe, d'ailleurs, de ne pas oublier que les forces élastiques sont rapportées à l'unité de superficie et que, dans les grandes déformations, la surface des éléments plans varie beaucoup en grandeur. Par exemple, l'élément solide ABC devenant A′B′C′ (fig. 105) sous l'action d'une simple compression exercée sur AB, pour que cette force principale reste constante, il faut que la force totale croisse proportionnellement à la superficie de la base AB. Au contraire, si A′B′C′ devient ABC sous l'action d'une tension appliquée à A′B′, les forces élastiques pourront conserver la même valeur et l'effort total décroître dans la même proportion que la section A′B′.

Les éléments sollicités par les forces principales peuvent varier dans le corps et dans l'espace ; c'est ce qui arrive, par exemple, au voisinage du contour des bases, dans les cylindres com-

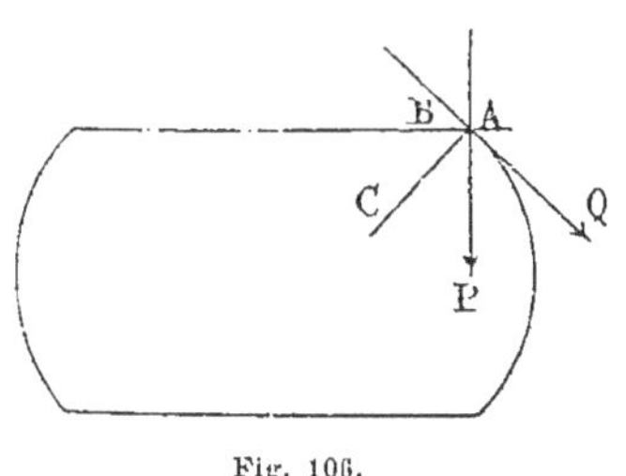

Fig. 105.

primés. La compression principale, qui était primitivement AP (fig. 106) et agissait sur l'élément AB situé dans le plan de la section droite, devient AQ tangente à la méridienne convexe et agit sur AC. Dans le cas de la torsion des cylindres de révolution, les éléments tirés ou pressés normalement sont inclinés à 45° sur les sections droites fixes et varient à chaque instant dans le corps.

Il arrive enfin très souvent que les éléments sont déplacés sans cesser d'être sollicités à peu près normalement ; mais alors, en général, la grandeur des forces principales éprouve des variations considérables qui vont quelquefois jusqu'à changer le sens. Tel élément plan qui était primitivement comprimé, finit par être sollicité par une tension normale ; tel élément solide qui était simplement tendu au début de la déformation, se trouve plus tard soumis à l'action de pressions et de tensions simultanées.

Tout ce que nous venons de dire ne s'applique qu'aux déformations élémentaires ; les choses ne se passent pas aussi simplement dans les déformations des corps. Nous avons vu, dans la traction et dans la compression des cylindres, les sections droites se courber et les efforts cesser en même temps d'être uniformément répartis sur leurs superficies. Certains éléments éprouvent de grands déplacements et de petites déformations ; d'autres sont très déformés et peu déplacés ; il en est qui sont à la fois très déformés et très déplacés, tandis que d'autres, au contraire, n'éprouvent que des déformations et des déplacements insignifiants ; mais tout cela de telle façon qu'à chaque instant la résistance soit la plus petite et le travail de la puissance le plus grand possible. — L'ensemble du phénomène est d'ailleurs, en général, tellement compliqué, qu'il ne comporte guère d'autre procédé d'étude que la *description*.

Les déformations, aussi bien des corps que des éléments, varient non seulement avec la grandeur et le sens des forces extérieures, ou des forces principales développées, mais encore avec la disposition générale d'où dépend la fixité ou la rotation des divers éléments plans. Nous avons eu déjà l'occasion de comparer la torsion à la dilatation d'un cylindre creux et très épais sous l'action d'une pression intérieure. Dans les deux cas, le développement des forces élastiques est à peu près le même, mais les déformations sont toutes différentes ; cela tient à ce que, dans le cylindre creux, les éléments sollicités normalement conservent constamment leur orientation, tandis que, dans la torsion, ce sont les éléments à 45° des forces principales qui restent fixes.

De l'observation comparée des diverses déformations que nous avons étudiées et décrites, on peut conclure que toute grande déformation est accompagnée de pression, au moins dans une direction.

Sous l'action de trois tensions rectangulaires les déformations sont toujours extrêmement petites. Nous avons vu les cylindres creux périr rapidement par les zones où se développaient à la fois deux tensions rectangulaires. Les déformations qui résultent de simples tractions, les dilatations des arêtes libres des prismes étirés, fléchis, comprimés ou tordus, sont assez considérables, mais cependant inférieures à celles qui accompagnent le développement d'une tension dans un sens et d'une compression dans un autre.

Il importe de distinguer, dans la comparaison, les grandes déformations absolues, des déformations qui ne sont grandes que relativement à l'intensité des efforts. A égalité d'efforts, les déformations produites sous l'action d'une pression et d'une tension rectangulaires simultanées sont bien plus grandes que celles qui résultent d'une simple traction, d'une simple compression, ou de pressions exercées à la fois dans toutes les directions. Mais les efforts que peut supporter la matière sans se rompre varient aussi beaucoup avec le genre et la disposition des forces appliquées ; ils varient en sens inverse des déformations, comme l'indique la liste suivante, dans laquelle un certain nombre de systèmes de forces sont rangés en ordre de résistance croissante :

Tension et pression rectangulaires, simultanées et à peu près égales.

Simple tension ou deux tensions rectangulaires.

Simple compression ou deux compressions rectangulaires.

Trois tensions rectangulaires différant peu les unes des autres.

Trois pressions rectangulaires différant peu les unes des autres.

Laissant de côté les déformations, toujours très petites, produites par les tensions simultanées, nous voyons que, d'une part, les déformations sont, à égalité d'efforts, moins grandes lorsqu'il existe trois pressions plus ou moins inégales qu'en tout autre cas, et que, d'un autre côté, la résistance, plus grande qu'en toute autre circonstance lorsqu'il y a développement de trois pressions, est d'autant plus élevée que ces pressions diffèrent moins entre elles. Il existe donc un cas intermédiaire dans lequel les déformations extrêmes possibles sont maxima. Les circonstances de ce maximum varient peut-être avec la matière ; mais, vu la constance des coefficients relatifs à la limite d'élasticité et à la rupture, nous pensons qu'elles doivent être les mêmes pour tous les métaux homogènes. Dans notre opinion, les plus grandes déformations métalliques se produisent sous l'action de trois pressions rectangulaires : une forte, une faible, la troisième étant suivant les cas grande ou petite.

La fabrication des *fils de Wollaston* est très remarquable. Voici en quelques mots en quoi elle consiste. On étire d'abord à la filière un fil de platine enveloppé d'un tube d'argent. Ce tube s'obtient lui-même en passant à la filière une *charnière d'horloger*, c'est-à-dire une feuille enroulée en cylindre. Lorsque le fil, garni de son enveloppe, est réduit à une certaine dimension, on le recuit, on le place dans un nouveau tube d'argent semblable au premier et on le repasse à la filière. Après un grand nombre de passes, le fil de platine, recouvert d'une série de tubes, a les mêmes dimensions qu'il avait, nu, au début de l'opération. En dissolvant l'argent au moyen d'un acide, on obtient un fil de platine d'une ténuité extrême.

Dans le *battage de l'or*, on forme des paquets de feuilles d'or de un millimètre d'épaisseur, séparées par des feuilles de baudruche ; le tout, compris entre vingt feuilles de vélin en dessus et vingt en dessous, est comprimé par des coups de marteau uniformément répartis sur la surface. Chaque feuille d'or se trouve étendue finalement sur une surface 830 fois plus grande que la surface primitive et réduite ainsi à une épaisseur d'environ $\frac{1}{100}$ de millimètre.

Les bouts des fils, les bords des feuilles sont *parés*, de telle sorte qu'il ne reste que les parties centrales, celles qui n'ont été soumises qu'à des pressions.

Abstraction faite du point de vue pratique, on pourrait sans inconvénients varier les procédés de fabrication, par exemple, changer le mode d'étirage des fils ; mais, ce qu'il importe de respecter c'est la position intérieure de la pièce à déformer. C'est un fait général, qu'on retrouve dans toute production de ces déformations extrêmes, aussi bien dans la compression des prismes ou des cylindres, dans le poinçonnage, que dans la fabrication des fils et des feuilles, les parties les plus déformées sont centrales, et ne laissent voir aucune zone à la surface extérieure libre ; cela, pour éviter tout développement de tension qui ne tarderait pas à amener la rupture, et peut-être même pour obtenir le concours de pressions en tous sens.

§ 48. — Travail des outils.

Pour les auteurs qui ont traité de cette question, « l'outil est un coin ; CBK (fig. 107) est le tranchant, KBH l'angle d'incidence ou de dégagement, toujours très petit, destiné uniquement à éviter le frottement d'une des faces du coin. A chaque période, un élément est soulevé et fait un certain angle ABC avec le précédent, d'où formation du *copeau* en papillote.... »

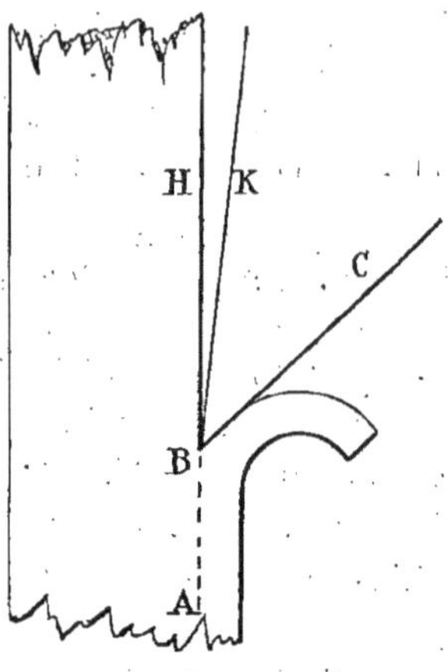

Fig. 107.

Nous ferons remarquer, d'abord, qu'un élément d'une surface continue fait un angle infiniment petit, c'est-à-dire nul, avec l'élément voisin ; deux éléments faisant un angle fini sont situés à une distance finie l'un de l'autre. Ensuite, on admet implicitement que le copeau, ayant été courbé, conserve nécessairement sa courbure. Or, les passes ont généralement une faible épaisseur et, de ce fait, le copeau pourrait supporter, sans déformation permanente, une courbure considérable. Dans les machines à raboter, actuellement employées au rayage des canons, on arrive très facilement à faire une passe inférieure à un centième de millimètre. Une lame de cette épaisseur, en acier doux à 30 kil. de limite d'élasticité de traction, pourrait subir une courbure élastique de 4 millimètres de rayon ; enroulée en papillote sur un cylindre de 8 millimètres de diamètre, elle se rectifierait spontanément. Cela suffit à prouver l'insuffisance de l'explication précédente. Nous n'insisterons pas, d'ailleurs, sur ces questions accessoires et nous répondrons de suite à la proposition principale « l'outil est un coin » : *l'outil à travailler les métaux n'est pas un coin, c'est un compresseur.*

Un coin, employé à fendre une pièce de bois, sépare deux fibres unies par une cohésion très faible (fig. 108) ;

mais, dans les métaux fondus et plus ou moins travaillés,

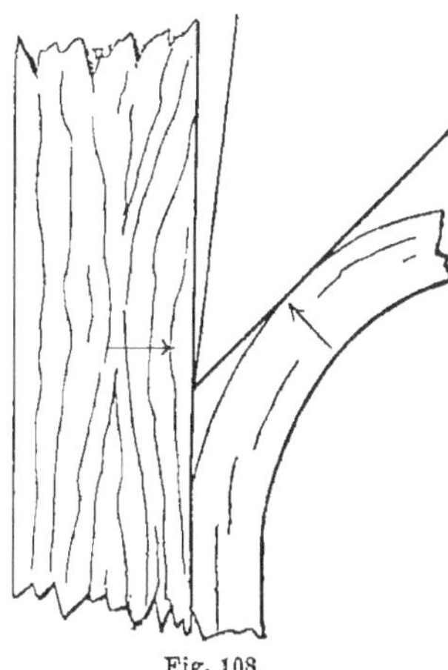

Fig. 108.

il n'y a pas de fibres, et la cohésion, c'est-à-dire la résistance à l'écartement sans glissement, à l'écartement de deux éléments perpendiculairement à leur plan, a une très grande valeur ; nous avons évalué celle des aciers doux à canons, à 250 kil. par millimètre carré (§ 12). Aussi, ce genre de rupture par écartement normal ne se produit-il jamais dans une matière homogène.

Pour nous, l'outil produit, non pas une cassure, mais une déformation, une dilatation très grande transversalement aux efforts de compression exercés par la partie en prise du tranchant.

Le fait suivant, du reste, infirme complètement la thèse de l'outil-coin : le copeau métallique est beaucoup plus court et plus épais que la passe. S'il était simplement séparé comme une fibre, il aurait à peu près les mêmes dimensions que la place qu'il occupait primitivement dans la pièce ; on s'explique très bien au contraire que le copeau produit par compression ait des dimensions toutes différentes.

Nous avons vu les cylindres comprimés prendre la forme en tonneau ; leurs bases conservent une position fixe et des dimensions sensiblement constantes ; elles ne glissent pas sur les appuis. Les choses se passent autrement lorsque la surface du compresseur fait un angle aigu avec la direction générale de la compression, comme cela arrive dans le travail des outils. Sous l'action de la pression P, le métal glisse sur l'outil, de B vers C (fig. 109). En même temps, des glissements intérieurs se produisent dans diverses directions; l'élément solide *abcd* devient *ab'c'd*; l'élément plan *ab* s'incline dans la direction *ab'*. Ainsi, lorsque l'outil vient de BD en B'D', la surface extérieure HC prend la forme B HD'.

La pression extérieure P est très oblique à la surface sur laquelle elle agit, en sorte que, non seulement il y a pression dans le sens longitudinal CH, mais encore les parties voisines de l'outil sont comprimées dans la direction C'B'. Au voisinage de D', la pression devient très faible et moins oblique; le métal se détend, le copeau s'enroule. A la surface extérieure HH', devenue H'K, la pression longitudinale extrêmement énergique a produit un grand nombre de cassures; cette surface ne se détend plus; au contraire, la surface opposée, comprimée sans être rompue, réagit, s'allonge, devient convexe et peut même, en fléchissant

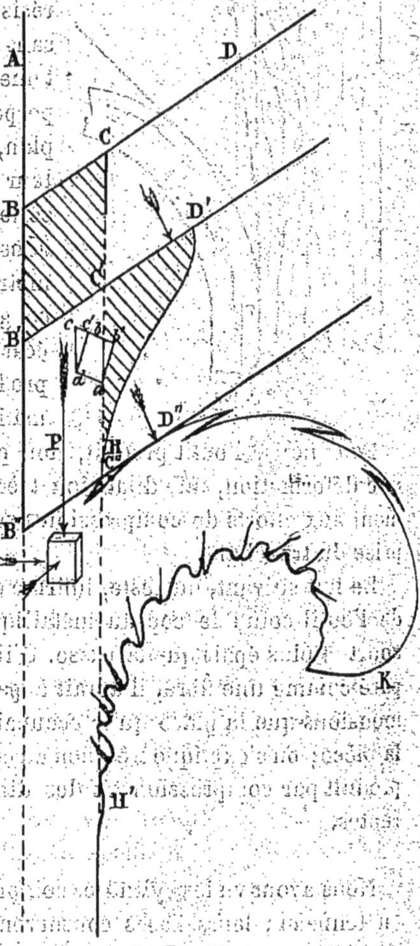

Fig. 109.

ainsi le copeau, approfondir les cassures de la surface concave.

Loin de nous la prétention de *démontrer* les phénomènes si compliqués qui accompagnent le travail des outils; nous en *expliquons* quelques circonstances, mais surtout nous les *observons* et nous les *décrivons*. Nous appelons sur le procédé de la *description scientifique*, l'attention de nos lecteurs, généralement peu familiarisés avec cette méthode, employée surtout en biologie. Nous aurons l'occasion d'y revenir; mais nous pouvons, dès aujourd'hui, faire remarquer que les descriptions n'ont pas toutes la même valeur.

Lorsqu'on dit, par exemple, que « le copeau diminue notablement de longueur par suite des pressions auxquelles il est soumis », on ne donne qu'une idée très imparfaite et même inexacte du travail des outils. Sans doute, dans le rabotage du bois, le copeau est légèrement raccourci (1 p. 100 environ), et l'on peut se contenter provisoirement de l'explication précédente; mais, dans le travail des métaux, la longueur du copeau ne correspond pas du tout à la longueur diminuée de la passe; aussi n'y a-t-il pas de relation simple entre les dimensions du copeau et celles de la passe. Voici, par exemple, un copeau d'acier produit à l'étau-limeur et dont la longueur est réduite de moitié, tandis qu'un autre copeau du même métal, résultant du rayage d'un canon, n'a que le tiers de la longueur de la passe.

La surface extérieure H′C devient la surface concave H′K du copeau, aussi bien dans l'acier que dans le bois; mais la face convexe D″K, dans le copeau métallique, n'est nullement la transformée de la section AB″, comme il arrive dans les matières fibreuses. A ce que nous avons dit déjà, si nous ajoutons que, dans le voisinage de l'arête B″ de l'outil, tout se passe comme dans le cas du poinçonnage, on en conclura que toute la surface BB″D″K, qui se compose de la surface rabotée de la pièce et de la partie convexe du copeau, n'est que la dilatation de la surface primitivement en prise BC.

Sans être absurde, cette conséquence répugne à l'esprit; pour la faire admettre, nous croyons devoir sortir de la réserve que nous nous sommes jusqu'ici imposée, de ne jamais parler de *molécules* et d'employer exclusivement dans nos explications le secours d'éléments géométriques solides ou superficiels.

Les grandes déformations des métaux n'entraînent pas avec elles de changement notable de densité; les distances moyennes moléculaires restent donc sensiblement les mêmes; l'unité de volume contient constamment le même nombre de molécules. Toute surface ayant une superficie égale à l'unité coupera le même nombre de molécules dans un corps absolument homogène; mais, dans un corps déformé, le nombre des molécules rencontrées par cette surface dépendra généralement de son orientation, relativement aux efforts exercés. Quoi qu'il en soit, lorsque dans la compression d'un prisme tel que ABC (fig. 105), AB devient A'B', cette surface très dilatée A'B' contiendra non seulement les molécules qui apparaissaient à la surface primitive AB, mais encore bien d'autres qui se trouvaient à l'intérieur, dans son voisinage, avant la compression. Ces molécules, qui font apparition à l'extérieur, séparent les molécules de la surface primitive qui se trouvent ainsi beaucoup plus éloignées les unes des autres, et plus ou moins uniformément réparties sur la surface finale. Lors donc qu'on dit qu'une petite surface telle que BC (fig. 109) se dilate au point d'occuper l'immense superficie BB''D''K, cela veut dire qu'on retrouvera aux différentes parties de cette surface les repères tracés sur la surface primitive; qu'on retrouvera dans toute zone de la surface dilatée, ayant une grandeur finie et appréciable, pouvant être très petite, quoique toujours très grande relativement aux intervalles moléculaires, la coloration de la surface primitive; mais la teinte sera d'autant plus faible que la dilatation sera plus grande.

Le copeau, considéré dans sa grande dimension, est donc en partie le résultat d'une dilatation transversale; et, si l'on veut parler de raccourcissement, il faudrait dire que la longueur de la passe est réduite plutôt à l'épaisseur qu'à la longueur du copeau.

On comprend ainsi combien sont grandes les déformations produites par les outils; il ne faut donc pas s'étonner de voir les copeaux criblés de cassures. Cela n'infirme en rien, d'ailleurs, ce que nous avons dit, que le copeau métallique était le résultat non d'une cassure, d'une fente produite par un coin, mais d'une déformation déterminée par la pression de l'outil.

La surface extérieure libre de la pièce HH' est soumise longitudinalement à une énorme compression simple, d'où cassures transversales qui, suivant notre théorie, doivent être inclinées à 40° sur sa direction. La surface convexe D''K est toujours lisse; lorsqu'elle présente des cassures, elles ont la forme d'écailles très peu inclinées; elles proviennent de l'action de forces très obliques. La surface convexe des copeaux de bois présente des cassures du même genre; la surface concave, contrairement à ce qui arrive dans les métaux, a un aspect lisse et est exempte de cassures.

Des expériences ont été faites à l'usine de la marine d'Indret, par M. Joëssel, dans le but de chercher la forme et la position du meilleur outil. Celui-ci était déterminé, non par la valeur minimum de l'effort exercé, mais par la condition de faire au plus bas prix un travail donné; le travail étant lui-même estimé proportionnel au poids des copeaux enlevés. On a trouvé que les outils à travailler le fer doivent avoir un tranchant de 51° et un angle d'incidence de 3°.

Il est bien évident que la théorie ne remplacera jamais de telles expériences ; tout au plus peut-elle chercher à interpréter les résultats obtenus. Mais là même, elle se heurte à des difficultés pour nous insurmontables. Il faudrait au moins connaître la direction de la pression exercée par l'outil sur le métal ; cette direction, il faut l'avouer franchement, nous ne la connaissons pas.

Si l'on compare l'outil à un poids P placé sur un plan incliné BC (fig. 110), on décomposera, suivant la théorie ordinaire, le poids P en deux composantes l'une normale Q, l'autre parallèle R au plan incliné. Comme il y a glissement des deux surfaces BC l'une sur l'autre, on fera intervenir le frottement, force tangentielle dirigée en sens inverse du mouvement. On conclura que la pression exercée par l'outil est dirigée suivant mS, inclinée à 10° sur la normale, et que l'outil est sollicité dans le sens CB par une force R =
$mR = mF$. Ainsi le tranchant, dans le voisinage de l'arête, pressera sur la face BA, poussée par une force BR' = R. Nous pourrions répéter, pour la force R, ce que nous avons dit de la force P, et nous trouverions ainsi deux autres forces, l'une BG inclinée à 10° sur la normale à AB, l'autre R parallèle à AB, ou à P, et poussant l'outil dans cette direction. Il faudrait de nouveau décomposer K, et ainsi de suite indéfiniment. Cela reviendrait

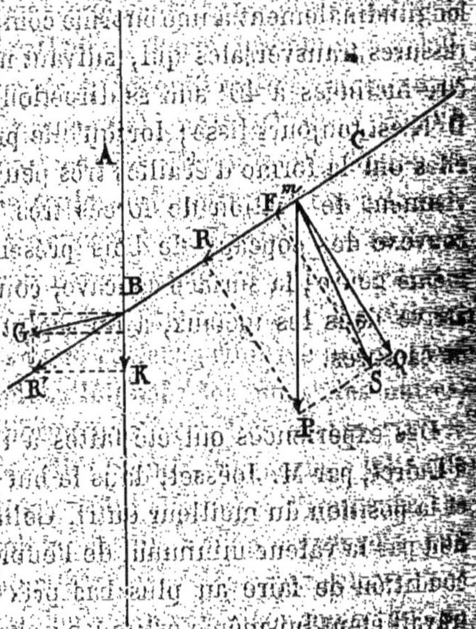

Fig. 110.

au reste, à considérer l'outil comme un coin glissant sur des surfaces indéformables.

Dans le cas qui nous occupe, les surfaces en contact de l'outil éprouvent au contraire de très grandes déformations ; les lois physiques du simple frottement, sur lesquelles sont basées les théories du plan incliné et du coin, ne sont plus applicables. Nous avons vu, en maintes circonstances, combien la direction et la grandeur des pressions exercées par un corps sur un autre variaient avec les déformations. Sur la base d'un cylindre de révolution déformé (fig. 106) la pression, normale au centre, est sur les bords tangente à la méridienne, et par conséquent d'autant plus oblique que la déformation est plus grande. La pression de l'outil doit aussi varier beaucoup d'un point à l'autre ; dans le voisinage du point D″ (fig. 109), où le contact cesse entre le copeau et l'outil, il est probable que la pression a une inclinaison d'environ 10° sur la normale à B″D″ ; mais, près de l'arête du tranchant, et dans toute la partie B″C″, la pression est certainement plus oblique.

L'orientation des cassures en écailles de la surface convexe du copeau, qui, selon notre théorie, doivent être inclinées à 40° sur la pression principale, nous montre que cette pression a sensiblement la direction AB. S'il y avait simple compression, la pression de l'outil aurait la même direction ; mais il y a d'autres pressions, l'une dans la direction de l'arête B″, l'autre dans une direction perpendiculaire. Ces pressions sont beaucoup plus faibles que la pression longitudinale, aussi l'action de l'outil a-t-elle une direction peu différente de AB dans le voisinage de l'arête du tranchant.

Faisons remarquer, en terminant, que les cassures de la surface convexe, vu leur peu d'obliquité, contribuent à la dilatation de cette surface, tandis que les cassures franchement transversales de la surface concave l'empêchent de se détendre.

Nous ne parlerons pas de la disposition des passes, de la position de la pointe relativement à l'axe du tour, destinée à empêcher l'outil de *s'engager*, de l'obliquité du tranchant des cisailles, de l'inclinaison qui donne au copeau la forme hélicoïdale ou en papillote, de l'angle de dégagement des moyens d'obtenir une pièce sensiblement droite en tournant une pièce courbée à la trempe et se déformant spontanément à mesure qu'on la travaille, et, en général, de toute la technique des outils; pour ces questions, bien autrement importantes en pratique que celle que nous traitons, l'artillerie possède un maître, M. Kreutzberger, dont elle n'appréciera jamais trop les services. Nous avons pensé qu'il ne nous était pas permis d'écrire, même d'une façon aussi abstraite, sur les outils, sans prononcer au moins le nom de cet ingénieur.

§ 49. — Étirage.

Les grands produits de l'industrie métallurgique sont les barres, les rails, les tôles et les tubes de dimensions et de profils divers; c'est-à-dire des pièces ayant au moins une dimension, la longueur, incomparablement plus grande que les autres. Les lingots coulés ont souvent, au contraire, la forme de blocs ayant des dimensions comparables en tous sens. Au point de vue morphologique, le travail mécanique consiste donc à produire une grande dilatation dans une direction et une réduction correspondante de la section dans la direction perpendiculaire; c'est cette transformation qui porte le nom d'*étirage* en barre ou en tôle. Elle s'obtient au moyen de pressions transversales, exercées successivement sur les différentes parties de la pièce et cela soit à coups de marteau, soit par le passage au laminoir ou à la filière. Mais, dans tous les cas, ce qui distingue l'étirage de la compression, telle que nous l'avons décrite (ch. VI), c'est la succession des efforts, nécessitée par la grosseur des pièces à transformer et la faiblesse relative des moyens industriels.

Les déformations qui seraient produites par une compression exercée à la fois sur toute la superficie d'une des faces (A, fig. 111) différeraient très notablement de celles qui résultent de l'étirage industriel (B). Grâce à la succession des zones d'application des efforts, on arrive à une certaine régularité qu'on n'obtiendrait pas autrement. Toutes les sections droites, pourvu qu'elles soient suffisamment éloignées des extrémités, passent par les mêmes conditions. Pratiquement, dans une pièce de forge *parée*, c'est-à-dire dont on a fait *tomber* les bouts (*chutes*), toutes les

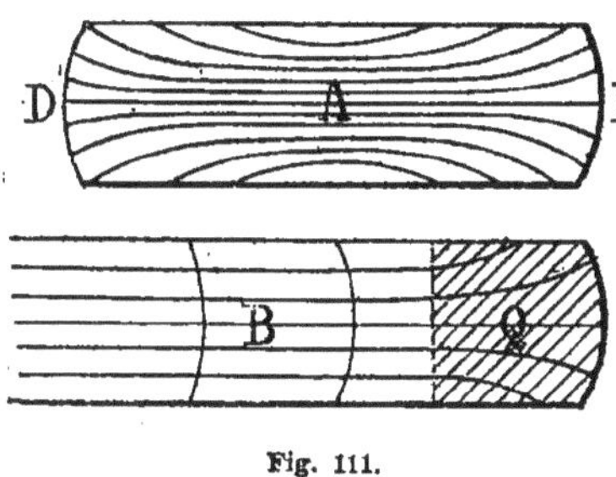

Fig. 111.

transformées des sections droites ont sensiblement la même forme ; toute droite primitivement parallèle aux arêtes ou génératrices de la pièce restera droite et conservera cette direction.

Aussi, dans une pièce étirée et parée, tout prisme compris entre la surface latérale et deux plans perpendiculaires à la longueur et équidistants, aura des propriétés indépendantes de sa position, de sa distance aux extrémités.

En d'autres termes, si l'on rapportait la pièce à trois axes de coordonnées, l'axe des abcisses étant parallèle à la longueur, on pourrait dire que les propriétés du métal, considérées en un certain point, sont indépendantes de son abcisse longitudinale.

Mais cette régularité ne s'obtient pas sans inconvénients. En effet, tandis que, dans la compression totale d'un prisme (A, fig. 111), les déformations croissent constamment dans le même sens, il arrive, dans l'étirage, que certaines sections droites tournent leur convexité, d'abord dans une direction *ab* (fig. 112), et ensuite dans une autre *cd*.

Ces déformations, alternativement produites dans un

sens et dans l'autre, peuvent être quelquefois très grandes ;
c'est ce qui arrive dans le martelage. Dans la tréfilerie et le laminage, elles sont
bien plus faibles,
mais elles se re-
produisent à cha-
que passe, et par

Fig. 112.

suite un grand nombre de fois. Elles peuvent donc, dans tous
les cas, donner naissance à un certain *énervement* et occasionner des ruptures prématurées avec cassures irrégulières(1).

Quoi qu'il en soit, les imperfections causées par la succession des efforts sur les différentes parties d'une même
face sont bien moins à redouter que les effets de la succession des pressions sur deux faces voisines.

Il n'y a pas un ouvrier, pas un ingénieur métallurgiste
qui ne connaisse les dangers du *contre-forgeage*, c'est-à-dire
des pressions longitudinales exercées sur une pièce forgée
ou ayant subi de fortes pressions transversales. D'un autre
côté, tous prétendent qu'on ne forge jamais trop, et que,
plus une pièce est forgée, meilleure elle est. Et ils le
prouvent. Ils soumettent un lopin de fer ou d'acier à un
forgeage des plus énergiques, aussi énergique que le dé-
sire leur contradicteur, et fabriquent ainsi une éprouvette
qui manifeste, en effet, aux essais de traction ou de
flexion, des propriétés remarquables. Qu'ont-ils démontré ? Que toute barre destinée à supporter des efforts de
traction longitudinale ou de flexion transversale est d'autant plus élastique, d'autant plus résistante, qu'elle a été
plus forgée. Mais une pièce de forge n'est pas nécessairement destinée à cet emploi ; les canons, par exemple,
sont appelés à supporter des pressions intérieures qui développent dans leur paroi des forces élastiques toutes
différentes des tensions et compressions longitudinales

(1) On peut étudier expérimentalement les déformations en passant à la filière une
barre sectionnée suivant des plans diamétraux. Au moyen de repères tracés sur les
surfaces de joints, on observera les transformations des sections droites dans la
partie en prise avec la filière.

qui accompagnent les essais directs de traction et de flexion. Un prisme forgé transversalement résisterait très mal à des pressions longitudinales qui produiraient le même effet qu'un contre-forgeage.

Pour rechercher les propriétés générales des pièces de forge, il ne suffit donc pas de marteler à coups redoublés un lopin d'acier et de confectionner ainsi une barrette se prêtant à l'essai direct et immédiat de traction longitudinale; il faut opérer sur un lingot assez gros pour qu'on puisse extraire de la pièce finie de forge des éprouvettes dans diverses directions et particulièrement dans le sens de l'épaisseur.

Alors on verra, si le forgeage a été assez énergique, la qualité, c'est-à-dire la limite d'élasticité, la résistance, les déformations et les cassures, varier beaucoup avec l'orientation de l'éprouvette; et on pourra s'assurer qu'au point de vue des essais de traction transversale, on n'obtient pas de bons résultats en forgeant outre mesure.

Tandis que les cassures des *éprouvettes en long* sont très régulières et quasi-géométriques, celles des *éprouvettes en travers* ont des formes mal définies, ne rappelant quelquefois que peu ou même pas du tout les cassures normales, et présentant des *défauts,* soit dans l'ensemble, soit dans des zones particulières. Souvent, ce sont des lignes ternes transversales, toutes parallèles, qui donnent à la cassure l'aspect de bois pourri rompu dans le sens de ses fibres. A la forge on appelle cela *nerf en travers,* dénomination qui, d'ailleurs, ne renseigne en aucune façon sur l'origine ou la gravité de ces défauts.

D'autres fois, il n'existe qu'une seule ligne, ou plutôt qu'un seul ruban brillant; c'est une *paille,* disent les ouvriers et par suite les patrons. Il y a déjà longtemps qu'on a fait ces remarques, surtout depuis qu'on fabrique des canons d'acier; car, pour le dire en passant, les exigences de l'artillerie moderne ont amené d'immenses progrès dans l'art de la sidérurgie. Nous avons eu l'occasion d'observer des milliers de cassures parmi lesquelles un grand nombre présentaient les genres de défauts dont nous venons de parler. Voici dans quelles circonstances nous avons découvert que tous ces défauts, malgré l'irrégularité de leur aspect général, étaient des surfaces parallèles à l'axe longitudinal de la pièce de forge.

Pour essayer les tubes destinés à la fabrication des canons, on découpe, aux extrémités, des rondelles, et dans ces rondelles, suivant des cordes, des éprouvettes transversales de traction, comme l'indique la figure 113. Lorsque le tube n'est pas très gros, l'éprouvette traverse la ron-

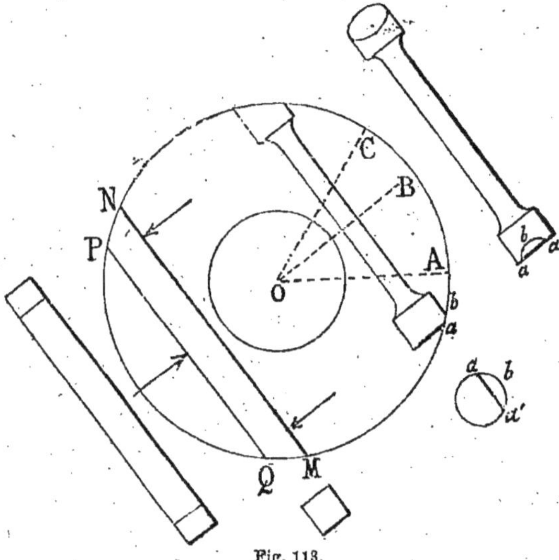

Fig. 113.

que le tube n'est pas très gros, l'éprouvette traverse la rondelle de part en part, et les têtes, qui se trouvent limitées par la surface latérale, sont taillées en biseau ou présentent au moins un petit plan ab incliné sur l'axe de l'éprouvette. Ce petit plan est très précieux ; lui seul rappelle dans l'éprouvette la surface du tube ; son arête d'intersection aa' avec le plan de la base de la tête est parallèle à l'axe de la pièce.

C'est l'existence fortuite de ce *témoin* qui nous a fait

constater le parallélisme constant des défauts avec la direction de l'étirage.

Il nous a été facile ensuite de voir que ces défauts se trouvaient dans les plans diamétraux de la pièce de forge ; et cela, en sectionnant longitudinalement l'éprouvette brisée, pour l'appliquer dans sa position primitive sur une feuille de papier représentant en grandeur la rondelle d'essai. Certainement cette juxtaposition ne peut se faire exactement à cause des déformations subies par l'éprouvette avant la rupture ; mais il n'en reste pas moins constant que toutes les *pailles* et autres cassures irrégulières du même genre sont situées dans des plans très voisins des plans diamétraux.

S'il est assez facile de conserver sur les éprouvettes la direction principale de la pièce finie de forge, au moyen de lignes tracées sur les bases des têtes, ou du petit plan incliné dont nous avons parlé, il en est tout autrement de la forme primitive du lingot et des formes successives de sa transformation. Il n'en reste pas traces, en général, sur les pièces cylindriques qui proviennent, au moins dans les usines françaises, de lingots polyédriques à quatre, six ou huit pans ; et tout ce que l'on peut dire alors des défauts, c'est qu'ils sont dans des plans diamétraux. Dans une pièce de forge carrée, on peut préciser davantage et voir que les défauts se trouvent toujours au voisinage des plans diagonaux. Il est, du reste, très facile de s'en convaincre ; il suffit pour cela de marteler à froid un prisme carré d'acier, en frappant alternativement sur ses différentes faces. On arrivera rapidement à la rupture, surtout si l'on empêche le métal de s'échauffer trop sous les chocs répétés du marteau ; et l'on observera des cassures longitudinales passant par les arêtes du prisme.

Ces défauts proviennent évidemment du genre *d'énervement* dont nous avons parlé au § 16 et qui est produit par les pressions appliquées successivement sur les faces AB et AC (fig. 114). Ces pressions donnent naissance

à des glissements alternativement dans les sens A*m* et
*m*A, et à des forces élastiques ayant pour composantes,
une pression normale et une force tangentielle dirigée,
comme les glissements, alternativement dans un sens et
dans le sens opposé. Ce dé-
veloppement n'est pas identique à celui qui accompagne
l'énervement du fil métallique qu'on fléchit alternativement dans un sens et dans
l'autre pour arriver à le rompre, et qui se compose de
pressions et tractions appli-

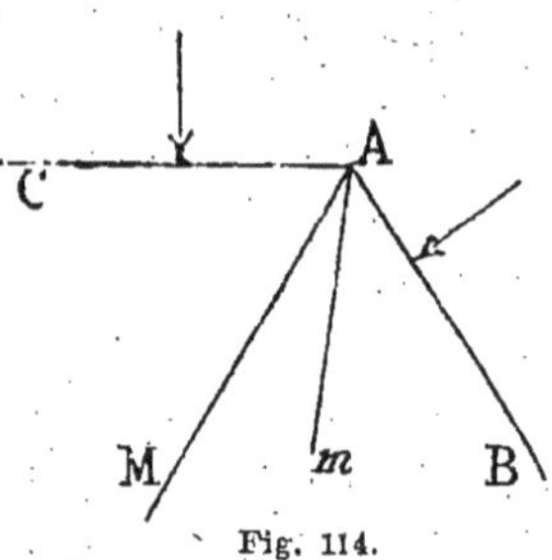

Fig. 114.

quées successivement aux mêmes éléments ; mais ses effets
n'en sont pas moins funestes.

S'il n'y a pas toujours de cassures produites, il y a,
dans toute pièce forgée trop froide ou avec trop d'énergie,
des zones dans lesquelles la résistance est notablement
diminuée ; et c'est évidemment dans le voisinage de l'a-
rête et du plan bissecteur AM des angles du prisme que
l'énervement produira ses plus mauvais effets.

Les éprouvettes transversales de traction traversent ces
zones et de là proviennent les particularités qu'elles présentent, particulièrement l'irrégularité des cassures. Les
défauts occuperont dans l'éprouvette des positions très différentes, auront une inclinaison très variable sur son axe,
suivant la position de l'éprouvette elle-même relativement aux plans diagonaux OA, OB, OC (fig. 113), plans
qui ne laissent souvent aucune trace sur les rondelles.

On remarque cependant quelquefois, à la surface des
pièces cylindriques, des lignes (*veines sombres*) qui rappellent plus ou moins exactement les arêtes du prisme
primitif ; et lorsqu'on cherche à les enlever en burinant
dans le sens de la longueur, on détache des copeaux qui
sont souvent fendus suivant les plans diamétraux ; mais,
en général, les fentes ont peu de profondeur.

Quant à la multiplicité de ces veines superficielles et des lignes qu'on observe dans la cassure des éprouvettes de traction, il suffit, pour l'expliquer, de rappeler que, dans le forgeage, l'arête change de position sur la pièce, surtout à cause du plissement qui se produit à chaque coup, et que le siège de l'énervement n'est pas limité à un plan géométrique, mais s'étend dans une zone qui, d'ailleurs, s'écarte peu des plans diagonaux du lingot ou de la pièce finie.

Les défauts se rencontrent bien plus rarement dans les essais de flexion que dans les essais de traction. Les éprouvettes de flexion ont la forme d'un prisme carré MNPQ (fig. 113); elles sont découpées dans les rondelles cylindriques comme l'indique la figure.

Dans cette flexion, la zone des grandes déformations est très limitée et ne s'écarte guère du plan de symétrie perpendiculaire à la longueur; si les plans d'énervement ne se trouvent pas dans cette zone, les défauts n'apparaissent pas. Il faut ensuite remarquer que les éprouvettes sont fléchies, avec raison, dans les essais de canon, de dehors en dedans, c'est-à-dire de façon que la face intérieure MN devienne convexe; et l'on en conclura que, dans cette épreuve, les parties véritablement essayées se trouvent toujours éloignées de la surface extérieure de la pièce, et sont, par suite, généralement en dehors de la zone de l'énervement.

En règle générale, l'énervement diamétral sera d'autant plus faible que les angles dièdres seront plus obtus; il sera plus fort dans le prisme carré que dans les prismes à six ou huit pans, et n'existera probablement pas d'une manière sensible dans les pièces provenant de lingots ronds, forgés sur une enclume en V, comme cela se pratique dans beaucoup d'usines étrangères. Tout en faisant remarquer les avantages de ce mode d'étirage, nous n'avons nullement l'intention de la préconiser à l'exclusion des autres procédés; nous traitons les questions abstraitement, nous envisageons les choses à un seul point de vue qui n'est peut-être pas toujours le plus important en pratique. Ainsi, nous ne tenons ici aucun compte des difficultés qu'on éprouve dans les aciéries à couler de gros lingots ronds, des *tapures* qui se produisent pendant la solidification de ces lingots, défauts qui sont peut-être bien autrement dangereux et profonds que ceux qui naissent de l'énervement, et qui, après tout, sont plutôt superficiels que profonds et occupent une zone généralement peu dangereuse, au moins dans la construction actuelle des canons frettés.

L'énervement diamétral ne se produit pas dans le passage à la filière et au laminoir ; les pressions auxquelles sont soumises les différentes faces étant exercées *simultanément*. Mais ces genres d'étirages, s'ils sont plus réguliers, sont aussi bien moins puissants que le martelage, et pour obtenir une grande réduction de section, il faut un nombre considérable de passes et de recuits.

Nous avons déjà dit que les pressions extérieures étaient inclinées sur la normale du côté de la sortie dans le passage à la filière, et du côté de l'entrée dans le laminage ; de telle sorte que les forces tangentielles, qui produisent le mouvement dans l'un des cas, sont, au contraire, dans l'autre, opposées au passage.

La barre tréfilée est soumise à l'action d'une traction longitudinale ; la filière réagit, et le passage a lieu lorsque cette force est supérieure à la somme des projections, sur sa direction, des pressions obliques exercées à la surface de la barre. Sous l'action de la traction longitudinale et des pressions transversales, il y a dilatation longitudinale du disque élémentaire $DCD'C'$ (fig. 115) et par suite *passage*.

On peut en dire autant d'une couche quelconque $MNM'N'$; seulement la traction moyenne exercée sur les diverses sections MN, diminue de la sortie CD à l'entrée AB et très rapidement pour plusieurs raisons. D'abord, la superficie des sections MN croît de CD en AB, et d'autant plus que l'inclinaison du profil CA sur l'axe est plus grande ; ensuite, la section MN n'est soumise qu'à la traction extérieure diminuée de la somme des projections des pressions obliques exercées sur MCND. Cela conduit, pour obtenir un bon fonctionnement, à donner à la filière une faible épaisseur et une inclinaison toujours très petite et variable : nulle à la sortie et croissante jusqu'à l'entrée, c'est-à-dire un profil convexe vers l'axe et tangent en C à la parallèle à l'axe. Dans ces conditions, la *passe*, AB — CD sera toujours faible et il faudra faire un grand nombre

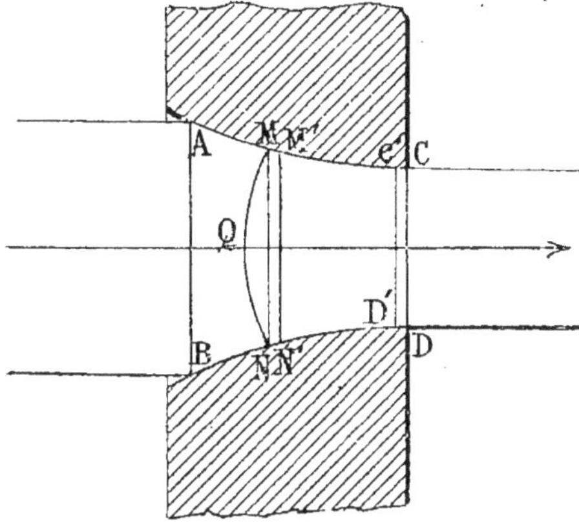

Fig. 115.

de passes pour arriver à un étirage considérable ; mais cela est absolument indispensable. Si la passe est trop forte ou le profil trop raide, la zone voisine de la grande base AB de la filière ne serait soumise qu'à une traction trop faible ou nulle, et le passage serait impossible (fig. 115).

En un point quelconque de la partie en prise avec le laminoir ou la filière, il y a généralement trois forces principales, l'une longitudinale a, c'est-à-dire peu inclinée sur l'axe OZ, les deux autres, b et c, transversales.

Considérons, pour plus de clarté, une filière de révolution : tout plan diamétral est un plan de symétrie sollicité en tous ses points par une force normale c ; les deux autres forces principales a et b sont, au contraire, situées dans ce plan diamétral. Sur l'axe, il y a des pressions transversales dans toutes les directions perpendiculaires à l'axe, les forces b et c sont deux pressions égales. La surface extérieure AC ayant toujours une très faible inclinaison sur l'axe, et étant en tous ses points soumise à l'action de pressions transversales plus ou moins obliques, nous admettrons, sans pouvoir actuellement le démontrer, que les deux forces principales transversales b et c sont en tous les points des pressions. Quant à la force longitudinale a, son signe peut varier avec la position du point considéré dans la section MN et avec la position de cette section. La surface de niveau MQN, par exemple, sera sollicitée normalement par des tensions dans la zone superficielle et par des pressions au voisinage de l'axe, ou inversement ; mais, en tous cas, la somme des projections sur l'axe de toutes ces forces doit être une tension.

Nous ne pouvons préciser davantage et nous nous contenterons de donner quelques renseignements qui auront au moins pour résultat, à défaut de solution, de faire comprendre nettement la question.

Soit AB (fig. 116) un élément du profil de la filière ou du laminoir ; les trois plans principaux, au voisinage de

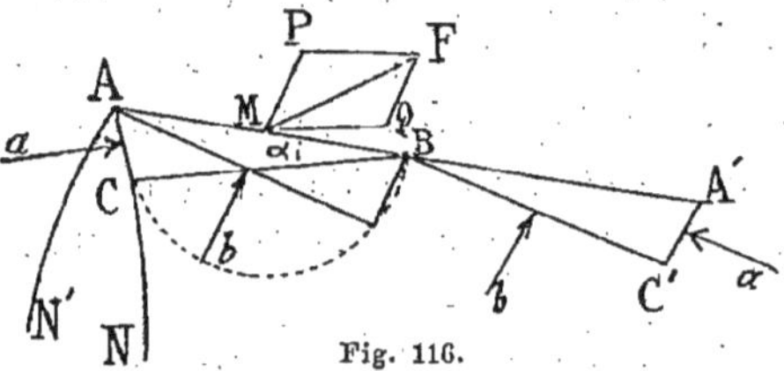

Fig. 116.

cet élément, sont : le plan de symétrie ABC, sollicité par la pression c, et les deux plans rectangulaires AC et BC, soumis, le premier AC à l'action de la force longitudinale a, et le second BC à celle de la pression transversale b.

Le prisme droit élémentaire ayant pour base ABC étant en équilibre, il faut que la réaction oblique FM de la filière équilibre les forces appliquées aux faces AC et BC, que MF soit la résultante de deux forces QM et PM égales et opposées à $a \times$ AC et $b \times$ BC. La *force élastique* qui agit sur l'élément AB, c'est-à-dire la force FM, rapportée à l'unité de superficie, a donc pour composantes, dans les directions QM et PM :

$$\frac{\text{PM}}{\text{AB}} = \frac{a \times \text{AC}}{\text{AB}} = a \sin \alpha, \qquad \frac{\text{QM}}{\text{AB}} = \frac{b + \text{BC}}{\text{AB}} = b \cos \alpha,$$

Il serait facile de déterminer les composantes normale et tangentielle de cette force élastique ; cette dernière seule nous intéresse ; elle a pour valeur :

$$\text{T} = b \cos \alpha \sin \alpha - a \sin \alpha \cos \alpha = \frac{b - a}{2} \sin 2\alpha ;$$

a étant une pression longitudinale, et $\alpha < 90°$, ou $\sin 2\alpha > 0$, T est positif, c'est-à-dire dirigé de A vers B (laminage), lorsque la pression transversale b est supérieure à la pression longitudinale a, $b > a$; et inversement (tréfilerie), lorsque $b < a$. La surface de niveau transversale tournera, généralement, dans ce cas, sa convexité vers la sortie ; au contraire, elle sera convexe du côté de l'entrée lorsque α sera supérieur à 90° ; alors $\sin 2\alpha$ sera négatif, les éléments BC′ et A′C′ auront les directions indiquées par la figure 116 et la composante tangentielle sera dirigée de A vers B (laminage) pour $b < a$, et inversement de B vers A (tréfilerie) pour $b > a$.

Si la force longitudinale a est une tension :

$$\text{T} = \frac{b + a}{2} \sin 2\alpha ;$$

la direction de la composante tangentielle T est indépendante de la grandeur de a et ne dépend que du signe de $\sin 2\alpha$. Dans le laminage, la surface de niveau transversale sera représentée par AN, tandis que dans la barre tréfilée elle aura la forme AN′.

Il faut toujours qu'il y ait tension en quelque zone des

sections droites ; lors donc que la force *a* sera une pression à l'extérieur, il y aura nécessairement tension à l'intérieur. Il pourra d'ailleurs y avoir tension en tous les points de la section, ou tension à l'extérieur et pression à l'intérieur.

Il nous est impossible de préciser davantage, au sujet de cette force longitudinale qui est en général beaucoup plus faible que les pressions transversales auxquelles sont dues, pour la plus grande part, les déformations qui se produisent dans les divers modes d'étirage.

Dans le laminage en tôle, la pression est exercée seulement sur deux faces, toujours sur les mêmes faces et à la fois dans toute la largeur. Les déformations ainsi produites sont intermédiaires entre celles du laminage en barres et celles d'un prisme simplement comprimé sur toute la superficie de sa base ; les sections droites déformées seront représentées en coupe longitudinale par la figure (111 — B) et en coupe transversale par la figure (111 — A). Il faudra *parer*, non seulement les bouts C, mais encore tous les bords D, dans lesquels ont été développées de grandes tensions souvent accompagnées de rupture. On a constaté empiriquement que la résistance de la tôle était différente, suivant que les lanières d'épreuve étaient découpées en long ou en travers, dans le sens du laminage ou dans la direction perpendiculaire. Faisons remarquer, à ce sujet, que le *travers* de la tôle ne correspond pas au travers des autres pièces de forge. Dans les barres, les rails, les canons, il n'y a guère à considérer que deux directions principales, la longitudinale et la transversale ; dans la tôle, il y a toujours trois dimensions bien distinctes, la longueur ou direction du laminage, la largeur et l'épaisseur, généralement très petite relativement aux deux autres.

Nous avons suffisamment montré les différences principales qui existent entre le martelage et l'étirage au laminoir ou à la filière; il nous reste cependant à signaler une erreur grossière et pourtant assez répandue. Voici en quoi elle consiste : Certains métallurgistes prétendent que l'effet du laminoir est purement superficiel, tandis que celui du pilon intéresse les couches les plus profondes. On se demande quel crédit on peut accorder à une telle opinion ; nous l'avons pourtant entendu soutenir plus d'une fois, et par des gens qui passent pour fort compétents en la matière. Il est vrai qu'ils se contentent d'affirmer magistralement sans appuyer leur dire d'aucune considération positive. Un prisme compris entre deux sections droites primitives est transformé par le laminage en un autre prisme, et il faut bien que les déformations, que les allongements et par suite les contractions soient aussi considérables au centre qu'à la périphérie (ce qui ne veut pas dire que le développement des forces élastiques soit le même en tous les points). C'est dans le martelage que les effets sont superficiels, lorsque le marteau est trop petit relativement à la pièce de forge et qu'on cherche à remplacer la masse par la vitesse. On le voit bien à l'extrémité, dont le *cœur* rentre au lieu de faire un ventre comme il arrive dans les compressions statiques et aussi sous le choc des marteaux suffisamment lourds. Nous aurons l'occasion de revenir sur cette question dynamique.

On regarde actuellement les gigantesques pilons à vapeur comme indispensables à la fabrication des canons, plaques de blindage, gros arbres de transmission et autres productions de l'industrie moderne. Arrivera-t-on à supprimer l'emploi du pilon ou à le remplacer dans certains cas par des trempes et des recuits plus ou moins nombreux donnés à des pièces coulées très près de leur forme définitive et comprimées à l'état liquide ? Ce procédé, qui a au moins l'avantage de chasser une grande partie des gaz dissous, promet beaucoup ; il permettra probablement de remplacer l'énergique forgeage par quelques passes de

tion de résistance plus ou moins sensible. La résistance dépend de la composition chimique, et peut-être de certains traitements calorifiques. Peut-elle être *augmentée* par un travail purement mécanique ? Nous ne pensons pas qu'il soit nécessaire de l'admettre pour expliquer les variations de résistance des barres métalliques.

Au point de vue pratique, la résistance totale des pièces est seule à considérer ; seule elle intéresse le constructeur ; en ce qui concerne cette question, le but de l'industrie est donc de fabriquer des barres, tôles et fils les plus résistants possible.

Nous savons combien varie la ténacité des barres de métal *doux* avec les formes et les dimensions de l'éprouvette ; en empêchant, par une forme appropriée, la production des grandes déformations, du fuseau, de la striction, on augmente considérablement la charge de rupture ; de 60 à 80 kg., par exemple, pour certains aciers. Ces variations de formes n'ont aucune influence sur la résistance des matières *raides*. Il résulte de là que l'échelle de résistance varie beaucoup avec la forme des éprouvettes qui servent à son établissement ; avec des éprouvettes très courtes, tel acier doux se trouvera très supérieur à un acier raide, qui lui serait au contraire inférieur dans une classification établie avec des éprouvettes longues.

L'état de douceur ou de raideur peut provenir de la *composition chimique* de la matière et de l'*état physique ou mécanique*. Il importe de distinguer, dans la composition chimique, la composition totale de la véritable composition élémentaire, l'état isolé ou dissous du charbon dans les fontes, par exemple. L'état physique varie avec le traitement *mécanique* ou *calorifique*, qui ne change pas la composition chimique, au moins la composition quantitative totale. Nous n'entrerons pas ici dans le développement des idées actuelles sur les opérations calorifiques ; en dehors des modes de *coulées en terre ou en lingotière*, les principaux sont la *trempe* et le *recuit*, refroidissement brusque ou lent après échauffement lent; l'un augmente en général la raideur, l'autre la diminue.

La raideur varie aussi beaucoup avec les traitements purement mécaniques.

Un métal déformé d'une façon permanente est toujours raidi dans le sens même des déformations antérieures. Une barre allongée longitudinalement est d'autant plus raide qu'elle est plus allongée, sa limite d'élasticité est de plus en plus élevée et les déformations restantes sont de plus en plus diminuées à mesure qu'on l'allonge. Il en est de même d'une barre soumise à l'action des pressions transversales, qui est d'autant plus *écrouie*, raidie longitudinalement, qu'elle a subi un étirage plus considérable, soit sous le marteau, soit au laminoir ou à la filière. Nous avons montré (§ 15) qu'au point de vue de la limite d'élasticité de traction longitudinale, l'effet de pressions transversales simultanées ou successives, dont la plus petite est égale à $\mathcal{B}$, est le même que celui d'une traction longitudinale $\alpha = h.\mathcal{B}$, le coefficient h étant égal au rapport des limites naturelles de traction et de compression simples $h = \dfrac{L}{P}$, soit pour les métaux $h = 0{,}7$. L'effet d'une traction longitudinale α_1 accompagnée de pressions transversales $\mathcal{B}$ est identique à celui d'une seule traction $\alpha = \alpha_1 + h\mathcal{B}$, le raidissement maximum est produit, soit par une traction longitudinale égale à la résistance à la simple traction $(\alpha = L)$, soit par des pressions transversales égales à la résistance à la simple compression

$$\mathcal{B} = \frac{\alpha}{h} = \frac{L}{h} = P.$$

La résistance d'une barre sera très différente suivant qu'on la rapportera à la section primitive ou à la section finale; à ce point de vue pratique, l'étirage augmente beaucoup la résistance, en réduisant la section primitive qui se contractera d'autant moins qu'elle aura subi déjà une plus grande réduction. A égalité de matière, une barre sera d'autant plus résistante à la traction longitudinale qu'elle sera plus raide ; à la flexion transversale elle sera aussi plus raide, mais elle pourra bien être moins résistante.

Tout ce que nous avons dit sur ce sujet ne suffirait pourtant pas à expliquer la résistance remarquable de certains fils d'acier (200 kil. par millimètre carré, double de la résistance des barres d'acier ordinaire) jointe à une certaine douceur.

Nous avons vu que, dans le fuseau des éprouvettes douces de traction (§ 24), il y avait des forces élastiques développées dans toutes les directions ; le noyau est alors soumis à des tensions en tous sens et sa résistance est de ce fait considérablement accrue ; il est vrai que, dans la couche superficielle, la tension longitudinale est accompagnée de pressions transversales, ce qui abaisse la résistance. Quoi qu'il en soit, la résistance rapportée à la section du cercle de gorge est notablement plus grande que la résistance à la simple traction. Voici, par exemple, un acier doux qui, essayé en éprouvettes très courtes, donnait 80 kil. de résistance ; en éprouvette longue, il supportait une charge maximum de 68 kil. et se rompait après formation du fuseau sous un effort de 63 kil., rapporté à la section primitive ; ce qui correspond à environ 112 kil. relativement à la section finale, la réduction de diamètre ayant été de 25 p. 100.

Dans l'étirage à la filière, les forces élastiques développées en divers sens, ne sont pas plus uniformément réparties que dans le fuseau des éprouvettes de traction. Après le passage, il y a *détente* ; mais toutes ces forces ne pouvant s'évanouir à la fois, il reste, aux différents points, des tensions et des pressions que le recuit ne fera jamais disparaître complètement ; à ce point de vue, une pièce travaillée est comparable à une pièce trempée.

Lorsqu'on soumettra à une simple traction longitudinale une barre ou un fil étiré, la tension ne sera pas uniformément répartie sur les sections droites et sera accompagnée de tensions et de pressions transversales qui auront une grande influence sur la résistance totale.

Malgré tout, il faut, pour atteindre l'énorme résistance de 200 kil. par millimètre carré de la section primitive, un acier spécial ayant subi un traitement particulier.

On n'est pas encore parvenu, en France, à fabriquer de semblables fils.

Nous avons eu entre les mains une corde de piano, de la maison Pleyel, ayant un millimètre de diamètre, qui pouvait supporter sans déformations permanentes une charge de 150 kil. C'est avec de pareils fils que le capitaine Schultz frettait ses canons. Leur teneur en carbone est très élevée, 0,8 p. 100 ; c'est beaucoup plus que nos aciers doux français ; bien des aciers à ressorts et à outils n'en contiennent pas davantage.

§ 51. — Essais mécaniques.

Une pièce métallique fondue et étirée n'est pas absolument homogène. Comme composition chimique et densité, il y a homogénéité presque absolue ; mais il en est tout autrement en ce qui concerne les diverses qualités, résistance élastique et à la rupture, déformations extrêmes, formes de cassures. S'il n'y a pas homogénéité, il y a *continuité*, et c'est ce qui distingue profondément les pièces provenant de lingots coulés, de celles qui résultent du soudage de *paquets*. Ces métaux *corroyés* ont des surfaces de faible résistance qu'il ne faut pas confondre avec les plans de résistance minimum des métaux fondus.

Si l'on considère, en un point d'une pièce coulée et forgée, une *qualité*, c'est-à-dire une propriété particulière, la résistance à la traction longitudinale, par exemple, cette qualité variera généralement avec la direction ; si l'on porte sur un rayon, passant au point considéré, une longueur représentative de la qualité correspondant à sa direction, la surface qui réunira les extrémités de ces rayons différera plus ou moins d'une sphère qui représenterait l'homogénéité absolue, mais elle sera *continue*. Au contraire, dans les fers et aciers puddlés, la surface représentative de la résistance aura des *points singuliers*, correspondant aux surfaces des *mises*, analogues aux *fibres* du bois et aux *clivages* des matières cristallisées.

Il faudra tenir grand compte de ces faits, dans la détermination de la position des éprouvettes, aussi bien pour les essais industriels de fabrication et de réception que pour les expériences de comparaison scientifique. Pour celles-ci, il faudra chercher les pièces qui se rapprochent le plus de l'homogénéité parfaite, ou qui possèdent au moins une homogénéité relative qu'on trouve heureusement dans la plupart des pièces de forge sortant actuellement de nos grandes usines. Dans les gros canons d'acier, les propriétés varient bien généralement avec l'orientation de l'éprouvette et la distance à l'axe ; mais les éprouvettes également éloignées de l'axe et également inclinées sur lui ont les mêmes propriétés. Avant d'entreprendre des expériences comparatives, par exemple entre des épreuves de traction et de torsion, il importe de s'assurer de l'existence de ce genre d'homogénéité.

Dans les essais industriels, il y a lieu de considérer seulement deux directions, rarement trois (plaques de blindage) ; si l'on ne fait pas à la fois des essais en long et des essais en travers, il faut choisir le sens qui convient le mieux d'après l'*emploi* auquel la pièce est destinée.

L'*essai direct* semble le meilleur ; mais il présente souvent de grands inconvénients, quand il n'est pas tout à fait impraticable. Lorsqu'on le pousse un peu loin, on détruit la pièce qu'on éprouve, ou au moins on affaiblit ses qualités ; cet essai direct, très coûteux, ne peut ainsi être fait que sur un petit nombre des objets, et l'on n'emploiera le plus souvent que ceux qui n'ont pas été éprouvés.

En général, on soumettra les divers matériaux à des essais convenablement déterminés, et, lorsque cela sera possible, on *éprouvera* la construction en la plaçant dans un ensemble de circonstances représentant, sans trop s'en écarter, l'emploi auquel elle est destinée.

Les essais de matériaux devront eux-mêmes se rapprocher autant que possible du travail qu'ils sont appelés à supporter. Ainsi, on essayera à la flexion, non seulement les poutres et les rails, mais encore les éprouvettes découpées dans leur corps. Les frettes sont soumises à l'essai direct, et les barres de métal qui servent à leur fabrication fournissent des éprouvettes de traction. Pour les canons, l'essai qui se rapproche le plus de l'essai direct, consiste à dilater des rondelles au moyen d'un coin conique, mais il présente de sérieuses difficultés dès que les rondelles ont des dimensions un peu grandes.

Nous avons déjà dit bien des fois que le développement de forces élastiques dans la torsion d'un cylindre de révolution était le même que celui qui accompagne la dilatation d'un cylindre creux sous l'action d'une pression intérieure. L'essai de torsion semble donc tout indiqué pour les métaux à canons comme se rapprochant le plus de l'essai direct. En y regardant d'un peu plus près, on s'aperçoit que l'essai de torsion n'est pas aussi parfait qu'on se l'imagine au premier abord; et nous allons montrer que l'essai de traction, tel qu'on le pratique aujourd'hui, est préférable.

Pour que les éléments situés dans les plans diamétraux soient, dans la torsion, soumis à une tension normale, comme ils le sont pendant le tir, il faut que l'axe de l'éprouvette soit incliné à 45° sur ces plans. Cela n'arrivera qu'en un point, et en un point nécessairement éloigné de la surface de l'âme, comme on peut s'en convaincre en jetant les yeux sur la figure 118. En ce point même, les déformations et les phénomènes connexes ne sont pas identiques dans l'éprouvette de torsion et dans le canon. Dans le canon, les plans diamétraux, fixes dans le corps, sont constamment soumis à une tension normale, tandis que, dans la torsion, les éléments sollicités normalement varient à chaque instant.

Dans l'éprouvette de traction longitudinale, les sections droites sont aussi plus ou moins inclinées sur les plans diamétraux, mais celle qui se trouve dans un plan diamétral est la plus rapprochée de l'âme, de la couche qu'on a le plus d'intérêt à essayer. Lorsque le métal est doux, et c'est le cas des métaux à canons, il se forme un

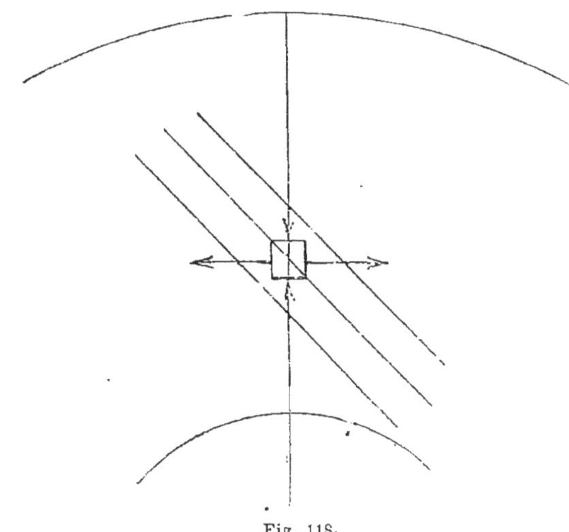

Fig. 118.

fuseau; et cette déformation est accompagnée de tensions longitudinales avec pressions transversales. En un certain point du cercle de gorge (fig. 119), ces forces agissent sur le plan diamétral et sur une surface parallèle à celle de l'âme, et agissent constamment sur les mêmes plans, comme il arrive dans la dilatation du canon sous la pression intérieure.

Cet essai, dit *à la traction*, n'est donc pas, lorsqu'il s'agit de matières douces, une épreuve de simple tension, puisqu'il y a, dans la zone la plus déformée, un développement de forces agissant simultanément en divers sens, entre autres une tension et une pression rectangulaires. Nous le

préférons, non seulement à l'essai de torsion, mais encore
à l'essai de flexion transversale, qu'il soit fait à la presse
hydraulique ou sous le choc d'un mouton (¹). Dans la
flexion d'un prisme, les arêtes qui deviennent convexes
sont soumises à une tension unique ; l'essai à la flexion
est donc une véritable épreuve de tension et s'éloigne plus
de l'essai direct des canons que l'épreuve à la traction lon-

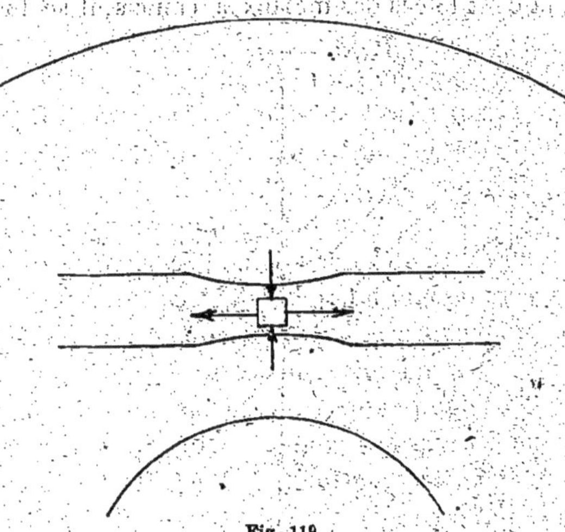

Fig. 119.

gitudinale. De plus, comme nous l'avons fait remarquer,
la zone essayée est très localisée si la flexion transversale
est produite au moyen d'un couteau, et il y a peu de
chances de découvrir les défauts ; il vaut mieux employer
un mandrin n'ayant pas une courbure trop petite, de manière à fléchir à peu près circulairement une notable partie de l'éprouvette, et à élargir ainsi beaucoup la zone
d'épreuve.

Rappelons encore qu'il ne faut pas confondre *courbure*

(¹) On produit généralement la flexion au moyen d'un mouton qu'on fait tomber
successivement de différentes hauteurs sur le milieu de l'éprouvette. C'est bien à
tort qu'on appelle cette épreuve : *essai au choc* ; c'est un pur essai de flexion. Nous
avons constaté bien des fois que les déformations correspondant à la rupture étaient
les mêmes, qu'elles aient été produites à la presse hydraulique, ou au choc, et ne
dépendaient que de la courbure du poinçon ou du mouton. Au reste nous reviendrons
sur cette question dynamique.

et *flexion* ; qu'une barre peut supporter, sous la compression longitudinale, des déformations bien plus grandes que sous l'action d'efforts transversaux ; et que, pour apprécier les qualités d'un métal, il ne suffit pas d'examiner les éprouvettes déformées que les maîtres de forge étalent dans les expositions, mais qu'il faut encore connaître les conditions dans lesquelles les déformations ont été produites.

Nous ne dirons qu'un mot de certains essais proposés, peut-être même employés, par certaines personnes qui semblent avoir pour but de trouver l'épreuve qui s'éloigne le plus de l'essai direct et de l'emploi. Tels sont, par exemple, les essais de métaux à canon au moyen d'un couteau ou d'un poinçon. Quand même on trouverait quelques relations entre la profondeur des empreintes d'un poinçon Rodmann et les résultats des essais de traction, on ne devra jamais oublier que ces relations sont absolument empiriques et ne doivent jamais être généralisées. Il nous suffit d'avoir appelé l'attention sur le peu de valeur de ces procédés ([1]).

A un autre point de vue, il importe de bannir des épreuves de réception et, autant que possible, des épreuves de fabrication, toute condition qui ne soit pas parfaitement déterminée ; ainsi, il importe de remplacer la main de l'ouvrier par une machine.

Dans le cours de la fabrication, on fait diverses sortes d'essais ; quand le métal est en fusion, on *goûte le bain,* on verse dans une petite lingotière une *prise d'essai* qu'on soumet à un travail déterminé.

Si cet essai est destiné à renseigner sur le moment le plus propice de la coulée, il faut qu'il soit fait très rapidement ; la lingotière sera très épaisse pour hâter le refroidissement, et le petit lingot-éprouvette sera martelé en un disque, et ensuite plié à coups de marteau. Cet essai qui

---

([1]) En ce qui concerne les essais à l'énervement qu'on ne pratique que dans les réceptions de caoutchouc, nous n'avons rien à ajouter à ce que nous avons dit au § 16.

accompagne d'habitude la fabrication de l'acier Martin-
Siemens, tout empirique qu'il est, rend de grands services. Mais, si la prise d'essai est simplement destinée à
conserver la trace du bain, à compléter les renseignements sur les pièces métalliques provenant de cette coulée, il vaudra beaucoup mieux étirer le lingot - éprouvette
au laminoir qu'au marteau ; la fabrication de la barrette ou
de la lanière de traction sera ainsi bien plus régulière.

Suivant l'ingénieur anglais Kirkaldy, la résistance et la
striction des éprouvettes de traction suffisent à qualifier
un métal. Nous sommes de cet avis, en ce sens que nous
considérons ces deux caractères comme les plus importants
pour l'établissement d'une classification générale des métaux de construction.

Mais, dans bien des cas, une classification spéciale,
relative à *l'emploi*, basée sur telle ou telle propriété particulière, sera plus pratique. Dans les canons dits *Uchatius*,
qui sont soumis à une dilatation initiale considérable, la
striction et la résistance suffiront absolument. Mais il en
est autrement des canons frettés. Les frettes sont très raides
et ne doivent éprouver aucune déformation permanente.
Le tube intérieur ne devra donc subir que de très petites
déformations, et c'est sa limite d'élasticité qui servira de
base à l'établissement du canon. Les caractères principaux
et suffisants seront, dans ce cas, la limite élastique et la
striction. Inutile de rappeler que la résistance à la rupture
et la résistance élastique n'ont et ne peuvent avoir aucun
rapport déterminé ; et que, par suite, les *coefficients de sécu-
rité* n'ont pas plus de valeur que les coefficients de résistance auxquels ils sont appliqués.

Il ne faut pas, du reste, attacher trop d'importance à la
question numérique, ne pas mesurer des allongements au
cathétomètre, par exemple, alors qu'on apprécie très gros-
sièrement les efforts correspondants. Sans doute, il faut
imposer aux maîtres de forges des conditions précises qui
permettent de refuser les matériaux qu'on jugera mauvais ;

mais il ne faut pas craindre de recevoir certaines pièces qui ne rempliraient pas absolument quelque condition imposée. Il importe de se réserver une grande latitude, afin de pouvoir toujours refuser dans certains cas, et dans d'autres, au contraire, rester très large, surtout avec les usines qui ont fait depuis longtemps leurs preuves ; les essais ont alors surtout pour but de surveiller la fabrication pour l'obliger à se maintenir au niveau actuel.

Les coefficients et les limites d'élasticité des tubes et des frettes sont déterminés par les conditions mathématiques de la construction ; tout ce qui concerne la rupture, la striction, les cassures est toujours plus ou moins empirique.

Nous avons déjà longuement parlé des défauts ordinaires des métaux forgés.

Refuser toutes les pièces qui présentent des défauts, ce serait perdre une foule de matériaux qui peuvent certainement être d'un bon usage. D'un autre côté, cependant, il est impossible de n'apporter aucune attention à ces défauts, qui ont quelquefois une grande étendue, soit comme solution de continuité, soit comme zone de faible résistance. Il faudra faire grande attention aux pièces de forge chez lesquelles on reconnaîtra des défauts dans le voisinage de l'intérieur, et ne pas hésiter à refaire de nouvelles épreuves. Il sera très utile de conserver, sur la pièce et sur les rondelles, des points de repère qui permettent une exploration méthodique. En exigeant une certaine striction, on se réservera toujours le droit de refuser les métaux qui présentent des défauts ; on n'attachera aucune importance aux défauts qui se manifesteraient seulement après la formation du fuseau.

Il importe de conserver la trace des nombreux essais de fabrication et de réception, et de décrire les résultats qui, par la comparaison avec le service des pièces, seront propres à établir la valeur des caractères empiriques. Il ne faut pas confondre la description méthodique avec ces amas informes de chiffres que personne ne lira jamais ; une courbe vaudrait mieux ; quelques caractères seront encore préférables. Voici les principaux :

Formes, dimensions et position de l'éprouvette ;

Striction (diminution relative du diamètre) ;

Effort maximum ;

Limite d'élasticité ;

Forme de la cassure.

On pourrait ajouter : la charge de rupture, l'allongement de la partie cylindrique, la longueur du fuseau ; mais il ne faut pas s'attacher à un trop grand nombre de caractères.

On n'indiquera jamais de moyenne, mais seulement les maximums et les minimums ; tous ces résultats seront exprimés en kilogrammes par millimètre carré, et en tant pour cent, sans fraction ; une précision plus grande serait au moins inutile.

On devra toujours laisser sur l'éprouvette un *témoin* indiquant la direction de l'axe de la pièce.

La description de la forme des cassures est très délicate. Voici le procédé que nous avons employé et que nous recommandons. Nous avons choisi des *types* auxquels la plupart des cassures puisse être rapportée. Les considérations que nous avons exposées au § 49, nous ont permis de rattacher au même type un certain nombre de cassures qui, au premier abord, semblent très différentes les unes des autres. Pour les aciers à canon, nous avons adopté seulement six types désignés par les lettres A, B, C... Tout essayeur, dans quelque usine qu'il se trouve, a une planchette portant ces types *matériels*, découpés dans des éprouvettes soigneusement choisies ; chacun est accompagné d'une courte description.

A côté des résultats numériques des essais, on place la lettre indicatrice de la cassure, ou les lettres, lorsque la cassure est franchement intermédiaire entre deux types. Lorsque la cassure ne peut être rapportée à un des types, elle est poinçonnée au numéro de la pièce et conservée. Ce procédé a de très grands avantages qu'il est facile de comprendre, entre autres celui de conserver, avec très peu d'échantillons, tous les genres de cassures. Toutes les fois qu'on rencontrera une cassure différente des types, il faudra faire de nombreuses expériences, soumettre la pièce à une véritable enquête et rechercher avec le plus grand soin les faits nouveaux qui peuvent conduire à des idées nouvelles.

Les *cahiers des charges* imposent des conditions de fabrication qui ont été, quelquefois, discutées *verbalement* dans des assemblées plus ou moins compétentes. D'*exposé des motifs, écrit*, nous n'en avons jamais. vu. Si la *rédaction* était appréciée à sa valeur comme procédé logique, les grandes usines, les compagnies de chemins de fer, l'État, ne signeraient jamais un cahier des-charges qui ne fût accompagné de cet exposé. Quand il devrait n'être lu par personne, ce rapport circonstancié servirait au moins à fixer les idées de l'ingénieur chargé de son établissement. Sans doute, il faudrait, dans bien des cas, avouer qu'on n'a pas de bonnes raisons à donner et, à côté de ce qu'on sait, dire en toute franchise ce qu'on ne sait pas. Les médecins ont quelques motifs pour paraître savoir bien des choses qu'ils ignorent, ils agissent indirectement sur le physique en inspirant confiance au malade; mais les ingénieurs n'ont pas cette excuse. Ils peuvent se dire entre eux les choses qu'ils ignorent, on n'en passera pas moins sur les ponts, et ce n'est pas cela qui empêchera de traverser la Manche en wagons,

APPENDICE

(§ 1. *Forces élastiques.*) — Les composantes x, y, z, de la force F, coordonnées du point M, sont des fonctions linéaires des cosinus m, n, p ; inversement m, n, p, sont des fonctions linéaires de x, y, z, et l'équation $m^2 + n^2 + p^2 = 1$, dans laquelle m, n, p, seraient remplacés par leurs valeurs, serait une équation du second degré en x, y, z. — Cette équation représente toujours un ellipsoïde. — En effet: soit x', y', z', les coordonnées du point M rapportées, non plus aux arêtes du tétraèdre, mais à trois droites passant par la même origine, parallèles aux forces F_1, F_2, F_3, qui sollicitent les faces fixes du tétraèdre. Les valeurs connues des composantes de ces trois forces relativement aux axes primitifs conduisent immédiatement aux relations suivantes entre les nouvelles coordonnées et les anciennes :

$$x = \frac{x'\, N_1}{F_1} + \frac{y'\, T_1}{F_2} + \frac{z'\, T_3}{F_3},$$
$$y = \frac{x'\, T_1}{F_1} + \frac{y'\, N_2}{F_2} + \frac{z'\, T_2}{F_3},$$
$$z = \frac{x'\, T_3}{F_1} + \frac{y'\, T_2}{F_2} + \frac{z'\, N_3}{F_3}.$$

Ces valeurs identifiées avec celles qu'on a déjà obtenues donnent :

$$m = \frac{x'}{F_1} \qquad n = \frac{y'}{F_2} \qquad p = \frac{z'}{F_3}$$

et la condition

$$m^2 + n^2 + p^2 = 1$$
$$\frac{x'^2}{F_1^2} + \frac{y'^2}{F_2^2} + \frac{z'^2}{F_3^2} = 1$$

qui représente un ellipsoïde rapporté à trois diamètres conjugués.

Rapporté à ses axes de symétrie (a, b, c), cet ellipsoïde aura pour équation :

$$\frac{x^2}{a^2} + \frac{y^2}{b^2} + \frac{z^2}{c^2} = 1.$$

(Chapitre II. *Résistance à la rupture.*) — Dans la torsion d'une éprouvette ronde, toutes les forces élastiques développées en un point sont égales ; entre autres les forces tangentielles qui sollicitent les éléments de sections droites et les forces principales. C'est la valeur (A) de ces forces que nous avons considérée comme représentant la résistance au glissement simple, dans la détermination expérimentale de cette résistance (1re partie, § 54). D'après notre théorie (2e partie, chapitre II), la résistance au glissement simple est $G = T + fN$; T et N étant les composantes de la force qui sollicite les éléments inclinés à $\frac{\varphi}{2}$ sur les sections droites. Cette force, comme l'élément sur lequel elle agit, est inclinée à $\frac{\varphi}{2}$ sur les sections droites, ou à φ sur le plan de cet élément ; son intensité étant A, ses composantes ont pour valeurs $T = A \cos \varphi$, $N = A \sin \varphi$ et la résistance au glissement :

$$G = T + fN = A(\cos \varphi + f \sin \varphi) = \frac{A}{\cos \varphi}.$$

Dans le cas des métaux

$$\varphi = 10° \qquad G = \frac{A}{0,985},$$

pour $A = 40^{kg}$ par millimètre carré

$$G = 40^{kg},6.$$

La différence entre ces deux valeurs, A et G, est de l'ordre des erreurs provenant soit de l'observation, soit de l'imperfection de l'homogénéité de la matière.

Les valeurs de G relatives aux métaux que nous avons déterminées ($G = A$), et qui ont servi à la comparaison des résistances à la traction et au glissement, peuvent donc être regardées comme représentant, avec une approximation suffisante, les vraies valeurs ; mais on ne pourrait en dire autant si le coefficient φ avait une valeur élevée, G et A seraient dans ce cas très différentes.

L'ensemble de la cassure des métaux doux, tordus en éprouvettes rondes, s'éloigne peu du plan de la section droite ; mais il y a toujours sur les bords, là où la rupture a commencé, des zones plus ou moins étendues, inclinées de quelques degrés sur cette section droite. L'inclinaison des premiers éléments de cassure est, dans notre théorie, égale à $\frac{\varphi}{2} = 5°$; mais, une très petite différence d'homogénéité suffit à faire varier sensiblement cette inclinaison.

Inversement, si la cassure se produisait sous un angle $\frac{\psi}{2}$ peu dif-

férent de $\frac{\varphi}{2}$, les valeurs de G (G $=$ A) déterminées par la torsion,

seront encore parfaitement acceptables. On aurait, en effet, dans

ce cas, $A = \dfrac{G \cos \varphi}{\cos (\varphi - \psi)}$ qui diffère encore moins de G que la va-

leur G $\cos \varphi$.

(§ 35. *Déformations permanentes des cylindres.*) — D'après ce que nous avons dit à l'article des *Grandes déformations* (pages 250-251), la torsion et la dilatation d'un cylindre creux épais, identiques au point de vue du développement des forces élastiques, diffèrent au point de vue des déformations lorsque celles-ci deviennent considérables. Il importe, d'après cela, de modifier ce qui a été dit au § 35 (p. 178-179), en ce qui concerne toute question numérique relative aux grands glissements. Il ne faut voir dans la courbe représentée par la figure (179) qu'une forme générale, partant du point correspondant à la limite d'élasticité, pour arriver à se redresser à peu près verticalement suivant l'ordonnée G $= 45^{kg}$ qui représente la rupture par glissement simple. Les glissements eux-mêmes, représentés par la courbe; et en particulier le glissement extrême $\gamma = 1,3$, sont les glissements qui se produisent dans la torsion ; ils peuvent être très différents des glissements qui se produisent dans la dilatation des cylindres creux sous l'action d'une pression intérieure.

VOCABULAIRE

Réaction. — Action égale et opposée aux forces extérieures. L'action et la réaction, en un point géométrique de la surface de contact, de deux corps A et B, sont des forces appliquées à deux points matériels différents; l'action est exercée par A et appliquée à B, la réaction est exercée par B et appliquée à A.

Frottement. — Résistance tangentielle qu'opposent à leur déplacement relatif deux corps qui ne cessent de rester en contact. Il y a frottement de glissement lorsque la surface de contact de l'un des corps est toujours la même surface; il y a frottement de roulement, lorsque les deux surfaces de contact changent constamment dans les deux corps.

**Adhérence.* — Résistance à la séparation de deux corps dans la direction normale à leur surface de contact. Deux balles de plomb récemment coupées adhèrent entre elles.

Stabilité. — Un système est en équilibre stable lorsque, dérangé légèrement de sa position, il y revient spontanément; il est au contraire en équilibre instable, lorsque dérangé, si peu que ce soit, de sa position, il s'en écarte de plus en plus.

Déformations stables. — Les déformations qui se produisent dans un ensemble de circonstances déterminées, et lorsque les actions ont une durée appréciable, sont les déformations les plus stables. Elles ne se confondent pas toujours avec celles que les idéalistes considèrent comme les plus simples. Elles correspondent au travail maximum et au minimum d'effort. Une barre comprimée se courbe ; une barre de métal doux étirée s'étrangle en fuseau.

Élasticité. — Propriété qu'ont les corps de changer de forme lorsque les efforts, qui les avaient primitivement déformés, cessent d'agir.

Détente. — Changement de forme d'un corps qui cesse d'être soumis à l'action de forces extérieures.

Déformation élastique. — Qui disparaît complètement en même temps que les efforts qui l'ont produite. La partie de la déformation qui seule disparaît avec les efforts, par opposition à déformation permanente. Les déformations élastiques des métaux sont très petites et proportionnelles aux efforts ; celles du caoutchouc sont très grandes et ne sont pas proportionnelles aux efforts.

Déformations permanentes. — La partie de la déformation qui persiste lorsque les efforts ont cessé d'agir. Elles sont toujours accompagnées de déformations élastiques, quelquefois extrêmement petites. Elles croissent plus rapidement que les efforts. Celles des métaux sont beaucoup plus grandes que les déformations élastiques ; c'est l'inverse qui a lieu pour le caoutchouc.

Limite d'élasticité ou Résistance élastique. — Lorsque, les efforts cessant d'agir, le corps déformé sous leur action reprend intégralement sa forme et ses dimensions primitives, on dit que la limite d'élasticité n'a pas été dépassée ; s'il conserve une déformation permanente, la limite d'élasticité a été dépassée. Un corps déformé d'une façon permanente a une nouvelle limite d'élasticité supérieure à la limite primitive et représentée par le système d'efforts ayant produit la déformation initiale, à la condition que ceux-ci aient agi plusieurs fois ou pendant un temps assez long. L'instant où la limite d'élasticité est dépassée.

Élastique. — Qui est susceptible de grandes déformations élastiques. Le type du corps élastique est le caoutchouc. La grandeur des déformations élastiques dépend de la forme (billes) et du genre des efforts (ressorts) ; du coefficient et de la limite d'élasticité.

Raide. Sec. Aigre. Cassant. — Qui se brise sans prendre de déformations permanentes considérables.

Doux. Malléable. — Susceptible de grandes déformations permanentes.

Dur. Mou. — On dit qu'un corps est moins dur qu'un autre lorsqu'il est rayé par lui.

Traction. — Action de deux forces égales, opposées, divergentes, agissant sur une barre dans la direction de sa longueur. Résultat de cette action.

Compression. — Action de deux forces égales, opposées, convergentes, agissant sur un corps.

Flexion. — Action, sur une pièce longue placée sur des appuis, de forces transversales agissant entre les appuis. Résultat de cette action.

Torsion. — Action et résultat de l'action de deux couples égaux, situés dans des plans parallèles, et agissant, en sens opposés, aux extrémités d'une barre. *T. dextrorsum,* dans le sens du vissage (vis françaises) ; *T. sinistrorsum,* dans le sens du dévissage.

Étirage. — Opération industrielle qui consiste à produire, au moyen de marteaux, pilons, laminoirs, filières, une grande dilatation dans une certaine direction perpendiculaire aux pressions des engins, et une réduction correspondante de section.

Tension d'un fil. — Force tangente à la direction du fil, droit ou courbe, et qui peut être généralement considérée comme uniformément répartie sur la section droite ; les forces spécialement développées par la courbure étant négligeables à cause des faibles dimensions transversales du fil.

Plissement. — Phénomène qui se produit dans la compression et qui consiste en ce que une partie de la surface latérale s'étale sur les appuis qui débordent les bases. Plissements permanents. Plissements élastiques (cylindres de caoutchouc, billes).

Fuseau. — Forme que prend, pendant la traction, un prisme ou cylindre de matière douce dans la zone et la période des grandes déformations.

Striction. — Diminution relative maxima de la section d'un prisme soumis à la traction.

Flèche. — Déplacement du couteau ou du mandrin qui produit la flexion. Les flèches sont souvent évaluées, dans les usines, d'une façon très inexacte ; inexactitude qui tient, en grande partie, à la présence des bouts qui débordent les appuis.

**Cisaillement. Poinçonnage.* — Déformations produites par la cisaille, le poinçon et dans diverses autres circonstances (axe des chaînes galle, etc.) ; très compliquées et différant complètement du glissement proprement dit.

Coin. — Prisme triangulaire qu'on enfonce entre deux pièces qu'il s'agit d'écarter. L'outil employé à fendre le bois est un coin.

Outil. — L'outil à travailler les métaux n'est pas un coin, c'est un compresseur.

**Tensions anormales.* — Expression non définie, employée par les explicateurs aux abois ; doit être absolument bannie de toute explication scientifique.

toutes [illegible]
opposition [illegible]
sus, fers [illegible]
Cette homogé[illegible]
varie [illegible] les propriétés mécaniques
sont aussi [illegible] sous des conditions [illegible]
il y a continuité des propriétés [illegible] dans les matériaux fibreux, [illegible] qui ont des propriétés *optiques* et
relatives aux surfaces de clivage, plans de clivage, etc.

Éprouvette. — Pièce [illegible] laquelle un corps destiné à être
essayé mécaniquement ou chimiquement. Les éprouvettes de
traction et de torsion sont des barres munies de têtes rondes
ou carrées. Les éprouvettes de flexion sont généralement de
longs prismes rectangles. Elles doivent toujours être découpées
à froid, et dans une position déterminée d'après le genre
d'épreuve et l'emploi de la pièce. Les prises d'essai chimique
consistent en tournures ou limailles. *Couler le [illegible]*, c'est faire
avec une cuiller une prise d'essai, petit bloc qu'on brise immédiatement après l'avoir martelé, ou dont on fait une batte ou
lanière éprouvette de traction sous le marteau ou au laminoir.

Fibres. Fils. — L'ongle, éléments du bois, des cordes, des tissus
naturels et artificiels. Il n'y a pas de fibres dans les matériaux
homogènes, [illegible]

Nerf. — Terme italien, s'applique généralement aux grandes
surfaces lisses et [illegible] des mines qui apparaissent
dans la rupture par flexion des fers corroyés, [illegible] extérieures
improprement dites et celles qui sont des surfaces lisses ou courbes
qu'on observe dans certaines cassures des métaux homogènes,
et qui ne sont que des surfaces particulières de cassure [illegible]

Nerf en travers. — Par opposition au nerf, se dit dans les fers corroyés, mais [illegible] surtout [illegible] formes particulières de cassure qu'on observe dans certaines [illegible]
de pièces d'acier forgé, et qui résultent généralement d'un échauffement produit par [illegible]

Paille. — Petite [illegible] une [illegible] solution de continuité, un défaut de joint dans les fers forgés ou [illegible]
dans la plupart des métaux [illegible]

Particule. — [illegible] de la matière appréciable à
nos sens, [illegible]

*_Grains. Cristaux._ — Certains métaux sont formés de grains ou particules agglomérées (fonte grise, truitée) ; d'autres sont cristallisés (bronzes, zinc du commerce). Mais un grand nombre de matériaux métalliques et en particulier les fers et aciers, plus ou moins travaillés après avoir subi une fusion, n'ont ni grains ni cristaux. Les cassures, dites à grains, de ces métaux n'ont qu'une simple analogie d'aspect général avec les cristaux ; les angles dièdres mesurés par les cristallographes ont été trouvés variables ; on a dit que la cristallisation était irrégulière. Il faut dire qu'il n'y a pas de cristallisation, celle-ci ayant pour caractère fondamental l'invariabilité des angles. On obtient à volonté, avec un acier doux, des cassures à grains et à nerf, en faisant varier la forme de l'éprouvette et le genre d'épreuve. C'est l'inclinaison des facettes sur les forces principales de rupture qui est constante.

Arrachements. — Petits fragments presque entièrement détachés des gros éclats, et qu'on observe dans certaines cassures très tourmentées, occupant une très grande superficie et s'éloignant beaucoup de la forme plane. Les cassures à arrachements sont considérées empiriquement comme signe d'une qualité supérieure. Les circonstances dans lesquelles on les observe généralement sont trop compliquées pour permettre une appréciation scientifique. L'étendue de ces cassures prouve que la rupture s'est produite simultanément en beaucoup de points et, comme telle, peut être considérée comme signe d'homogénéité.

Tapure. — Rupture, cassure produite par une variation brusque ou au moins trop rapide de chaleur, sur les gros blocs métalliques chauds et qui sont alors mauvais conducteurs. Tapure à la trempe. Tapure pendant le chauffage des gros lingots d'acier. Généralement accompagnée d'un bruit sec.

*_Défaut._ — Diminution de résistance en certains points résultant d'une fabrication défectueuse, d'un mauvais travail antérieur. Toute espèce de cassure dont on ne s'explique pas la forme.

*_Molécules._ — Les corps étant susceptibles de variations de volume et se combinant en proportions définies, sont considérés comme formés de molécules, éléments extrêmement petits, n'ayant jamais été appréciés par nos sens, mais cependant de dimensions finies, séparés par des espaces vides. C'est peut-être à tort, et en tout cas sans raisons, qu'on considère, dans les corps solides, les intervalles intermoléculaires comme extrêmement grands relativement aux molécules. L'hypothèse de la constitution moléculaire est la plus féconde de la physique ; mais c'est un fait que l'expression de molécule est très dangereuse. Il y a peu de termes dont on abuse autant que de celui-là ; les mathématiciens le confondent souvent avec points matériels et combien de métallurgistes aspirent à souder les molécules qu'ils ne distinguent pas des grains, particules ou cristaux.

Fil de molécules. — Expression qui n'a aucune signification précise ; n'est employée que dans les explications essentiellement vagues.

Pores. Densité. — Les pores sont des petites cavités appréciables à l'œil ou au microscope et qui existent dans la plupart des matériaux. Il ne faut pas les confondre avec les intervalles intermoléculaires. Les métaux fondus, tels que le cuivre, le bronze, sont assez poreux pour qu'on puisse augmenter la densité par un travail mécanique, très sensiblement, jusqu'à une certaine limite ; cette limite atteinte, les variations de densité, à froid, deviennent très petites et sont entièrement élastiques, c'est-à-dire qu'elles disparaissent dans la détente.

Écoulement des corps solides. — Expression mal définie, qui est le plus souvent synonyme de grandes déformations et particulièrement de grandes déformations transversales. Elle ne doit pas être employée dans les raisonnements scientifiques.

État de fluidité des corps solides. — Prétendu état de la matière solide dans lequel il n'existe aucune trace d'élasticité et qui est accompagné d'un développement de pressions ou de tensions égales en tous sens. Cet état n'existe pas. Les expressions d'état et de coefficient de fluidité doivent être absolument bannies de toute théorie scientifique.

Adhérence aux rails. — Cette expression imaginée pour expliquer la marche de la locomotive. n'est qu'un mot et n'explique rien.

Ressort. — Corps ou système très élastique. Tampons de caoutchouc. Ressorts métalliques à lames, à boudin. Maîtresse feuille, la plus grande, lame d'un ressort ; étagement, la demi-différence de longueur de deux feuilles voisines. Le ressort est complet lorsque la plus petite feuille est égale à deux étagements. L'étrier qui réunit les feuilles en leur milieu, produit la bande initiale ou bande de fabrication. Ressorts de suspension, de traction, de choc.

Résistances longitudinale et transversale des cylindres creux. — La résistance transversale est la résistance aux pressions transversales qui tendent à produire une cassure longitudinale; la résistance longitudinale ou au déculassement est la résistance aux efforts longitudinaux qui tendent à produire une cassure transversale.

Déculassement. — Rupture des cylindres lorsque la cassure transversale. Séparation de la culasse du corps du canon. Pour éviter le déculassement, il convient de rendre le système de culasse indépendant des déformations transversales du corps du cylindre (canon Schultze), ou d'attacher la culasse aux parties les plus extérieures qui sont les moins déformées. Les agrafements de frettes employés dans le but d'éviter les ruptures transversales, n'ont aucune utilité.

Frettage. — Système de construction destiné à augmenter la résistance transversale des cylindres, et qui consiste en l'emboîtement de cylindres les uns dans les autres avec serrage.

Serrage des frettes. — Différence entre le diamètre extérieur du cylindre intérieur et le diamètre intérieur plus petit, du cylindre extérieur.

Mandrinage. — Opération qui consiste à dilater les cylindres au moyen de mandrins ou d'une pression hydraulique, dans le but d'augmenter la résistance transversale (canon Uchatius).

Matage (Tir de). — Opération qui consiste à produire une dilatation initiale par un tir à fortes charges, dans le but d'empêcher les canons de se dilater dans le tir, à charges plus faibles qu'ils sont appelés à supporter dans le service (canon de Reffye).

Déformations en un point. — Déformation d'un élément géométrique solide de forme déterminée contenant le point considéré.

Densité en un point. — Limite du rapport entre le poids et le volume d'un élément solide contenant le point considéré.

Force élastique. — Force agissant, en un point géométrique, sur un élément plan du corps déformé, estimée en kilogrammes par

unité de superficie ou quelquefois (pressions normales) en atmosphères (¹). Elles sont comparables aux pressions hydrostati-
ques, mais sont absolument différentes des forces agissant sur
un point matériel. Elles sont généralement obliques et varient,
en un point déterminé, avec l'orientation des éléments qu'elles
sollicitent. Lorsqu'on dit, par exemple, qu'il y a, en un point,
pression et tension : cela veut dire qu'un certain élément plan
est sollicité par une tension t et qu'un autre élément plan, au
même point, est pressé par une pression p dans une autre direction ; ou encore, qu'un élément solide géométrique infiniment
petit, comprenant le point considéré, est soumis sur une face à
une tension t et sur une autre à une pression p. Les forces élastiques agissant ainsi, non sur un même point matériel, mais
sur les différentes faces d'un élément solide, ne se composent
pas ; leur résultante de translation est nulle, aussi bien que le
couple résultant, puisque l'élément est en équilibre. Les déformations correspondant à certaines forces élastiques déterminées
en grandeur, direction et sens, agissant sur un élément solide
déterminé, seront très différentes suivant que les forces agiront
successivement ou simultanément, sauf, peut-être, dans le cas
où les déformations sont très petites et élastiques. Toutes les
théories mathématiques de l'élasticité sont implicitement fondées sur le principe de l'indépendance des petits effets des forces élastiques. Une force élastique agissant sur un élément plan
déterminé, peut se décomposer dans telles directions qu'on
voudra ; par exemple, en une composante, pression ou tension,
normale et une composante tangentielle ou de glissement.

Force tangentielle ou de glissement. — Force élastique située dans
le plan de l'élément qu'elle sollicite.

Force principale ou normale. — Pression ou tension normale à
l'élément sollicité. En chaque point d'un corps déformé il y a
trois forces principales rectangulaires. Ces forces peuvent être
positives, nulles ou négatives, tensions ou pressions.

Ellipsoïde d'élasticité. — Ellipsoïde ayant pour axes, en grandeur
et direction, les trois forces principales (a, b, c) développées au
point considéré, et pour équation :

$$\frac{x^2}{a} + \frac{y^2}{b} + \frac{z^2}{c} = \pm 1.$$

(¹) Une atmosphère est égale à $1^{k}\!,033$ par centimètre carré.

Tout rayon de l'ellipsoïde d'élasticité représente, en grandeur
et direction, une force élastique développée au point considéré,
agissant sur un élément situé dans le plan diamétral conjugué
de sa direction, relativement à la surface :

$$\frac{x^2}{a} + \frac{y^2}{b} + \frac{z^2}{c} = 1.$$

Cette surface représente un ellipsoïde lorsque toutes les forces
développées sont de même sens, et l'ensemble de deux hyperboloïdes conjugués lorsque a, b, c, étant de sens différents, il
y a à la fois pression et tension au point considéré. Dans ce
dernier cas, le cône asymptotique :

$$\frac{x^2}{a} + \frac{y^2}{b} + \frac{z^2}{c} = 0$$

est un *cône de glissement*; tout élément plan tangent à ce cône
est soumis à une force tangentielle dirigée suivant la génératrice de contact.

Forces et couples intérieurs. — En mécanique, on entend par
forces intérieures l'action et la réaction égales et opposées,
exercées entre deux points matériels, chacune de ces forces éma-
nant de l'un des points est appliquée à l'autre. Dans la théorie
de l'élasticité, les forces intérieures sont des forces élastiques
appliquées aux différentes faces d'un élément géométrique solide, d'un cube par exemple; généralement obliques, elles peuvent être considérées comme composées de paires de forces
normales égales et opposées et de paires de couples tangentiels
égaux, parallèles et de sens contraires.

Traction simple. — Dans laquelle il n'y a qu'une seule force
principale développée, cette force étant une tension. Il y a
traction simple dans la traction des barres, tant que celles-ci
conservent leur forme prismatique ou cylindrique.

Compression simple. — Dans laquelle il n'y a qu'une seule force
principale développée, cette force étant une compression. Dans
la compression des prismes courts, il y a compression simple
seulement pendant la période élastique.

Flexion simple. — Dans laquelle il n'y a, en chaque point, qu'une
seule force principale, tension en certains points, compression en d'autres. Dans la flexion des prismes rectangles, il y a

flexion simple tant que les faces du prisme restent planes ou cylindriques.

Glissement. — Déformation d'un parallélipipède produite uniquement par le déplacement des faces dans leur plan. Les glissements, grands ou petits, permanents ou élastiques, ne produisent aucune variation de volume ou de densité. Inversement, toute déformation dans laquelle la densité reste constante en tous les points (toutes les grandes déformations des métaux qui ont subi un travail mécanique sont dans ce cas) peut être considérée comme composée uniquement de glissements dans telle direction qu'on voudra. Le glissement relatif est le rapport de déplacement relatif de deux faces parallèles à la distance de ces deux faces. Un glissement infiniment petit équivaut à une dilatation et à une contraction à 45° de sa direction et égales, chacune, à la moitié de sa valeur.

Glissement simple. — Déformation dans laquelle les plans de glissement sont uniquement sollicités par des forces tangentielles. Ces plans de glissement sont tangents au cône de glissement. Dans la torsion d'un cylindre de révolution autour de son axe, il y a simple glissement. Les forces de glissement sont dirigées, dans les méridiens et les sections droites, parallèlement à l'axe et perpendiculairement aux rayons. Une force de glissement équivaut à une pression et une traction normales, perpendiculaires entre elles, agissant sur des éléments à 45° du plan de glissement et égales en intensité à la force tangentielle.

Allongement. — Augmentation relative de longueur d'un prisme, produite par une traction normale dans sa direction.

Raccourcissement. — Diminution relative de longueur d'un prisme, produite par une compression normale dans sa direction.

Contraction transversale. — Diminution relative des dimensions transversales d'un prisme, produite par une traction normale, perpendiculairement à sa direction.

Dilatation transversale. — Augmentation relative des dimensions transversales d'un prisme, produite par une compression normale, perpendiculairement à sa direction.

Dilatation. Contraction. — Variations de dimensions, sans préjuger le développement des forces élastiques.

Traction, compression obliques. Glissement sous pression ou traction. — Lorsqu'un élément plan est sollicité par une force obli-

Résistance à la simple traction L. — Valeur de la force principale unique développée dans la simple traction ; on la détermine en soumettant à la traction un cylindre assez court pour qu'il ne ne se forme pas de fuseau. La cassure est une surface inclinée à $\left(45° + \frac{\varphi}{2}\right)$ sur la traction, 50° pour les métaux.

$$L = 2G \, \mathrm{tg} \left(45 + \frac{\varphi}{2}\right) \qquad \text{pour les métaux } G = 0{,}59 \, L.$$

Résistance à la simple compression P. — Valeur de la force principale unique développée dans la compression simple. Généralement elle ne peut pas être mesurée directement. De l'inclinaison des cassures à 40° sur la direction de la compression dans le cas des métaux, $\left[\left(45 - \frac{\varphi}{2}\right) \text{ dans le cas général}\right]$ on déduit $G = 0{,}41 \, P \quad L = 0{,}7 \, P$ et en général $P = 2G \, \mathrm{tg} \left(45 - \frac{\varphi}{2}\right)$.

Cohésion R. — Résistance à l'écartement normal, lorsque l'élément de cassure est normal à la force de rupture. Ce genre de rupture ne peut se produire que dans le cas où il y a de grandes tractions en tout sens, et différant peu les unes des autres ; pour les métaux, lorsque la plus petite traction sera au moins égale à 0,7 de la plus grande. La cohésion par unité de superficie est évaluée à $R = \dfrac{G}{f}$, soit 265 kg. par millimètre carré pour un acier doux à 45 kg. de résistance au glissement simple.

Limite d'élasticité en un point. — On dit que la limite d'élasticité n'est pas dépassée en un point, lorsqu'un élément solide, contenant ce point, n'a éprouvé que des déformations élastiques ; et que la limite d'élasticité a été dépassée lorsque les déformations ne sont pas entièrement élastiques. Il arrive souvent que dans la détente totale, tous les éléments ne se détentent pas complètement ; ils réagissent alors les uns sur les autres, et conservent des déformations élastiques (torsion, flexion).

Forces principales limites. — Les trois forces principales développées en un point, lorsque la limite d'élasticité est dépassée en ce point. Ces forces sont liées par les mêmes relations et les mêmes coefficients que les forces principales de rupture.

Limite de simple glissement $\mathcal{G}$. — Valeur de la force de simple glissement correspondant à la limite élastique. Elle se détermine par les expériences de torsion.

Limite de simple traction $\mathcal{L}$. — Valeur de la force principale unique développée dans la simple traction au moment où la limite d'élasticité est atteinte. On la détermine par les expériences de traction des prismes. $\mathcal{L} = 2\mathcal{G} \, \mathrm{tg} \left(45 + \dfrac{\varphi}{2} \right).$

Limite de simple compression $\mathcal{P}$. — Valeur de la force principale unique développée dans la simple compression, correspondant à la limite d'élasticité. Elle ne peut être mesurée directement. D'après la théorie $\mathcal{G} = 1,4 \, \mathcal{L}$, relation qui s'accorde bien avec les résultats de la compression directe des prismes et ceux de la flexion dans la période qui suit immédiatement la limite d'élasticité.

Limite apparente de compression. — Valeur de la pression relative qui correspond à la limite d'élasticité d'un prisme ou d'un cylindre comprimé longitudinalement. Le prisme déformé d'une façon permanente ne conserve jamais sa forme prismatique, si petites que soient ses déformations. Cette limite apparente ne se confond donc pas avec la limite de simple compression. Lorsque le cylindre comprimé est court, sa valeur diffère peu de celle de la limite de simple traction.

*Écrouissage. — Élévation des limites d'élasticité de traction longitudinale, et de compression transversale, par étirage à froid, sous le marteau, au laminoir, à la filière ou sous une presse. Au point de vue de l'élasticité longitudinale, l'effet de deux pressions transversales α, simultanées ou successives, est le même que celui d'une traction longitudinale $\mathcal{B} = \alpha \dfrac{\mathcal{L}}{\mathcal{P}}$. La plus grande limite d'élasticité qu'on puisse développer ainsi correspond à $\alpha = \mathrm{P}$ résistance à la simple compression, elle est égale à $\mathrm{P} . \dfrac{\mathcal{L}}{\mathcal{P}} = \mathrm{L}$ résistance à la simple traction. L'action de la traction $\mathcal{B}'$ et des pressions α, dans le passage à la filière, équivaut à une traction unique $\mathcal{B} = \mathcal{B}' + \alpha \dfrac{\mathcal{L}}{\mathcal{P}}.$

*Énervement. — Perte de douceur, de résistance élastique et absolue, produite par des efforts agissant successivement en sens contraire (flexion et déflexion d'un fil métallique) ou par des efforts successifs ayant seulement des composantes en sens opposés (contre-forgeage, martelage, pressions exercées alternativement sur deux faces voisines d'un prisme), ou encore dans une déformation élastique suivie de détente et répétée un grand nombre de fois, dans un temps déterminé (essai du caoutchouc). L'énervement augmente avec la grandeur des déformations (expériences de torsions et de détorsions successives) et avec la rapidité de leur répétition (vibration des ressorts, des arbres de transmission).

Coefficient d'élasticité E. — Coefficient d'élasticité proprement dit, rapport des efforts, de simples tractions ou compressions, exprimé en kilogrammes par unité de surface, aux allongements ou raccourcissements relatifs. Ou l'inverse $\left(\dfrac{1}{E}\right)$. On admet sans preuves bien certaines l'égalité des deux coefficients de traction et de compression. Pour les fers et aciers E $=$ 20000 kg. environ par millimètre carré ; on le détermine par les expériences de traction simple, ou de flexion.

Flexion élastique. — L'équation d'équilibre est: $M = E \dfrac{I}{\rho}$.

M moment des forces extérieures (y compris les réactions des appuis) agissant sur la partie de la pièce limitée à la section droite considérée.

I moment d'inertie de la section droite relativement à l'axe passant par son centre de gravité, normal à sa direction, ou tangente à la fibre neutre.

ρ rayon de courbure de la fibre neutre au point où elle traverse la section considérée.

La résistance élastique est déterminée par la condition

$$M = \frac{I}{d} \mathcal{L}.$$

$\mathcal{L}$ étant la limite d'élasticité de simple traction, et d la plus grande distance de l'élément tendu au centre de gravité de la section. C'est cette condition qui conduit à éloigner le plus possible la matière de la ligne du centre de gravité, et à donner aux pièces métalliques de flexion les formes creuses, en U, en double T, etc.

Coefficient de glissement μ. — Rapport des forces tangentielles,

Fibre neutre. — Ligne ou surface contenant tous les points d'un corps déformé où il n'y a aucune force élastique développée.

Section dangereuse. — Spécialement : section des pièces de flexion dans laquelle sont développées les plus grandes tensions.

Généralement : section d'un solide soumis à des efforts extérieurs quelconques, la plus exposée aux déformations permanentes.

Solide d'égale résistance. — Spécialement : pièce de forme appropriée à un système déterminé d'efforts de flexion, dans laquelle il n'y a pas de section dangereuse, dans laquelle toutes les sections sont également dangereuses.

Généralement : solide de forme appropriée à un système d'efforts quelconques, déterminé, dans lequel la limite d'élasticité est dépassée à la fois dans toutes les sections (cylindre creux soumis à une pression intérieure, cylindre de révolution tordu, etc.).

Solide composé d'égale résistance. — Solide composé de solides simples d'égale résistance, qui atteignent simultanément la limite d'élasticité (ressorts à lames, cylindres-frettes).

Solide d'égale résistance absolue. — Solide dans lequel la limite d'élasticité est dépassée à la fois en tous les points (en tous les points de toutes les sections).

Cylindre d'égale résistance absolue. — Cylindre dans lequel la limite d'élasticité est dépassée à la fois en tous les points. Cylindre en métal doux, de un calibre d'épaisseur, ayant subi une légère dilatation initiale permanente, sous l'action unique d'une pression intérieure.

Nota. — *Se méfier de tout raisonnement dans lequel est employé un des termes marqués d'un astérisque (*) dans ce vocabulaire.*

TABLE DES MATIÈRES.

	Pages.
Préface.	V
Chapitre I. — Théorie mathématique de l'élasticité.	1
§ 1. — Forces élastiques. — Ellipsoïde d'élasticité. — (Voir à l'*Appendice*).	1
2. — Composantes normale et tangentielle des forces élastiques.	12
3. — Coefficients d'élasticité.	14
4. — Considérations sur les hypothèses ou principes des théories mathématiques de l'élasticité.	16
Chapitre II. — Résistance à la rupture. — Cassure. — Cohésion.	23
§ 5. — Position de la question.	23
6. — Torsion simple.	24
7. — Compression simple.	26
8. — Hypothèse fondamentale et ses conséquences immédiates.	28
9. — Résistances au glissement, à la traction et à la compression simple.	30
10. — Relations générales entre les forces de rupture.	31
11. — Traces des cassures sur la surface libre.	33
12. — Cassures en général. — Cohésion. — (Voir à l'*Appendice*).	36
13. — Cristaux. — Fibres. — Grains. — Talus.	41
Chapitre III. — Limite d'élasticité. — Écrouissage.	45
§ 14. — Limite d'élasticité. — Efforts simultanés. — Forces principales limites.	45
15. — Limite d'élasticité des corps primitivement déformés. Efforts successifs. — Écrouissage.	49
Chapitre IV. — Énervement.	53
§ 16. — Efforts agissant successivement en sens contraires. Énervement.	53
Chapitre V. — Déformations. — Densité. — Stabilité.	59
§ 17. — Déformations et déplacements des éléments. — Forces et couples intérieurs.	59
18. — Déformations élémentaires. — Glissement et densité.	65

§ 19. — Équations d'équilibre et coefficients d'élasticité dans l'hypothèse de l'indépendance des petits arcs des forces élastiques

§ 20. — Stabilité des déformations

§ 21. — Considérations sur des recherches expérimentales relatives au développement des forces élastiques. Applications

CHAPITRE VI. — Compression. — Traction. — Flexion

§ 22. — Limite d'élasticité apparente de compression

§ 23. — Compression symétrique des corps de révolution

§ 24. — Traction

§ 25. — Déformations des prismes

§ 26. — Déformations des corps fibreux et cristallins

§ 27. — Compression dissymétrique des barres longues

CHAPITRE VII. — Déformations et résistance des cylindres creux

§ 28. — Petites déformations élastiques. — Forces principales

§ 29. — Frettage

§ 30. — Nouvelle forme des équations d'équilibre. — Forces tangentielles maxima

§ 31. — Limite d'élasticité ou résistance élastique des tubes

§ 32. — Considérations générales sur les solides d'égale résistance

§ 33. — Cylindre d'égale résistance

§ 34. — Calcul de la résistance élastique d'un cylindre composé d'un nombre donné de frettes et des éléments de la construction

§ 35. — Déformations permanentes — Développement des forces élastiques — (Voir à l'Appendice)

§ 36. — Résistance élastique d'un tube primitivement déformé

§ 37. — Résistance d'un tube soumis à une dilatation croissante

§ 38. — Équilibre et résistance élastique de la sphère creuse

§ 39. — Fonds sphériques de chaudières. — Formules relatives aux enveloppes de faible épaisseur

§ 40. — Fonds de cylindres épais. — Culasses

§ 41. — Cylindres ouverts

§ 42. — Grandes déformations longitudinales des cylindres

§ 43. — Rupture et cassure des cylindres

CHAPITRE VIII. — Considérations sur le travail mécanique, l'emploi et la réception des métaux

		Pages.
§ 44.	— Métallurgie physique.	232
45.	— Procédés mécaniques. — Marche du laminoir	237
46.	— Poinçonnage.	242
47.	— Des grandes déformations.	246
48.	— Travail des outils.	253
49.	— Étirage.	262
50.	— Pièces de grande résistance.	276
51.	— Essais mécaniques.	280
Appendice		291
Vocabulaire		295

Nancy, impr. Berger-Levrault et Cie.